概率图模型原理与应用

（第 2 版）

[墨] 路易斯·恩里克·苏卡尔(Luis Enrique Sucar) 著

郭 涛 译

清華大学 出版社

北 京

北京市版权局著作权合同登记号 图字：01-2022-0254

Probabilistic Graphical Models: Principles and Applications, Second Edition

Copyright © Springer-Verlag London Ltd., part of Springer Nature, 2021

All Rights Reserved.

本书中文简体字翻译版由德国施普林格公司授权清华大学出版社在中华人民共和国境内(不包括中国香港、澳门特别行政区和中国台湾地区)独家出版发行。未经出版者预先书面许可，不得以任何方式复制或抄袭本书的任何部分。

本书封面贴有清华大学出版社防伪标签，无标签者不得销售。

版权所有，侵权必究。举报：010-62782989，beiqinquan@tup.tsinghua.edu.cn。

图书在版编目(CIP)数据

概率图模型原理与应用：第2版 / (墨) 路易斯·恩里克·苏卡尔 (Luis Enrique Sucar)著；郭涛译. —北京：清华大学出版社，2022.7（2024.4重印）

书名原文：Probabilistic Graphical Models Principles and Applications, Second Edition

ISBN 978-7-302-61078-6

I.①概… II.①路…②郭… III.①概率－数学模型－高等学校－教材 IV.①O211

中国版本图书馆CIP数据核字(2022)第098185号

责任编辑：王 军
装帧设计：思创景点
责任校对：成凤进
责任印制：曹婉颖

出版发行：清华大学出版社
网　　址：https://www.tup.com.cn，https://www.wqxuetang.com
地　　址：北京清华大学学研大厦A座　　　　邮　编：100084
社 总 机：010-83470000　　　　　　　　　邮　购：010-62786544
投稿与读者服务：010-62776969，c-service@tup.tsinghua.edu.cn
质 量 反 馈：010-62772015，zhiliang@tup.tsinghua.edu.cn
印 装 者：大厂回族自治县彩虹印刷有限公司
经　　销：全国新华书店
开　　本：170mm×240mm　　　印　张：19.5　　　字　数：415千字
版　　次：2022 年 9 月第 1 版　　　印　次：2024 年 4 月第 2 次印刷
定　　价：128.00 元

产品编号：094308-01

推 荐 序

人工智能起步于 20 世纪 60 年代中后期，直至 20 世纪 80 年代，其算法基本停留在启发式搜索，几乎所有问题都基于图搜索问题，没有感知和动作执行的不确定性。概率图模型(PGM)的产生之初便不同于专家系统，而是基于图论与概率论的强大数学理论基础，广泛应用于不确定性推理任务。经过 40 多年的演绎，PGM 已发展出一系列有效算法，成功应用于现实世界中的推理、预测、诊断、决策等领域。PGM 作为一种强大的处理不确定性的智能推理方法已日趋成熟。

PGM 是一类将概率论与图论有机结合的机器学习方法。众所周知，对于不确定性的研究离不开概率论。然而概率论理论中的一个关键问题就是如何利用边际分布来表征联合分布。只有在特殊的分布假设(高斯分布)下，联合分布才能等于边际分布的张量积。然而对于其他的总体分布，对此问题的解答知之甚少。在统计学理论中， 1959年提出的 Sklar 定理确定了联合分布与边际分布的关系，发展了 Copula 函数理论。然而 Copula 函数理论的研究也仅止步于二维空间的讨论，对于高维空间的理论尚不完善。然而，当随机变量满足独立性要求时，上述问题将大大简化。PGM 是研究如何利用边际分布和条件分布来表征联合分布的方式。其中的关键是如何表征随机变量的独立性。人们利用图论能表示节点之间的关联度的特性，来表达随机变量的相互依存性以及独立性。因此，将概率论与图论相结合，建立了 PGM 理论框架。其中颇具代表性的方法是贝叶斯方法。贝叶斯方法旨在建模多个随机变量的联合概率分布，为刻画数据和模型中的不确定性提供了一种严谨、系统、科学的方法。在对联合分布的建模过程中，贝叶斯模型聚焦于数据的不确定性，结合图论，用直观方式描述变量之间的直接关系，刻画变量之间的条件独立性。

以贝叶斯为代表的 PGM 主要解决了表示(模型对不确定性的有效表示)、推理(对概率分布的推理)、学习(从给定训练数据估计合适的模型)三大问题。本书的主体部分系统介绍贝叶斯方法，以此为基础，衍生出两种推广的 PGM：概率关系模型和因果图模型。概率关系模型能增强 PGM 的表征能力；因果图模型则超越概率依赖关系，表达了因果关系。因果模型是 Judea Pearl 提出的模型，聚焦于因果关系，更能体现出算法的可解释性。

　　传统的贝叶斯方法往往局限于条件概率分布,属于参数较少的浅层表征模型,很难拟合高维数据,也是统计学理论的瓶颈。深度学习方法却能有效地针对高维数据降维,提取有效特征,因而被广泛应用于人工智能的诸多领域。深度学习的解释性仍是这一领域的世界难题。深度学习可认为是深度可表征学习,然而目前仍难利用先验知识提取可解释的表征。如何有效地提取数据的可解释特征成为实施人工智能算法的关键。贝叶斯深度学习结合了深度学习与贝叶斯学习框架的理论优势,既能有效降维,提取高维数据特征,又能处理数据中的不确定性,提高模型的解释能力,因而成为研究热点。

　　本书反映了 PGM 的理论基础与进展。取材精炼,层次分明,是一本很好的关于 PGM 的专业书籍。同时结合了大量的案例分析与代码算例,使得初学者能快速掌握前沿的 PGM 理论。本书的翻译与出版能进一步推进国内人工智能算法领域的研究与应用。本书对想了解 PGM 理论的研究者、开发者、决策者和使用者来讲,都是一部很好的参考书。

许 艳

中国海洋大学

2022 年 6 月 10 日

译 者 序

自 2013 年从事模式识别与人工智能相关研究以来，译者一直想构建属于自己的一套完整的知识体系。2016 年碰巧看到机器学习与人工智能领域的一部里程碑式著作——《概率图模型：原理与技术》(*Probabilistic Graphical Models: Principles and Techniques*)，由美国斯坦福大学Daphne Koller教授和以色列希伯来大学Nir Friedman教授撰写，由中国科学院自动化研究所王飞跃研究员团队翻译。该书详细介绍概率图模型相关理论体系架构，原著1200 多页，译者花费了 5 年时间翻译出版，实属不易。这本书伴随我多年，因为理论性较强，晦涩难懂，阅读断断续续，不成体系。2020 年，我受邀翻译美国伦斯勒理工学院纪强(Qiang Ji)教授的著作 *Probabilistic Graphical Models for Computer Vision*，利用周末和晚上查阅相关资料，花费一年时间完成译稿，得到出版社编辑们的一致好评。通过阅读和翻译这两本著作，我对概率图模型有了深刻、全面的认识。

在我试图将概率图模型、图深度学习、贝叶斯深度学习等理论、方法统一应用于机器视觉、知识图谱、智能农业机器人和智慧农业等场景的过程中，一直苦于这几个理论所涉及的开发语言、开发框架参差不齐，很难集成到一个平台中。在概率图模型和贝叶斯深度学习实现方面，R语言相关库和相关资料比较成熟；而在图深度学习实现方面，基于Python语言的TensorFlow和PyTorch框架比较成熟。要进行开发语言方面的集成工作，难度可想而知。在查阅资料的过程中，我发现墨西哥INAOE科学家Luis Enrique Sucar开发了PGM_PyLib(该库集成了最新的概率图模型基本算法)，并且在2021 年出版了 *Probabilistic Graphical Models Principles and Applications, Second Edition*，我自告奋勇翻译此著作，也就是读者手里正在翻阅的这本书。

本书是Luis Enrique Sucar近 30 年教学和科研经验的结晶，提出的统一框架涵盖了PGM主要分类。本书由 4 部分组成：第 I 部分主要介绍概率图模型、概率论和图论基本知识；第 II 部分介绍概率图模型主要类型：贝叶斯分类器、隐马尔可夫模型、马尔可夫随机场、贝叶斯网络、动态和时态贝叶斯网络；第III部分介绍的决策模型主要用于在不确定性情况下做出最佳决策；第IV部分是关系模型、因果图模型和深度模型。

本书围绕"知识表示-学习推理-决策支持"这一框架展开讲解，涉及理论、应用和相应的PGM_PyLib代码。为了让读者在阅读本书的同时动手实践，译者翻译了PGM_PyLib手册，讲解PGM_PyLib的设计思想、接口和参数等设计，同时对代码示例进行了解释，并鼓励读者自行提交概率图模型方面的最新研究模型代码，使得PGM_PyLib更加完善。本书可作为计算机科学、软件工程、大数据科学与数据分析、人工智能等专业的本科生和研究生的机器学习、概率图模型等课程的教材，也可作为机器视觉、人工智能、智能机器人等领域工程师和科学家的参考书。

在本书翻译过程中，得到了很多人的帮助。吉林大学外国语学院吴禹林、电子科技大学外国语学院尹思敏、西南交通大学外国语学院周宇健、吉林财经大学外国语学院张煜琪等参与了全书翻译、校对和审核工作。此外，译者曾以本书为蓝本，对首都师范大学朱琳教授团队进行了两期的"概率模型知识表达、推理和决策"和"贝叶斯深度学习"主题培训，期间根据朱琳教授团队年轻学者和博士生的反馈，不断查阅资料，进一步对本书中的翻译细节进行了修正。感谢他们为本书所做的工作。最后，感谢清华大学出版社的编辑们，他们做了大量的编辑和校对工作，有效提升了本书质量。

由于本书涉猎广泛，加上译者翻译水平有限，翻译过程中难免有不足之处。如果读者在阅读过程中发现问题，欢迎批评指正。

译者简介

 　　郭涛，主要从事模式识别、人工智能、机器人、软件工程、地理人工智能(GeoAI)、时空大数据挖掘与分析等前沿交叉研究，曾翻译《深度强化学习图解》《AI可解释性(Python语言版)》和《概率图模型及计算机视觉应用》等畅销书。

序

    20世纪80年代，概率图模型(Probabilistic Graphical Model，PGM)及其不确定性在智能推理方面的应用出现于统计和人工智能推理界。UAI(Uncertainty in Artificial Intelligence)会议成为这个蓬勃发展的研究领域的首要论坛。在圣何塞的UAI-92会议上，我第一次见到Luis Enrique Sucar，当时我们都是研究生，他介绍了自己在用于高级视觉推理的关系模型和时间模型方面的研究。在过去25年中，Enrique对该领域做出了令人印象深刻的贡献：从客观概率的基础工作，到开发高级形式的PGM(如时间和事件贝叶斯网络)，再到PGM的学习。例如，他最近就在研究将贝叶斯链分类器用于多维分类。

    目前，作为一种强大而成熟的不确定性下的推理技术，PGM已被广泛接受。与早期专家系统中采用的一些特殊方法不同，PGM是以图论和概率论为基础的强大数学模型，可用于广泛的推理任务，包括预测、监测、诊断、风险评估和决策。开源软件和商业软件中有许多有效的推理和学习算法，这些算法成功应用于现实世界的诸多问题中，它们的影响和效率不言而喻。Luis Enrique Sucar一直致力于将PGM发展为一项实用的技术。该技术广泛应用于各领域，包括医学、康复和护理、机器人和视觉、教育、可靠性分析，以及从石油生产到发电厂的工业应用。

    *Probability Reasoning in Intelligent System*的作者Judea Pearl和*Probability Reasoning in Expert System*的作者Rich Neapolitan总结了贝叶斯网络早期研究成果并将其编撰成书。继Pearl和Neapolitan之后，Luis Enrique Sucar的这本专著及时填补了现有文献的空缺，与该领域的其他最新文献相比，本书涵盖的PGM内容更加广泛，包括各种分类器，隐马尔可夫模型，马尔可夫随机场，贝叶斯网络及其动态、时间和因果变量，关系PGM，决策图，马尔可夫决策过程等。本书以清晰易懂的方式介绍以上PGM以及推理(或推论)和学习的相关方法，使之适用于对使用概率图模型感兴趣的高年级学生，以及其他领域的研究人员和从业者。Enrique在本书中详尽讲述了自己在PGM建模方面积累的丰富实践经验；从生物信息学到空气污染，再到目标识别，对PGM在

各个领域的有效应用进行说明。我衷心为Enrique撰写本书而感到高兴，并将本书推荐
给各位读者。

Ann E. Nicholson

致　谢

　　本书源于我给研究生讲授多年的一门课程。最初是在奎尔纳瓦卡的蒙特雷理工学院开设的一门不确定性推理课程，后来到 2006 年，我搬到普埃布拉，其慢慢演变为概率图模型课程。这些年来，学生们一直是我写本书的主要动力和灵感来源。感谢他们所有人的关注，以及对我手稿的不断修正。谨以此书献给我过去、现在和未来的所有学生。

　　在此衷心感谢那些与我合作完成学士、硕士或博士论文的学生。本书中一些新颖的内容和大多数应用示例都源于他们的研究。感谢他们所有人，下面我将列举其中的一些人，他们对本书原稿贡献颇丰：Gustavo Arroyo、Shender Ávila、Héctor Hugo Avilés、Rodrigo Barrita、Sebastián Bejos、Leonardo Chang、Ricardo Omar Chávez、Elva Corona、Francisco Elizalde、Hugo Jair Escalante、Iván Feliciano、Lindsey Fiedler、Giovani Gómez、Carlos Hernández、Pablo Hernández、Yasmín Hernández、Pablo Ibargüengoytia、Roger Luis-Velásquez、Miriam Martínez、José Antonio Montero、Samuel Montero、Julieta Noguez、Arquímides Méndez、Annette Morales、Miguel Palacios、Mallinali Ramírez、Alberto Reyes、Joel Rivas、Verónica Rodríguez、Elías Ruiz、Jonathan Serrano-Pérez、Sergio Serrano、Gerardo Torres-Toledano和 Julio Zaragoza。特别感谢Lindsey Fiedler，他帮助我完成了所有的图，并修改了第 1 版的英文；还要感谢Jonathan Serrano-Pérez，帮助我完善了第 2 版增添的图，对本书进行了修改并建立了Python库。还要感谢我儿子Edgar，他修改了第 2 版某些章节早期的草稿。

　　感谢我的合作者，我们一起进行了研究项目和技术讨论，这一经历丰富了我在许多主题方面的知识，也帮助我完成这份手稿。我要特别感谢我的同事和朋友：Juan Manuel Ahuactzin、Olivier Aycard、Nadia Berthouze、Concha Bielza、Roberto Ley Borrás、Cristina Conati、Douglas Crockett、Javier Díez、Hugo Jair Escalante、Duncan Gillies、Jesús González、Miguel González、Edel García、Jesse Hoey、Pablo Ibargüengoytia、Leonel Lara-Estrada、Pedro Larrañaga、Ron Leder、Jim Little、José Martínez-Carranza、José Luis Marroquín、Oscar Mayora、Manuel Montes、Eduardo Morales、Enrique Muñoz de Cote、

Rafael Murrieta、Felipe Orihuela、Luis Pineda、David Poole、Alberto Reyes、Andrés Rodríguez、Carlos Ruiz、Sunil Vadera和Luis Villaseñor。感谢Edel、Felipe和Pablo对本书第1版的评价。

感谢我的朋友兼同事Ann E. Nicholson抽出时间阅读本书并撰写序言。

感谢我所在国家天文学院(INAOE)的支持，它为我提供了一个极好的研究和教学环境，并提供了所有便利条件，让我有时间专心完成本书。

最后，我要感谢我的家人，本书的出版也离不开他们的帮助。我的父母Fuhed和Aida，他们鼓励我勤奋学习、努力工作，并支持我的学业。尤其是我的父亲，他撰写了好几本优秀的图书，从而激励我写作(可能还赐予了我优良基因)。我的兄弟Ricardo，还有我的妹妹Shafia和Beatriz，她们一直为我的梦想助威。特别感谢我的妻子Doris及我的孩子Edgar和Diana，我将本该陪伴他们的漫长时间奉献给了本书，他们的爱和支持是我继续前进的动力。

前　　言

第 2 版亮点

- 该版新增一章，对部分可观察马尔可夫决策过程进行讲解，其中包括对此类模型的详细介绍、近似求解技术和应用示例。

- 因果模型由原来的一章扩展为两章。一章提及因果图，包括因果推理；另一章则展开介绍几种因果发现技术，并列举了应用示例。

- 该版还新增一章，介绍了深度神经网络及其与概率图模型的关系，分析了深度神经网络和概率图模型的不同集成方案，并举例说明了这些混合模型在不同领域的应用。

- 介绍其他类型的分类器，包括高斯朴素贝叶斯、循环链分类器和贝叶斯网络层次分类器。

- 在隐马尔可夫模型的章节中添加了高斯隐马尔可夫模型。

- 介绍一种学习贝叶斯网络时的迁移学习方法。

- 增加了包括粒子滤波在内的动态贝叶斯网络的采样技术。

- 该版增加了一种基于决策树转换来处理影响图的方法。

- 新增若干应用示例。

- 每一章的习题数量增加了 50%。

- 应用书中描述的几种算法，为概率图模型的推理和学习开发了一个Python库。

概述

概率图模型已发展为一套强大技术，并在诸多领域得到广泛应用。本书从工程角度对概率图模型(PGM)做了总体介绍。本书涵盖主流PGM的基本知识点：贝叶斯分类器、隐马尔可夫模型、贝叶斯网络、动态和时态贝叶斯网络、马尔可夫随机场、影响图、马尔可夫决策过程和部分可观察马尔可夫决策过程，以及每一项的表示、推理和学习原理。本书还介绍PGM的一些拓展内容：关系概率模型、因果模型和混合模型。每种模型的应用示例也包含在其中。

一些主要内容如下：

- PGM的主要类别在各个专题中以统一的框架呈现。
- 本书涵盖基本内容：所有相关技术的表示、推理和学习方法。
- 本书阐释不同技术在实际问题中的应用，这对学生和从业者来说是重点。
- 本书还囊括该领域的一些最新发展成果，如多维和层次贝叶斯分类器、关系概率图模型、因果图模型和因果发现，以及混合深度神经网络图模型。
- 除第1章之外，每章都附有配套练习，包括对研究和规划项目的相关建议。

本书的目标之一在于推动概率图模型在现实问题中的应用。这不仅需要了解不同的模型和技术，还需要掌握一些实践经验和领域相关知识。为了帮助不同领域的专业人士，使其深入了解使用PGM解决实际问题的方法，本书提供了多个不同类型模型在众多领域的应用示例。这些领域包括：

- 计算机视觉
- 生物医学应用
- 工业应用
- 信息检索
- 智能教学系统
- 生物信息学
- 环境应用
- 机器人学
- 人机交互
- 信息验证
- 护理

致读者

本书可作为计算机科学、工程、物理等专业的高年级本科生或研究生的概率图模型课程的教材，也可供旨在将概率图模型应用于不同领域的专业人士参考，还适合任何对该技术基础知识感兴趣的人进行阅读。

本书更适合有概率和统计方面背景知识的读者。读者若具备高中阶段的数学基础知识，以及一定的计算机和程序设计背景知识，阅读起来会更加轻松。编程练习需要一些编程语言(如C、C++、Java、Python、MATLAB等)知识和经验。

练习

每章(第 1 章除外)均附有配套练习,其中一些练习有助于加强读者对本章概念和技巧的理解。每章中也有一些关于研究或编程项目的建议,可作为课程的项目。

软件

一些用于学习和推理不同类别概率图模型的算法已在Python中执行,且对外公开。附录中给出了Python库的简介以及访问方式。

本书组织结构

本书分为 4 部分:第 I 部分给出PGM的总体介绍和动机,并回顾概率论和图论的必要背景知识;第 II 部分描述不考虑决策或效用的模型:贝叶斯分类器、隐马尔可夫模型、马尔可夫随机场、贝叶斯网络、动态和时态贝叶斯网络;第III部分首先简要介绍决策理论,然后描述支持决策的模型,包括决策树、影响图、马尔可夫决策过程和部分可观察马尔可夫决策过程;第IV部分对标准PGM进行了扩展,包括关系概率图模型和因果图模型(因果推理和因果发现),还对深度学习及其与PGM的关系进行介绍。

各章之间的关联如图 0.1 所示。从第 *X* 章到第 *Y* 章的"→"表示理解第 *Y* 章需要(或至少建议需要)首先学习第 *X* 章的内容。本书的图表示法提供了许多信息,与稍后将讨论的图模型相似。

从该图中,可了解阅读本书的不同方式。首先,建议你阅读导论和基本章节(第 1~3 章)。随后,你可以相对独立地研究第 II 部分中的不同模型:贝叶斯分类器(第 4 章)、隐马尔可夫模型(第 5 章)、马尔可夫随机场(第 6 章)和贝叶斯网络(第 7~9 章)。在学习贝叶斯网络之前,有必要先阅读第 7 章;在研究动态和时态贝叶斯网络之前,第 7 章和第 8 章都需要提前学习。

学习第III部分和第IV部分,需要事先阅读第 II 部分的一些章节。对于包括决策树和影响图的第 10 章,读者至少应该阅读关于贝叶斯网络的前 1 章。对于第 11 章和第 12 章,其中包括惯序决策(MDP和POMDP),建议你预先了解决策图(第 10 章)、隐马尔可夫模型以及动态和时态贝叶斯网络。关系概率图模型(第 13 章)是有关马尔可夫随机场和贝叶斯网络的章节,学习该章节之前需要对第 6 章和第 8 章进行提前阅读。第 14 章中的因果模型是基于贝叶斯网络构建起来的,包括学习技术和因果推理。第 15 章的学习需要之前的因果模型知识。最后,第 16 章将对比深度学习和PGM,需要先学习动态和时态贝叶斯网络以及马尔可夫随机场。

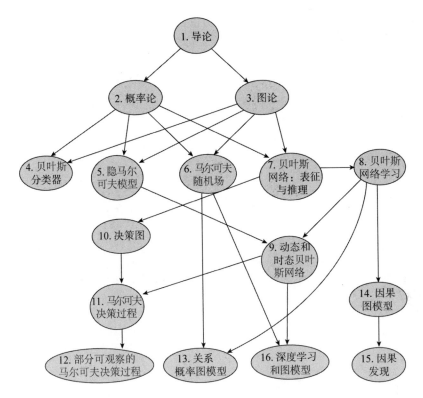

图 0.1　各章之间的关联

如果没有足够的时间来学习整本书，你有以下几种选择：一是关注概率图模型，而不考虑决策或更高级的扩展，即只关注第 I 部分和第 II 部分；二是侧重于决策模型，包括第 I 部分以及第 II 部分和第III部分的必要内容；三是按需求来设计课程，只考虑图中的关系。不过，如果你有足够的时间和强烈的求知欲，我建议你按顺序通读本书。祝你阅读愉快！

参考文献

读者在阅读本书正文时，会不时看到放在方括号中的编号。例如，第 1 章正文中有[16]，这表示可参考第 1 章的第 16 条文献。可扫描封底二维码，下载全书参考文献。

其他资源

读者可扫描封底二维码，下载词汇表、缩略语和符号。另外，读者可阅读附赠的书籍学习 PGM_PyLib 的相关内容。

关于图中颜色的说明

本书是黑白印刷,编辑在处理图的时候做了变通,译文中的"深色"对应于图中的深绿色,译文中的"浅色"代表图中的浅绿色。

目　　录

第 I 部分　基本原理

本书第 I 部分对概率图模型进行了全面介绍，并给出了应用于本书其余部分的理论基础：概率论和图论。

第 1 章 导 论

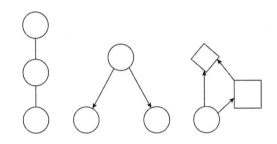

1.1 不确定性

对于智能体而言，无论是自然智能体还是人造智能体，为实现其目标，都必须在许多可能性中选择一个行为过程。也就是说，智能体必须根据环境信息、先验知识及目标做出决定。许多情况下，信息和知识是不完整或不可靠的，决策结果是不确定的，即必须在不确定的情况下做出决策。例如，在紧急情况下，医生必须迅速采取行动，即使这个医生对病人目前状态的了解有限；如果检测到路上可能有障碍物，自动驾驶车辆必须在不确定障碍物距离、大小和速度的情况下决定是转弯还是停车；金融机构需要根据不同方案的预期收益和对客户需求的模糊预测来选择最佳投资方案。

人工智能的目标之一是开发出能在不确定性条件下进行推理和决策的系统。不确定性下的推理对早期的智能系统提出挑战，因为传统模型在处理不确定性问题时的效果不尽如人意。

不确定性影响

早期的人工智能系统建立在传统逻辑基础之上，其中知识可表示为一组逻辑子句或规则。这些系统具有模块性和单调性两个重要性质，有助于简化知识获取和推理过程。

如果每一块知识都可以独立使用，用来得出结论，那么系统是模块化的。也就是说，如果任何逻辑从句和规则都是正确的，那么我们可以不考虑知识库中的其他元素，直接得出结论。例如，如果我们有规则 $\forall X$,中风$(X)\rightarrow$手臂受伤(X)，那么我们可以说：如果玛丽中风了，那么她的手臂受伤了。

如果一个系统的知识总是单调增加，那么它就是单调的。也就是说，即使系统接受了新事实，任何推断出的事实或结论也都保持不变。例如，如果有一个规则 $\forall X$,鸟$(X)\rightarrow$飞(X)，那么我们可以说：如果 Tweety 是一只鸟，那么它会飞。

然而，如果有不确定性，这两个性质通常就不成立。在医疗系统中，对病人的诊断通常是不确定的。因此，如果一个人中风，她的手臂不一定会受损，这取决于大脑中受中风影响的部分。同理，并不是所有的鸟都会飞。所以，如果我们后来得知 Tweety 是企鹅，就需要收回它会飞的结论。

由于这两个属性的缺失，要运用一个必须在不确定性下进行推理的系统就变得更加复杂。原则上，在得出结论时，系统必须考虑所有可用的知识和实际，并且在新数据输入时，能够随之改变结论。

1.2　简要回顾

从人工智能的角度看，可将不确定性管理技术的发展分为以下几个阶段。

开端(20 世纪 50—60 年代)——人工智能(AI)研究人员专注于解决定理证明、象棋之类的游戏和"块世界"规划领域等不涉及不确定性的问题，因此没必要开发应对不确定性的技术。在人工智能诞生之初，符号主义范式就占据了主导地位。

自组织(ad hoc)技术的广泛应用(20 世纪 70 年代)——为医学和采矿等实际应用开发专家系统，需要开发不确定性管理方法。为自组织的专家系统开发了新的特别技术，如 MYCIN 的确定因子[16]和探矿者的伪概率[4]。后来研究人员发现，这些技术有一套隐含的假设，使得它们的适用性受限[6]。同一时期，有人提出将替代理论用于处理专家系统中的不确定性，包括模糊逻辑[18]和 D-S 证据理论[15]。

概率论的复兴(20 世纪 80 年代)——概率论最初用于一些专家系统，但是后来被舍弃了，因为它的应用方式过于简单，但计算过程非常复杂。特别是贝叶斯网络[10]等的新发展，使人们得以有效地构建出复杂的概率系统，从而开创了人工智能中处理不确定性的新纪元。

多样化的形式主义(20 世纪 90 年代)——随着高效推理和学习算法的发展，贝叶斯网络不断发展巩固。同时，如模糊和非单调逻辑等其他技术也被认为同样可进行不确定性推理。

概率图模型(21 世纪) ——基于概率和图表示的几种技术被整合为在不确定性下表征、推理和决策的有效方法，包括贝叶斯网络、马尔可夫网络、影响图和马尔可夫决策过程等。

1.3　基本概率模型

概率论为处理不确定性问题奠定了良好基础，因此理应被应用于不确定性条件下的推理。然而，如果我们简单地将概率应用于复杂的问题，很快就会因计算的复杂性望而却步。

在本节，我们将展示如何使用基于平面表示的朴素概率方法，从而对问题建模；以及如何使用这个表示来解决一些概率问题。这将有助于理解基本方法的局限性，推动概率图模型的发展[1]。

许多问题可以表述为一组变量 X_1, X_2, …, X_n，我们能知道其中一些变量的值，而其他变量的值是未知的。例如，在医疗诊断中，变量可能代表某些症状和相关疾病，医生了解患者症状后，通常期望找到患者最可能患有的疾病。另一个例子是金融机构开发一个系统，以此来确定某个客户的信贷额度。这种情况下，相关变量包括客户的属性，即年龄、收入、历史信用等；以及一个代表信用额度的变量，如可以放心地给予客户的最大信用额度。一般来说，有几种类型的问题可以用这种方法建模，如诊断、分类和感知问题等。

概率框架下，我们可将问题的每个属性当作一个随机变量，使得它可以从一组值中取一定的值[2]。假设可能值有限，例如，$X = \{x_1, x_2, ..., x_m\}$ 可以表示医学领域中 m 种可能患有的疾病。随机变量的每个值在上下文中都有一定的概率：X 可能是特定人群中每种疾病发生的概率(这称为疾病的流行率)，即 $P(X=x_1)$, $P(X=x_2)$，简写为 $P(x_1)$, $P(x_2)$。

若我们设想两个随机变量 X、Y，那么我们可以计算 X 取某一值和 Y 取某一值的概率，即 $P(X=x_i \wedge Y=y_j)$ 或仅仅 $P(x_i, y_j)$，这叫作 X 和 Y 的联合概率。这种想法可以推广到 n 个随机变量，其中联合概率表示为 $P(X_1, X_2, ..., X_n)$。我们可以把 $P(X_1, X_2, ..., X_n)$ 看作一个函数，它给变量 X_1, X_2, …, X_n 值的所有可能组合分配了一个概率值。

因此，我们可以将域表示为：

(1) 一组随机变量 X_1, X_2, …, X_n。

(2) 与这些变量相关的联合概率分布 $P(X_1, X_2, ..., X_n)$。

基于以上结论，我们可以解决一些关于域中某个变量的问题，下面列举一些例子。

---

1 本节和稍后各节假设读者熟悉概率论的一些基本概念；第 2 章将对这些概念和其他概念加以回顾。

2 随机变量将在稍后正式定义。

边际概率：某个变量取某个值的概率。这一数值可以通过对联合概率分布的所有其他变量进行求和而得到。换句话说，$P(X_i) = \sum_{\forall X \neq X_i} P(X_1, X_2, ..., X_n)$ 被称为边际化。

概括地讲，边际化是通过对其余变量求和得到的变量子集的边际联合概率。

条件概率：根据定义，在已知 $P(X_i | X_j) = P(X_i, X_j) / P(X_j)$，$P(X_j) \neq 0$ 的前提下，X_j 的条件概率。$P(X_i, X_j)$ 和 $P(X_j)$ 可以通过边际化得到，从中可以得到条件概率。

全诱因或 MPE：假设已知变量子集(E)，诱因包括找到其余变量(J)的值，该值使已知证据的条件概率最大化，$max\, P(J | E)$，即 $ArgMax_J[max\, P(X_1, X_2, ..., X_n)/P(E)]$。

部分诱因或映射：这种情况下，有 3 个变量子集，即证据 E，我们要最大化的相关变量 J 和其余变量 K，我们就要最大化 $P(J | E)$。这是通过在 K 上边际化和在 J 上最大化得到的，即 $ArgMax_J \left[\sum_{X \in K} P(X_1, X_2, ..., X_n) / P(E) \right]$。

此外，如果有相关领域的数据，我们可以从这些数据中获得一个模型，即估计相关变量的联合概率分布。

接下来列举一个简单例子来展示基本方法。

示例

我们将用传统的高尔夫比赛的例子来展示基本方法。在这个问题中，有 5 个变量：天气、温度、湿度、多风、比赛。表 1.1 给出了高尔夫比赛示例的一些数据。所有变量都是离散的，因此可以从有限的一组值中任取一个，例如天气可能是晴天、阴天或下雨。我们现在将解答如何为本例计算前面提到的不同概率查询。

表 1.1　高尔夫比赛示例的示例数据集

天气	温度	湿度	多风	比赛
晴天	高	高	否	否
晴天	高	高	是	否
阴天	高	高	否	是
下雨	中	高	否	是
下雨	低	正常	否	是
下雨	低	正常	是	否
阴天	低	正常	是	是
晴天	中	高	否	否
晴天	低	正常	否	是

(续表)

天气	温度	湿度	多风	比赛
下雨	中	正常	否	是
晴天	中	正常	是	是
阴天	中	高	是	是
阴天	高	正常	否	是
下雨	中	高	是	否

首先，我们将仅使用两个变量，天气和温度来简化示例。根据表 1.1 中的数据，我们可以得到表 1.2 中所描述的天气和温度的联合概率。表中的每个条目对应于联合概率 P(天气, 温度)，例如 P(天气=晴天, 温度=高)= 0.143。

表 1.2　天气和温度的联合概率

天气	温度		
	高(H)	中(M)	低(L)
晴天(S)	0.143	0.143	0.071
阴天(O)	0.143	0.0.71	0.071
下雨(R)	0	0.214	0.143

首先得出这两个变量的边际概率。如果每行求和(边际化温度)，我们就得到天气的边际概率，P(天气)=[0.357, 0.286, 0.357]；如果我们对每列求和，得到温度的边际概率，P(温度)=[0.286, 0.428, 0.286]。根据这些分布，我们得出最可能的温度是 M，最可能的天气值是 S 和 R。

现在可以计算给定温度的天气条件概率，反之亦然。例如：

P(温度 | 天气 = 下雨) = P(温度 ∧ 天气=下雨)/P(天气=下雨) = [0, 0.6, 0.4]

P(天气 | 温度 = 低) = P(天气 ∧ 温度=低)/P(温度=低) = [0.25, 0.25, 0.5]

给定这些分布，给定天气是下雨条件下的最可能温度是"中"。给定温度为"低"条件下的最可能天气是下雨。

最后，我们可以直接从联合概率表中获得天气和温度最可能的组合是[下雨,中]。

尽管在这个小例子中我们可以计算不同的概率问题，但是对于具有许多变量的复杂问题，这种方法就显得不切合实际，因为表的大小以及边际概率和条件概率的直接计算量会随着模型中变量的增长而呈指数级增长。

这种简单方法的另一个局限是，模型中有许多变量时，要从数据中获得对联合概率的良好估计，我们将需要大量数据。经验法则为实例(记录)的数量是变量的可能组合值的至少 10 倍，因此，如果我们考虑 50 个二进制变量，则至少需要 10×2^{50} 个实例。

最后，联合概率表对生活中的实际问题没有进行充分说明，所以这种方法也有认知上的局限性。

在基本方法中发现的问题推动了对概率图模型的开发工作。

1.4　概率图模型

概率图模型(PGM)提供一个基于概率论的框架，以一种高效的计算方式处理不确定性。该模型的基本思路是只考虑那些对于某个问题有效的独立关系，并将这些关系包括在概率模型中，从而减少存储器需求和计算时间方面的复杂性。使用图可以简明地表示一组变量之间的依赖关系和独立关系，由此便可以将直接依赖的变量联系起来，而且这个依赖图中还隐含着各变量之间的独立关系。

概率图模型是联合概率分布的密集表示，从中可以得到边际概率和条件概率。与平面表示法相比，它具有几个优点：

- 通常更紧凑(空间优势)。
- 通常更有效率(时间优势)。
- 更容易理解和沟通。
- 更容易从数据中学习或基于专家知识进行构造。

概率图模型由两个方面规定：(i)定义模型结构的图 $G(V, E)$；(ii)一组定义参数的局部函数 $f(Y_i)$，其中 Y_i 是 X 的子集。联合概率由局部函数的乘积获得。

$$P(X_1, X_2, ..., X_N) = K\prod_{i=1}^{M} f(Y_i) \tag{1.1}$$

式中，K 是一个归一化常数(使概率和为 1)。

这种以图和一组局部函数(称为势函数)表示的方法，是 PGM 中推理和学习的基础。

推理：在给定任何其他子集 Y 的情况下，获得变量 Z 的任何子集的边际概率或条件概率。

学习：给定一组 X 的数据值(可能是不完整的)，估计模型的结构(图)和参数(局部函数)。

根据以下三个维度，可以对概率图模型进行分类：

(1) 有向的或无向的。

(2) 静态的或动态的。

(3) 概率性的或决定性的。

第一个维度与用于表示依赖关系的图类型有关。无向图表示对称关系，而有向图表示的关系中方向是重要因素。给定一组具有相应条件独立关系的随机变量，仅用一种类型图不足以表示所有关系[10]；因此，这两种模型都是有用的。

第二个维度定义了模型是在某个时间点(静态)还是在不同时间点(动态)表示一组变量。第三个维度区分了只包含随机变量的概率模型和同时包含随机变量、决策和效用变量的决策模型。

表 1.3 总结了最常见的 PGM 类别及其之前根据不同维度确定的类型。

表 1.3　概率图模型的主要类型

类型	有向/无向	静态/动态	概率性/决定性
贝叶斯分类器	有向/无向	静态	概率性
马尔可夫链	有向	动态	概率性
隐马尔可夫模型	有向	动态	概率性
马尔可夫随机场	无向	静态	概率性
贝叶斯网络	有向	静态	概率性
动态贝叶斯网络	有向	动态	概率性
影响图	有向	静态	决定性
马尔可夫决策过程	有向	动态	决定性
部分可观察 MDP	有向	动态	决定性

所有这些类型的模型将在后续章节中详细介绍，还包括一些更具表现力的模型(关系概率图模型)或表示因果关系的扩展(因果贝叶斯网络)。

1.5　表示、推理与学习

每一类概率图模型主要有三个方面：表示、推理和学习。

"表示"是每个模型的基本属性，它对构成模型的实体以及这些实体之间的关系进行定义。例如，所有 PGM 都可以表示为定义模型结构的图和描述其参数的局部函数。然而，对于不同类型的模型，图和局部函数的类型是不同的。

"推理"根据模型和一些证据回答不同的概率问题。例如，在已知模型中其他变量的情况下，获得一个变量或一组变量的后验概率分布。推理过程的难点在于如何有效地得到结果。

要构建这些模型，基本上有两种方式：在领域专家的帮助下"手工"构建模型或从数据中归纳模型。近年来，基于机器学习技术的模型归纳一直是研究的重点，因为在专家的帮助下进行归纳既困难又昂贵。尤其是获得模型的参数通常是基于数据得出的，因为人为做出的概率估计往往具有错误性。

从应用的角度看，这些技术的一个重要特性是，它们倾向于将推理和学习技术从模型中分离出来。也就是说，与其他人工智能表示(如逻辑和产生式规则)一样，推理机制是通用的，可以应用于不同模型。因此，在 PGM 的每一类中为概率推理和学习开发的技术可直接应用于各种应用中的不同模型。

图 1.1 给出了这一想法的示意性说明。基于数据或专家知识或两者的组合，研究人员使用学习引擎建立知识库，作为本例所用的概率图模型。一旦有了模型，就可通过推理引擎进行概率推理；基于观察数据和模型，推理引擎可以得到结果。学习和推理引擎是 PGM 类型的通用工具，可应用于不同领域的建模和推理。

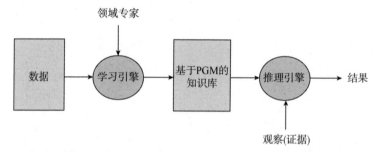

图 1.1　为通用范例的示意图，随后是不同类别的 PGM，其中学习和推理引擎(通用)
与知识库(取决于特定应用)明显分离

对于书中介绍的每一类 PGM，我们将首先描述其代表性，然后介绍一些最常见的推理和学习技术。

1.6　应用

现实世界中的大多数问题都涉及不确定性的处理问题，并且在解决这些问题时，通常需要考虑大量的因素或变量。概率图模型是解决具有不确定性复杂问题的理想框架，因此被广泛应用于以下领域：

● 医疗诊断和决策。
● 移动机器人定位、导航与规划。
● 诊断复杂的工业设备(如涡轮机和发电厂)。
● 自适应界面和智能助手的用户建模。

- 语音识别和自然语言处理。
- 污染建模与预测。
- 复杂过程的可靠性分析。
- 模拟病毒的进化。
- 计算机视觉中的目标识别。
- 通信中的纠错。
- 信息检索。
- 手势和活动识别。
- 能源市场。
- 农业规划。

不同类型的 PGM 适合不同的应用，我们将在后续章节中展示每类 PGM 的应用示例。

1.7　本书概述

本书分为四部分。

第Ⅰ部分为理解后续章节中介绍的模型和技术提供了数学基础。第 2 章回顾了概率论和信息论中的一些基本概念，这些概念有助于理解标准的概率图模型。第 3 章对图论进行了概述，重点介绍概率图模型中表示和推理的几个重要方面，其中包括团、三角图和完美序。

第Ⅱ部分涵盖只有随机变量的不同类型的概率模型，并且不考虑模型中的决策或效用。该部分在本书占比最大，包括以下类型的 PGM：

- 贝叶斯分类器。
- 马尔可夫链与隐马尔可夫模型。
- 马尔可夫随机场。
- 贝叶斯网络。
- 动态贝叶斯网络与时态网络。

专门讨论每种类型的模型，包括表示、推理和学习，并给出实际应用示例。

第Ⅲ部分介绍考虑决策和效用的模型，其重点是帮助决策者在不确定性条件下采取最优动作。该部分占据了 3 章的篇幅进行介绍。第 10 章涵盖面临一个或几个决策时的建模技术，包括决策树和影响图。第 11 章讨论了考虑完全可观察性的惯序决策问题，特别是马尔可夫决策过程。第 12 章研究侧重于部分可观察性的惯序决策问题，即部分可观察马尔可夫决策过程。

第IV部分考虑可被认为是传统概率图模型扩展的另类范式，以及它们与深度学习的关系，共分 4 章。第 13 章介绍关系概率图模型，通过结合一阶逻辑的表达能力与概率模型的不确定性推理能力，标准 PGM 的表示能力得到提高。第 14 章介绍因果图模型，该模型超越了表示概率依赖性的范畴，用来表示因果关系。第 15 章关注因果发现，即从数据中学习因果关系。最后，第 16 章简要介绍深度学习模型，重点介绍它们与概率图模型的关系和二者结合的可能。

1.8　补充阅读

在本书中，我们提及了概率图模型的广阔前景。鲜有其他书作涉及了相似内容。其一是 Koller 和 Friedman[8]的著作，该书提出了不同结构下的模型，而不太强调应用问题。另一个是 Lauritzen[9]的著作，该书更关注统计问题。贝叶斯编程[2]提供了一种基于编程范式实现图模型的替代方法。Barber[1]介绍了几类以机器学习为重点的PGM。

有几本书更深入地介绍了一种或几种类型的模型，如贝叶斯网络[3, 11, 12]、决策图[7]、马尔可夫随机场[10]、马尔可夫决策过程[14]、关系概率图模型[5]和因果图模型[13, 17]。

第 2 章   概 率 论

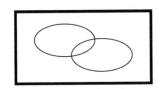

2.1 引言

概率论起源于机会博弈，有着悠久而有趣的历史，而今它已经发展成为一种量化不确定性的数学语言。

假设一个特定的实验，如掷骰子。这个实验可以有不同的结果，我们称每个所掷点数为结果或元素。在掷骰子示例中，可能的结果或元素如下：$\{1, 2, 3, 4, 5, 6\}$。实验中所有可能结果的集合称为样本空间 Ω。事件是一组元素或 Ω 的子集。继续掷骰子示例，一个事件可能是骰子显示偶数，即[2, 4, 6]。

用数学定义概率之前，有必要讨论一下概率的含义或解释。依据拉普拉斯的经典定义，我们可得到几种概率的定义或解释，包括极限频率、主观解释、逻辑解释和倾向性解释[2]。

经典型：概率与等概率事件有关；若某个实验有 N 个可能的结果，则每个结果的概率为 $1/N$。

逻辑型：概率是理性信念的量度；也就是说，根据可用证据，一个理性的人会对一个事件有一定的信念，这将决定它的概率。

主观型：概率是个人对某一事件的信任程度的度量；这可以用一个下注因素来衡量——个人身上发生某个事件的概率与该人愿意在该事件下注多少有关。

频率型：概率是一个给定实验的重复次数趋于无穷大时，事件发生次数的量度。

倾向型：概率是在可重复条件下事件发生次数的度量；即使实验只发生一次。

这些解释可以分为概率论和统计学的两种主要方法。

- 目标论(经典型、频率型、倾向型)：概率存在于现实世界中，可以测量。
- 认识论(逻辑型、主观型)：概率与人类的知识有关，是信念的量度。

两种方法都遵循以下定义相同的数学公理；然而，应用概率的方式存在差异，在统计推断中差异尤为明显。在这些差异下形成了两个主要的统计学派：频繁学派和贝叶斯学派。在人工智能领域，特别是在专家系统中，首选的方法往往是认识论或主观的方法，其中难免涉及对客观方法的使用[5]。

我们将考虑逻辑或规范的方法，并根据可用证据的某个命题的可行程度定义概率[3]。基于 Cox 的工作，Jaynes 建立了一些这种可行性程度必须遵循的基本要求[3]：

- 用实数表示。
- 与常识的定性对应。
- 一致性。

基于这些直觉原理，我们可以得出概率的三个公理：

(1) $P(A)$ 是[0, 1]中的连续单调函数。

(2) $P(A, B | C) = P(A | C) P(B | A, C)$ (乘积法则)。

(3) $P(A | B) + P(\neg A | B) = 1$ (求和法则)。

其中 A、B、C 是命题(二元变量)，$P(A)$ 是命题 A 的概率。$P(A | C)$ 是已知 C 的条件下 A 的概率，称为条件概率。$P(A, B | C)$ 是给定 C (逻辑连接)的条件下，A 和 B 的概率，$P(\neg A | C)$ 是给定 C 的条件下，非 A (逻辑否定)的概率。这些规则就是最常用的 Kolmogorov 公理。依据这些公理，可导出所有传统的概率论。

2.2　基本规则

两个命题的析取概率(逻辑和)由求和规则给出：$P(A + B | C) = P(A | C) + P(B | C) - P(A, B | C)$；若命题 A 和命题 B 在给定 C 时互斥，我们可以将其简化为 $P(A + B | C) = P(A | C) + P(B | C)$。这可以推广到 N 个互斥命题：

$$P(A_1 + A_2 + \cdots + A_N | C) = P(A_1 | C) + P(A_2 | C) + \cdots + P(A_N | C) \tag{2.1}$$

若存在 N 个互斥且详尽的假设 $H_1, H_2, \ldots, H_N$，并且若证据 B 不支持其中任何一个，则根据无差异原则：$P(H_i | B) = 1 / N$。

根据逻辑解释，绝对概率是不存在的，所有概率都取决于背景信息[1]。仅以背景 B 为条件的 $P(H | B)$ 称为先验概率；一旦加入额外信息 D，就称之为后验概率

---

1 它通常写为 $P(H)$，而不明确提到条件信息。这种情况下，我们假设仍然存在一些上下文，其中，即使没有明显提到概率，也会考虑概率。

$P(H|D,B)$。根据乘积法则，可以得到：

$$P(D,H|B) = P(D|H,B)P(H|B) = P(H|D,B)P(D|B) \tag{2.2}$$

从中获得：

$$P(H|D,B) = \frac{P(H|B)P(D|H,B)}{P(D|B)} \tag{2.3}$$

最后一个公式称为贝叶斯法则，$P(D|H,B)$项称为似然性$L(D)$。

某些情况下，H 的概率不受 D 的影响，因此在给定背景 B 的情况下，H 和 D 是独立的，因此 $P(H,D|B)=P(H|B)$。在 A 和 B 独立的情况下，乘积法则可以简化为 $P(A,B|C)=P(A|C)P(B|C)$，这可以推广到 N 个相互独立的命题：

$$P(A_1,A_2,...,A_N|B) = P(A_1|B)P(A_2|B)\cdots P(A_N|B) \tag{2.4}$$

若两个命题仅在背景信息下独立，则它们是边际独立的；但若它们是在给定额外证据 E 下独立，则是有条件独立的：$P(H,D|B,E)=P(H|B,E)$。例如，假设 A 表示浇灌花园的建议，B 表示天气预报，C 表示下雨。最初，浇灌花园并不独立于天气预报，但一旦下雨，就独立了，即 $P(A,B|C)=P(A|C)$。

概率图模型基于这些边际独立和条件独立的条件。

N 个命题联合的概率，即 $P(A_1,A_2,...,A_N|B)$，通常称为联合概率。若把乘积法则推广到 N 个情况，可得到链式法则：

$$P(A_1,A_2,...,A_N|B) = P(A_1|A_2,A_3,...,A_N,B)P(A_2|A_3,A_4,...,A_N,B)\cdots P(A_N|B) \tag{2.5}$$

由此可以得到 N 个命题的联合概率。命题之间的条件独立关系可以用来简化这个乘积；也就是说，若在给定 $A_3,...,A_N$ 和 B 后，A_1 和 A_2 是独立的，那么式(2.5)的第一项可简化为 $P(A_1|A_3,...,A_N,B)$。

另一个重要的关系是全概率公式。考虑样本空间 Ω 上的 $B=\{B_1,B_2,...,B_n\}$ 的一个分区，使得 $\Omega=B_1\bigcup B_2\bigcup...\bigcup B_n$ 和 $B_i\bigcap B_j=\varnothing$。也就是说，$B$ 是一组相斥事件，覆盖了整个样本空间。考虑另一个事件 A；A 等于它与每个事件的交集的并集 $A=(B_1\bigcap A)\bigcup(B_2\bigcap A)\bigcup...\bigcup(B_n\bigcap A)$。然后，根据概率公理和条件概率定义，可以得出总概率公式：

$$P(A) = \sum_i P(A|B_i)P(B_i) \tag{2.6}$$

给定总概率公式，可将贝叶斯法则重写为(省略背景项)：

$$P(B|A) = \frac{P(B)P(A|B)}{\sum_i P(A|B_i)P(B_i)} \tag{2.7}$$

最后一个表达式通常称为贝叶斯定理。

2.3　随机变量

若我们考虑一组有限的穷举和互斥命题[1]，则离散变量 X 可以表示这一命题集，使得 X 的每个值 x_i 对应于一个命题。若我们给每个命题 x_i 赋值，则 X 是离散随机变量。例如，掷骰子的结果是具有 6 个可能值 $1, 2, ..., 6$ 的离散随机变量。X 的所有可能值的概率 $P(x)$ 是 X 的概率分布。考虑掷骰子示例，对于公平骰子，概率分布为：

x	1	2	3	4	5	6
$P(x)$	1/6	1/6	1/6	1/6	1/6	1/6

这是一个均匀概率分布的例子。对于几个概率分布，已有定义给出。另一种常见的分布是二项分布。假设有一个罐子，里面装有 N 个彩球，颜色有红色和黑色，其中红球有 M 个，那么红球的分数是 $\pi = M / N$。我们随机抽取一个球，记录它的颜色，然后把它放回，再次混合球(这样，原则上每次抽取都独立于上一次)。在 n 次抽取中得到 r 个红球的概率是：

$$P(r \mid n, \pi) = \binom{n}{r} \pi^r (1-\pi)^{n-r} \tag{2.8}$$

其中 $\binom{n}{r} = \dfrac{n!}{r!(n-r)!}$ 。

这是一个二项分布的例子，应用于 n 个独立的试验，每个试验有两种可能的结果(成功或失败)，并且成功概率在所有试验中都是恒定的。还有许多其他的分布，建议感兴趣的读者阅读本章末尾的"补充阅读"一节。

一般来说，有两个重要的量有助于描述概率分布。离散随机变量的期望值是可能值的平均值，根据其概率进行加权：

$$E(X \mid B) = \sum_{i=1}^{N} P(x_i \mid B) x_i \tag{2.9}$$

方差定义为变量减去其期望值的平方的期望值：

$$\sigma^2(X \mid B) = \sum_{i=1}^{N} P(x_i \mid B)\left(x_i - E(X \mid B)\right)^2 \tag{2.10}$$

直观地说，方差给出了某个随机变量概率分布的宽或窄的量。方差的平方根称为标准差，这通常更直观，因为它的单位与变量的单位相同。

到目前为止，我们已经考虑了离散变量，但概率法则可推广到连续变量。如果有一个连续变量 X，可以把它分成一组互斥的、穷尽的区间，这样 $P=(a < X \leqslant b)$ 是一个

---

1 这意味着有且只有一个命题的值为真。

命题，因此迄今为止导出的法则都适用。连续随机变量可以用概率密度函数 $f(X \mid B)$ 来定义，由此：

$$P(a < X \leqslant b \mid B) = \int_a^b f(X \mid B) \mathrm{d}x \tag{2.11}$$

概率密度函数必须满足 $\int_{-\infty}^{\infty} f(X \mid B) \mathrm{d}x = 1$。

连续概率分布的例子一般是正态分布或高斯分布。该分布在概率论和统计学的诸多应用中具有重要作用，因为自然界中有许多现象也具有近似正态分布的特征；由于其数学性质，它在概率图模型中也很常见。

正态分布表示为 $N(\mu, \sigma^2)$，其中 μ 是平均值(中心)，σ 是标准差(扩散)，定义为：

$$f(X \mid B) = \frac{1}{\sigma \sqrt{2\pi}} \exp \left\{ -\frac{1}{2\sigma^2} (x - \mu)^2 \right\} \tag{2.12}$$

高斯分布的密度函数如图 2.1 所示。

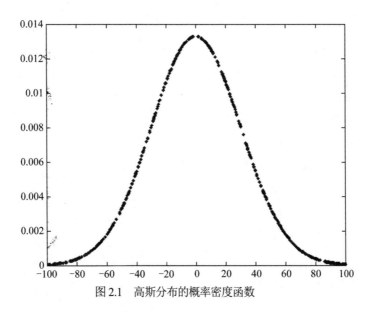

图 2.1　高斯分布的概率密度函数

另一个重要的连续分布是指数分布，例如，某一设备发生故障所需的时间通常是指数分布。指数分布表示为 $\exp(\beta)$，其参数 $\beta > 0$，定义为：

$$f(X \mid B) = \frac{1}{\beta} \mathrm{e}^{-x/\beta}, \qquad x > 0 \tag{2.13}$$

指数分布的概率密度函数如图 2.2 所示。通常用累积分布函数 F 来表示概率分布，特别是连续变量的概率分布。随机变量 x 的累积分布函数是 $X \leqslant x$ 的概率。对于连续变量，用密度函数定义为：

$$F(X) = \int_{-\infty}^{x} f(X) \qquad (2.14)$$

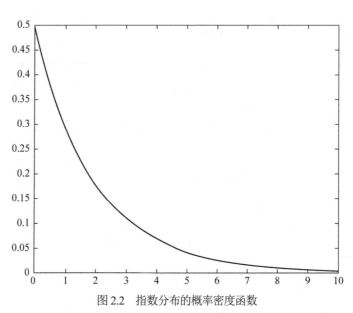

图 2.2　指数分布的概率密度函数

以下是累积分布函数的一些性质：

- 在区间[0, 1]中：$0 \leqslant F(X) \leqslant 1$
- 非递减：若 $x_1 < x_2$，则 $F(x_1) \leqslant F(x_2)$
- 极限：$\lim_{x \to -\infty} = 0$ 和 $\lim_{x \to -\infty} = 0$

对于离散变量，累积概率 $P(X \leqslant x)$ 已定义为：

$$P(x) = \sum_{x=-\infty}^{X=x} P(X) \qquad (2.15)$$

其性质与累积分布函数相似。

二维随机变量

随机变量的概念可以扩展到两个或更多维度。给定两个随机变量 X 和 Y，它们的联合概率分布定义为 $P(x, y) = P(X = x \land Y = y)$。例如，$X$ 可能表示第一生产线一天内生产的产品数量，Y 表示第二生产线一天内生产的产品数量，因此 $P(x, y)$ 对应于第一生产线生产 x 产品和第二生产线生产 y 产品的概率。P(x, y)必须遵循概率公理，特别是 $0 \leq P(X, Y) \leq 1$ 和 $\sum_X \sum_Y P(X, Y) = 1$。

二维离散随机变量的分布(称为二元分布)可用表格形式表示。例如，考虑这两条生产线的例子，假设生产线 X 可以每天生产 1、2 或 3 个产品，而生产线 Y 可以生产 1 个或 2 个产品，那么便可得出一个可能的联合分布 P(X, Y)，如表 2.1 所示。

表 2.1　二维离散概率分布示例

	X=1	X=2	X=3
Y=1	0.1	0.3	0.3
Y=2	0.2	0.1	0

给定联合概率分布 P(X, Y)，我们可以得到每个随机变量的分布，即所谓的边际概率：

$$P(x) = \sum_y P(X, Y); P(y) = \sum_x P(X, Y) \tag{2.16}$$

例如，考虑表 2.1 的联合分布，可以得到 X 和 Y 的边际概率。例如，$P(X = 2) = 0.3 + 0.1 = 0.4$ 和 $P(Y = 1) = 0.1 + 0.3 + 0.3 = 0.7$。

还可计算给定 Y 的 X 的条件概率，反之亦然：

$$P(X \mid Y) = P(X, Y) / P(Y); P(Y \mid X) = P(X, Y) / P(X) \tag{2.17}$$

遵循表 2.1 中的示例：

$$P(X = 3 \mid Y = 1) = P(X = 3, Y = 1) / P(Y = 1) = 0.3 / 0.7 = 0.4286$$

独立性的概念可以应用于二维随机变量。如果两个随机变量 X、Y 的联合概率分布等于其边际分布的乘积(对于 X 和 Y 的所有值)，则它们是独立的：

$$P(X, Y) = P(X)P(Y) \rightarrow \text{Independent } (X, Y) \tag{2.18}$$

另一个有用的度量称为相关性，它是两个随机变量 X、Y 之间线性关系程度的度量，其定义为：

$$\rho(X, Y) = E\{[X - E(X)][Y - E(Y)]\} / (\sigma_X \sigma_Y) \tag{2.19}$$

其中，$E(X)$ 是 X 的期望值，σ_X 是其标准差。相关性在区间[−1, 1]：正相关表明，Y 随 X 的增大而增大；负相关表明，Y 随 X 的增大而减小。

注意，相关性为 0 并不一定意味着独立性，相关性仅度量线性关系。X 和 Y 的相关性可能为 0，但可能通过高阶函数相互关联，它们无独立性。

2.4　信息论

尽管信息论涉及许多不同的领域，但信息理论的起源是通信领域。在概率图模型领域，它主要应用于学习过程。在本节，我们将介绍信息论的基本概念。

假设我们正在传达某个事件发生的信息。我们可以直观地认为，传达事件的信息量与事件发生的概率成反比。例如，假设发送的一条消息通知了下列事件之一：

(1) 纽约正在下雨。

(2) 纽约发生了地震。

(3) 一块陨石落在纽约市上空。

第一个事件发生的概率高于第二个事件，第二个事件发生的概率高于第三个事件。因此，第一个事件的消息传递的信息量最小，而第三个事件的消息传递的信息量最大。

现在我们看看如何将信息的概念形式化。假设有一个可以发送 q 个可能消息的信息源 $m_1, m_2, \dots, m_q$，每个消息对应发生概率为 $P_1, P_2, \dots, P_q$ 的事件。我们需要找到一个基于 m 概率的函数 $I(m)$。该函数必须具有以下性质。

- 信息范围从 0 到无穷大：$I(m) \geqslant 0$。
- 信息随着概率的降低而增加：若 $P(m_i) < P(m_j)$，则 $I(m_i) > I(m_j)$。
- 当概率趋于 0 时，信息趋于无穷大：若 $P(m) \to 0$，则 $I(m) \to \infty$。
- 若两条消息是独立的，则两条消息的信息等于单个消息的信息之和：若 m_i 与 m_j 独立，则 $I(m_i + m_j) = I(m_i) + I(m_j)$。

满足上述性质的函数是概率倒数的对数，即

$$I(m_k) = \log(1 / P(m_k)) \tag{2.20}$$

通常使用以 2 为底的对数，因此信息以"比特位"度量：

$$I(m_k) = \log_2(1 / P(m_k)) \tag{2.21}$$

例如，如果我们假设消息 m_r "纽约在下雨"的概率是 $P(m_r) = 0.25$，则相应的信息是 $I(m_r) = \log_2(1/0.25) = 2$。

一旦定义了特定消息的信息，另一个重要概念是 q 消息的平均信息，信息的期望值称为熵。若给出了期望值的定义，q 消息的平均信息或熵定义为：

$$H(m) = E(I(m)) = \sum_{i=1}^{q} P(m_i) \log_2(1 / P(m_i)) \tag{2.22}$$

我们可以将其解读为平均 H 比特的信息将被发送。

一个有趣的问题是：H 什么时候取得最大值和最小值？考虑二进制源，只有两个消息，m_1 和 m_2；$P(m_1) = p_1$，$P(m_2) = p_2$。假设只有两个可能的消息，$p_2 = 1 - p_1$，那么

H 只依赖于一个参数 p_1(或者仅仅是 p)。图 2.3 显示了 H 与 p 的关系图。观察 H 在 $p=0.5$ 时处于最大值，在 $p=0$ 和 $p=1$ 时处于最小值(0)。一般来说，当事件的概率分布均匀时，熵达到最大值；当有一个元素的概率为 1，其余元素的概率为 0 时，熵则为最小值。

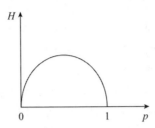

图 2.3　二元源的熵与概率。当概率为 0.5 时熵最大，当概率为 0 和 1 时熵最小

如果我们考虑条件概率，可以将熵的概念推广到条件熵：

$$H(X \mid y) = \sum_{i=1}^{q} P(x_i \mid y) \log_2 \left[1 / P(x_i \mid y) \right] \tag{2.23}$$

熵的另一个扩展是交叉熵：

$$H(X, Y) = \sum_{X} \sum_{Y} P(X, Y) \log_2 [P(X, Y) / P(X) P(Y)] \tag{2.24}$$

交叉熵提供了两个随机变量之间互信息(依赖性)的度量。当两个变量独立时，交叉熵为 0。

2.5　补充阅读

Donald Gillies[2]对概率的不同哲学方法进行了全面阐述。参考文献[3]是一本从逻辑角度讲述概率论的优秀作品。Wasserman[6]为计算机科学和工程专业的学生提供了一门关于概率和统计学的简明课程。关于计算机科学中概率论和统计学的其他介绍，请查阅参考文献[1]。还有几本关于信息论的书；参考文献[4]将信息论与机器学习和推理联系起来。

2.6　练习

1. 如果我们掷两个骰子,点数加起来正好是 7 的概率是多少？会是 7 还是更多呢？
2. 如果我们假设一组学生的身高呈正态分布，平均值为 1.7 米，标准差为 0.1 米，那么一个学生的身高超过 1.9 米的可能性有多大？

3. 用数学归纳法证明链式法则。

4. 假设有一个罐子，里面装有 10 个球，其中 4 个白色，6 个黑色。如果我们在要放回的条件下从罐子中取出 3 个球，那么取出 2 个白球和 1 个黑球的概率是多少？

5. 假设某个地区有 5 个村，各村人口用 $S_1 \sim S_5$ 表示如下：S_1 为 2000，S_2 为 1000，S_3 为 3000，S_4 为 1000，S_5 为 3000。S_1 中有 100 个穷人，S_2 中有 200 个，S_3 中有 500 个，S_4 中有 100 个，S_5 中有 300 个。这个地区的总体贫困率是多少？

6. 有两种疾病：肝炎(H)或伤寒(T)，假设一个人只会得其中一种疾病。这些疾病引发的症状有两种：头痛(D)和发烧(F)；这两种症状可能是真的，也可能是假的。考虑以下问题：$P(T) = 0.5$，$P(D \mid T) = 0.7$，$P(D \mid \neg T) = 0.4$，$P(F \mid T) = 0.9$，$P(F \mid \neg T) = 0.5$。描述采样空间并完成部分概率表。

7. 根据问题 6 的数据，并假设给定疾病、症状是独立的，假设患者没有头痛症状但有发烧症状，求出患者患肝炎的概率。

8. 如何用图表示两种症状(头痛和发烧)是独立的疾病？

9. 给定下表中的二维概率分布，求出：(a) $P(X_1)$；(b) $P(Y_2)$；(c) $P(X_1 \mid Y_1)$。

	Y_1	Y_2	Y_3
X_1	0.1	0.2	0.1
X_2	0.3	0.1	0.2

10. 在问题 9 中，X 和 Y 是独立的吗？

11. 修改问题 9 中联合分布概率，使 X 和 Y 相互独立。

12. 在某地，年天气统计数据如下。365 天中，晴天 200 天，阴天 60 天，多雨 40 天，降雪 20 天，雷阵雨 20 天，冰雹 10 天，大风 10 天，小雨 5 天。如果每天都有关于天气的信息发送，那么每种天气的信息是什么？

13. 考虑问题 12 中每种天气类型的信息，消息的平均信息(熵)是多少？

14. 假设一位医学专家告诉你，某一人群中某种疾病的患病率(先验概率)是 10%。最近，他们从医疗记录中发现，同一人群中 100 人中有 12 人患有这种疾病。根据概率论和频率论的解释，你对这种疾病的概率估计是多少？在贝叶斯解释下呢？

15. ***研究概率的不同哲学解释，并讨论每一种解释的优点和局限性。你认为哪一个最合适？为什么？

第3章 图 论

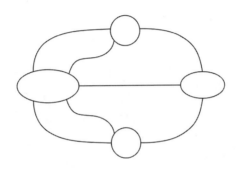

3.1 定义

使用图可以简洁明了地表示一组对象之间的二进制关系，如某一地区几个城市之间的道路图。一张区域地图本质上就是一个图，图中的对象是城市，两个城市之间的道路就是关系。图通常用图形表示。对象用圆或椭圆表示，而关系用线或箭头表示，见图 3.1。图有两种基本类型：无向图和有向图。接下来定义有向图和无向图。

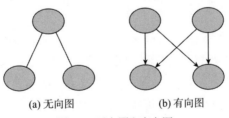

(a) 无向图   (b) 有向图

图 3.1　无向图和有向图

若给定 V 是一个非空集，V 上的二元关系 $E \subseteq V \times V$ 是一组有序对 (V_j, V_k)，使得 V_j，$V_k \in V$。有向图是一个有序对 $G = (V, E)$，其中 V 是一组节点，E 是一组表示 V 上二元关系的弧，见图 3.1(b)。有向图表示对象之间的反对称关系，例如"父"关系。

无向图是有序对 $G = (V, E)$，其中 V 是一组节点，E 是一组表示对称二元关系的边：

$(V_j, V_k) \in E \rightarrow (V_k, V_j) \in E$，见图 3.1(a)。无向图表示对象之间的对称关系，如"兄弟"关系。

若节点 j 和 k 之间存在边 $E_i(V_j, V_k)$，那么 V_j 与 V_k 相邻。在无向图中，一个节点的度是该节点中关联的边数。在图 3.1(a) 中，上节点的度为 2，下两个节点的度为 1。

与同一对节点相关联的两条边称为平行边；在一个节点上的边是一个环；不是任何边的端点的节点是一个孤立节点，它的度为 0。如图 3.2 所示。

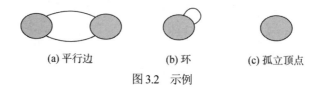

(a) 平行边　　　　　　　　(b) 环　　　　(c) 孤立顶点

图 3.2　示例

在有向图中，指向一个节点的弧的数目是它的入度；远离节点的边数是节点的出度；节点中关联的边的总数就是它的度(入度+出度)。在图 3.1(b) 中，上面两个节点的入度为 0，出度为 2；而下面的两个节点的入度为 2，出度为 0。

给定一个图 $G = (V, E)$，G 的子图 $G' = (V', E')$ 表示 $V' \subseteq V$ 和 $E' \subseteq E$。其中 E' 中的每一条边都与 V' 中的节点相关联。例如，若我们去掉图 3.1(b) 中边的方向(使之成为无向图)，那么图 3.1(a) 就是图 3.1(b) 的子图。

3.2　图的类型

除了有向图和无向图这两种基本图外，还有其他类型的图，一些例子如下。

链图：有向边和无向边的混合图。

简单图：不包括环和平行弧的图。

多重图：一种图包含多个分量(子图)，使得每个分量与其他分量没有边，即它们是断开的。

完全图：在每对节点之间有一条边的图。

二部图：节点可分为两个子集(G_1, G_2)的图，使得所有边都连接 G_1 中的一个节点和 G_2 中的一个节点，即每个子集中的节点之间没有边。

加权图：有权与其边和/或节点相关联的图。

图 3.3 列举了描述这类图的示例。

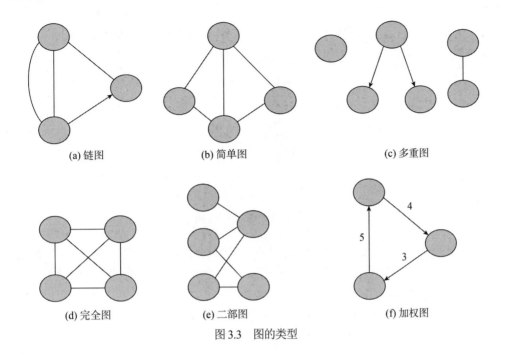

(a) 链图　　　　　　　(b) 简单图　　　　　　　　(c) 多重图

(d) 完全图　　　　　　(e) 二部图　　　　　　　　(f) 加权图

图 3.3　图的类型

3.3 迹和回路

迹(trajectory)由一系列边 $E_1, E_2, ..., E_n$ 构成，使每条边的最终节点与序列中下一条边的初始节点重合(最终节点除外)；也就是说，对于 $i=1$ 到 $i=n-1$，有 $E_i(V_j, V_k), E_{i+1}(V_k, V_l)$。一个简单的迹不能两次或多次涉及同一条边；一条基本迹不会多次出现在同一节点上。不同迹的示例如图 3.4 所示。

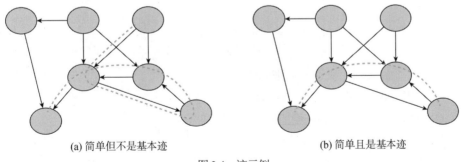

(a) 简单但不是基本迹　　　　　　　　　　(b) 简单且是基本迹

图 3.4　迹示例

若图 G 中的每一对不同节点之间有一条迹，则图 G 是连通的。若一个图 G 不连通，则每个连通的部分称为 G 的一个分量。

环是一个迹，使得最终节点与初始节点重合，即它是一个"闭合迹"。以类似迹的方式，我们可以定义简单和基本的环。图 3.5 展示了一个环示例。

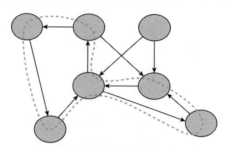

图 3.5　简单但不基本的环示例

PGM 中有一种重要的图类型，即有向无环图(DAG)。DAG 是一个无有向回路的有向图(有向回路是序列中所有边都遵循箭头方向的回路)。例如，图 3.1(b)是 DAG，图 3.3(f)不是 DAG。

图论中一些经典问题(包括迹和回路等)的例子如下：

- 求一个只包含图中所有边一次的迹(欧拉迹)。
- 求一个只包含图中所有边一次的回路(欧拉回路)。
- 求一个只包含图中所有节点一次的轨迹(哈密顿迹)。
- 求一个只包含图中所有节点一次的回路(哈密顿回路)。
- 在最小代价加权图中寻找哈密顿回路(旅行商问题)[1]

这些问题超出了本书探讨的范围，感兴趣的读者请参阅[2]。

3.4　图同构

若两个图的节点和边之间存在一对一的对应关系，则这两个图是同构的，这样就保证了发生率。若给定两个图 G_1 和 G_2，则有三种基本类型的同构：

(1) 图同构。图 G_1 和 G_2 是同构的。

(2) 子图同构。图 G_1 同构于 G_2 的子图(反之亦然)。

(3) 双子图同构。G_1 的子图同构于 G_2 的子图。

图 3.6 给出了两个同构图的示例。

确定两个图是否同构(类型 1)是一个 NP 问题；而子图和双子图同构问题(类型 2 和类型 3)是 NP 完全问题，见[1]。

---

1 这种情况下，节点代表城市和具有相关距离或时间的道路边缘，因此该解决方案将为旅行推销员提供覆盖所有城市的"最佳"(最小距离或时间)路线。

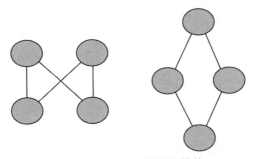

图 3.6　此处的两个图是同构的

3.5　树

树在计算机科学中是非常重要的一类图，在 PGM 中尤为重要。我们将讨论两种类型的树：无向树和有向树。

无向树是没有简单回路的连通图。图 3.7 呈现了一个无向树的例子。无向树中有两类节点：①叶节点或末端节点，度为 1；②内部节点，度大于 1。树的一些基本属性如下。

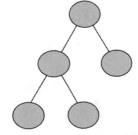

- 每对节点之间都有一条简单的迹。
- 节点数$|V|$等于边数$|E|$加 1：$|V| = |E|+1$。
- 具有两个或多个节点的树至少有两个叶节点。

图 3.7　无向树。这棵树有 5 个节点，3 个叶节点和 2 个内部节点

森林是一个无向图，其中任意两个节点最多由一条路径连接，或等价于树的不相交并集连接。

有向树是一个连通有向图，每对节点之间只有一条有向迹(也称为单连通有向图)。有两种类型的有向树：①有根树(或简单树)；②多重树。有根树有一个入度为 0 的节点(根节点)，其余节点的入度为 1。一个多重树可能有多个节点的度为 0(根)，以及某些节点的度大于 1(称为多父节点)。如果去掉一棵多重树的边的方向，它就会变成一棵无向树。我们可以把一棵树看作多重树的特例。有根树和多重树的示例如图 3.8 所示。

有向树的一些相关术语如下。

根节点：度等于 0 的节点。

叶节点：出度等于 0 的节点。

内部节点：出度大于 0 的节点(不是叶节点)。

父/子节点：若有从 A 到 B 的有向弧，则 A 为 B 的父，B 为 A 的子。

兄弟节点：若两个或多个节点具有相同的父节点，则它们为兄弟。

祖先/后代：若有一个从 A 到 B 的有向迹，A 是 B 的祖先，B 是 A 的后代。

根为 A 的子树：以 A 为根的子树。

A 的子树：以 A 的子树为根的子树。

K 元树：每个内部节点最多有 K 个子节点的树。若每个内部节点都有 K 个子节点，则它是一个规则树。

二叉树：每个内部节点最多有两个子节点的树。

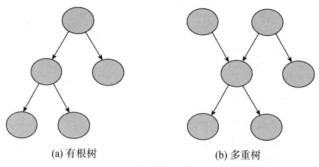

(a) 有根树　　　　　　　　　　(b) 多重树

图 3.8　树的示例

例如，在图 3.9 的树中：①A 是根节点；②C、D、F、G 是叶节点；③A、B、E 是内部节点；④A 是 B 的父节点，B 是 A 的子节点；⑤B 和 C 是兄弟；⑥A 是 F 的祖先节点，F 是 A 的后代节点；⑦子树 B、D、E、F、G 是根为 B 的子树；⑧子树 E、F、G 是 B 的子树。图 3.9 是一棵规则的二叉树。

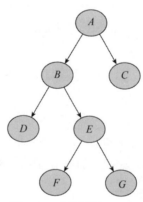

图 3.9　一棵规则的二叉树

3.6　团

如果图 G_c 中的每对节点是相邻的，就是一个完全图。也就是说，每对节点之间都有一条边。图 3.3(d)是完全图的示例。一个完全集 W_c 是 G 的一个子集，它导出 G 的一个完全子图。它是 G 节点的子集，这样子图中的每一对节点都是相邻的。例如，在图 3.3(d)中，图中每三个节点的子集都是完全集。

团 C 是图 G 的子集，使得它是一个极大的完全集。也就是说，G 中没有其他完整的集合包含 C。图 3.3(d)中三个节点的子集不是团，因为它们不是最大的；它们包含在完全图中。

图 3.10 中有 5 个团(clique)，一个有四个节点，一个有三个节点，三个有两个节点。注意，图中的每个节点都是至少一个团的一部分；因此，图的团总是覆盖 V。

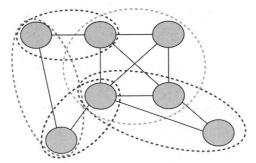

图 3.10　团：图中 5 个团突出显示

下面将引入一些更高级的图论概念，因为概率图模型的一些推理算法需要使用这些概念。

3.7　完美序

图中节点的序包括给每个节点分配一个整数。给定一个有 n 个节点的图 $G = (V, E)$，则该图的序为 $\alpha = [V_1, V_2, ..., V_n]$；若 $i < j$，则 V_i 在 V_j 之前。

符合图 $G = (V, E)$ 的一个序 α 是一个完美序：V_i 之前的每个节点的所有相邻节点是完全连通的。也就是说，对于每一个 i，$Adj(V_i) \cap \{ V_1, V_2, ..., V_{i-1}\}$ 是 G 的完全子图。$Adj(V_i)$ 是 G 中与 V_i 相邻的节点的子集。图 3.11 呈现了完美序的一个例子。

考虑无向连通图 G 的 $C_1, C_2, ..., C_p$ 的集合。以类似于节点排序的方式，我们可以定义团的排序 $\beta = [C_1, C_2, ..., C_p]$。若每个团 C_i 的所有公共节点都包含在一个团 C_j 中，则该

团的序 β 具有运行交集性质；C_j 是 C_i 的父节点。换言之，对于每一个团 $i > 1$，都存在一个团 $j < i$，使得 $C_i \cap \{C_1, C_2, \ldots, C_{i-1}\} \subseteq C_j$。一个团的父节点可能不止一个。

图 3.11 中的团 C_1、C_2 和 C_3 满足运行交叉点特性。在本例中，C_1 是 C_2 的父级，C_1 和 C_2 是 C_3 的父级。

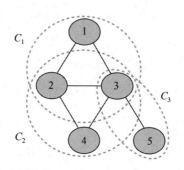

图 3.11　图中节点和团的排序示例。这种情况下，节点有一个完美序，
并且团序满足运行交集性质

若 G 中每个长度大于 3 的简单回路都有一个弦，则图 G 是三角化的。弦是连接回路中两个节点的边，它不属于回路。例如，在图 3.11 中，由节点 1、2、4、3、1 形成的回路有一个连接节点 2 和 3 的弦；图 3.11 是三角化的。图 3.12 中呈现了一个非三角化的图示例。虽然这个图在视觉上可能是三角形的，但是有一个回路 1、2、5、4、1 没有任何弦。

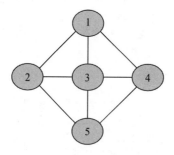

图 3.12　非三角化的图示例。环 1、2、5、4、1 没有弦

要实现节点的完美序，以及具有满足连续交集性质的团的排序，必须满足该图三角化的条件。在下一节中，我们将介绍以下算法：①对图的节点进行排序以实现完美序；②计算团以保证给定完美序的连续交集性质；③使图三角化(若其非三角化)。

3.8　排序和三角剖分算法

3.8.1　最大基数搜索

假设一个图是三角化的，下面的算法称为最大基数搜索，可以保证一个完美序[1]。

算法 3.1　最大基数搜索算法

给定一个有 n 个节点的无向图 $G=(V, E)$，从 V 中选择任意节点，并将其编号为 1。
虽然并非 G 中的所有节点都被编号，但请执行以下操作：
从所有未标记的节点中，选择相邻标记节点数较多的节点，并为其指定下一个编号。
任意断开连接。
结束。

若给定节点的完美序，则很容易对团进行编号，从而使顺序满足运行交集性质。为此，团的数目是倒序的。若给定 p 个团，则其中节点数最大的团被赋予 p；包括下一个最高编号节点的团被分配 $p-1$；以此类推。图 3.11 中的例子进行了说明。数字最大的节点是 5，所以包含它的团是 C_3。下一个最高编号的节点是 4，所以包含它的团是 C_2。剩下的团是 C_1。

接下来将呈现如何"填充"一个图，使其三角化。

3.8.2　图的填充

图的填充包括向原始图 G 添加弧，以获得新的图 G_t，使 G_t 被三角化。若给定一个无向图 $G(V, E)$，有 n 个节点，则算法 3.2 可使图三角化。

算法 3.2　图填充算法

使用最大基数搜索对节点 V 排序：$V_1, V_2, \ldots, V_n$。
从 $i=n$ 到 $i=1$，执行：
对于节点 V_i，选择其所有相邻节点 V_j，使得 $j>i$，称这组节点为 A_i。如果 $k>i$、$k<j$ $\in A_i$、$V_k \notin A_i$ 且 $V_i - V_k \notin E$，则从 V_i 到 V_k 添加一条弧。
结束。

例如，设想图 3.12 中没有三角剖分图。若我们应用之前的算法，首先对节点进行

---

1 该算法适用于任何无向图；然而，若图没有被三角化，就不能保证获得完美序。

排序，则生成如图所示的标签。接下来，我们按相反顺序处理节点，并获得每个节点的集合 A：

A_5：ϕ

A_4：5

A_3：4, 5

A_2：3, 5。从 2 到 4 添加一条弧。

A_1：2, 3, 4。

由此得到的图有一个额外的弧 2～4，我们可以证实它是受约束的。

填充算法保证了生成的图是三角剖分的，但一般来说，它在增加最小弧数方面并非最优方法，称为最小三角剖分问题或最小填充问题。树问题在 PGM 的推理过程是个尤为有趣的问题，它包括寻找一个最大团规模最小化的三角剖分。最小三角剖分和树宽问题都是 NP 难题。

3.9　补充阅读

有几本关于图论的书更详细地介绍了本章中的大多数概念，包括[2-4]。Neapolitan[6]的第 3 章呈现了贝叶斯网络所需的主要图论背景，包括更高级的概念。文[1]描述了从算法角度出发的一些图论技术，包括图同构。关于图的最小三角剖分的综述，见[5]。

3.10　练习

1. 18 世纪，哥尼斯堡市被分成 4 部分，由 7 座桥连接。据说，居民们试图沿着整个城市找到一条路线，以便不用重复经过任何一座桥。欧拉将问题转化为一个图(如本章开头所示)，并建立了一个连通图中各地的回路，且以每条边都只经过一次为条件：图中的所有节点都必须具有偶数阶。判断哥尼斯堡市的居民能否找到欧拉回路。

2. 请证明欧拉建立的条件：图 G 有欧拉回路，当且仅当 G 中的所有节点的度都为偶数。

3. 图中存在欧拉迹的条件是什么？

4. 给出图 3.10，请确定它是否有欧拉回路、欧拉迹、哈密顿回路和哈密顿迹。

5. 对于图 3.9 中的树，列出所有父子关系、所有兄弟关系、所有祖先-后代关系，并列出图中根为节点的所有子树。

6. 图 3.10 是三角化的吗？如果没有三角化，请应用图填充算法进行三角化。

7. 请证明图中度为奇数的节点的个数是偶数。

8. 将图 3.13 所示的图转换为无向图，并应用最大基数搜索算法对节点进行排序。

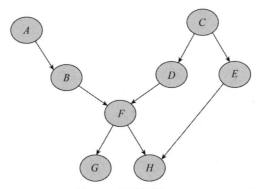

图 3.13　练习用图

9. 对问题 8 的图进行三角剖分。

10. 给定问题 9 中得到的三角化图：(a)找到它的团；(b)根据节点顺序对团进行排序，并验证它们是否满足运行交集属性；(c)显示团的结果树。

11. 通过应用最大基数搜索算法，尝试排出图 3.13 中节点的不同顺序。对由不同排序得到的图进行三角剖分，找出团。附加弧的数量是否因排序而异？最大团的规模有变化吗？哪一种排序给出的附加弧数最少而最大团数最小？

12. ***开发一个算法来验证两个图是否同构，并在不同的图上进行尝试。算法的计算复杂度是多少？

13. ***研究图最小三角剖分的替代算法。更有效的算法计算复杂度是多少？

14. ***开发一个程序来生成一个给定无向图的团。①根据最大基数搜索对节点进行排序，②使用图填充算法将图三角化，③找到结果图的团并对它们进行编号。考虑前面算法的实现，找到一种适当的数据结构来表示图。

15. ***在上一个练习的过程中加入一些用于选择节点排序的启发式方法，以使图中最大的团最小化(这对于贝叶斯网络的连接树推理算法很重要)。

第 II 部分　概率模型

之前介绍了概率图模型的主要类型：贝叶斯分类器、隐马尔可夫模型、马尔可夫随机场、贝叶斯网络、动态和时态贝叶斯网络。第 II 部分将讨论每种类型的模型，包括表示、推理和学习，并会给出实例。本部分涵盖的模式不包括第 III 部分涵盖的决策。

第 4 章　贝叶斯分类器

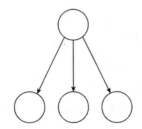

4.1　引言

分类是将类别或标签分配给不同对象。有以下两种基本类型的分类。

非监督分类：这种情况下，类是未知的，因此问题在于将一组对象划分为 n 个组或 n 个簇，以便为每个不同的组分配一个类。它也被称为聚类。

监督分类：可能的类或标签是先验的，问题在于找到一个函数或规则，为每个对象分配一个或多个类。

这两种情况下，对象通常由一组特性或属性来描述。在本章，我们将重点讨论监督分类。

从概率的角度看，监督分类的问题在于赋值给由属性 $A_1, A_2, ..., A_n$ 所描述的 n 类中的一个，即 $C = \{c_1, c_2, ..., c_n\}$，使得给定属性的类的概率最大化，即：

$$Arg_C \left[MaxP(C \mid A_1, A_2, ..., A_n) \right] \tag{4.1}$$

若我们将属性集合表示为 $A = \{A_1, A_2, ..., A_n\}$，式(4.1)可写成 $Arg_C[MaxP(C \mid A)]$。

构建分类器的方法有很多种，包括决策树、规则、神经网络和支持向量机等[1]。在本书中，我们将介绍基于概率图模型的分类模型，特别是贝叶斯分类器。在描述贝叶

---

1 如果想了解不同类型的分类器，可参考[11]。

斯分类器之前，我们将简要介绍如何评估分类器。

4.1.1　分类器评估

为对不同的分类技术进行比较，我们可从几个方面来评估分类器。需要评估的方面以及每个方面的重要性取决于分类器的最终应用。需要考虑的主要方面如下。

准确度(accuracy)：指分类器对前所未见的示例(也就是说，那些并不被认为是用于学习分类器的示例)的预测正确程度。

分类时间：分类器训练完成后，分类过程预测所需的时间。

训练时间：从数据中学习分类器需要多长时间。

内存需求：存储分类器参数需要多少内存空间。

清晰度(clarity)：分类器是否易于人类理解。

通常，准确度是最重要的方面。可以通过预测 N 个不可见的数据样本来衡量准确性，并确定正确预测的百分比。因此，准确度百分比为：

$$Acc = (N_C / N) \times 100 \tag{4.2}$$

式中，N_C 是正确预测的数量。

表示分类器性能更详细的方法是使用混淆矩阵。矩阵的每一行表示预测类的实例，而每一列表示实际类的实例。在二元分类的情况下(类别为正和负)，混淆矩阵中有如下 4 个单元格。

- 真阳性(TP)：预测为阳性的阳性类的实例数。
- 真阴性(TN)：预测为阴性的阴性类的实例数。
- 假阳性(FP)：预测为阳性的阴性类的实例数(I 类错误)。
- 假阴性(FN)：预测为阴性的阳性类的实例数(II 类错误)。

二元分类的混淆矩阵如表 4.1 所示。这可以扩展到 N 类，这样它将成为一个 $N \times N$ 矩阵。

表 4.1　二元分类的混淆矩阵

预测类	实际类	
	阳性	阴性
阳性	TP	FP
阴性	FN	TN

根据前面的符号，二元分类器的精度为：

$$Acc = \frac{TP + TN}{P + N} = \frac{TP + TN}{TP + TN + FP + FN} \tag{4.3}$$

其中，P 是阳性数，N 是阴性数。

在比较分类器时，一般要最大限度地提高分类精度。但是，只有在所有类的错误分类成本相同时，比较结果才能达到最佳。设想一种用于预测乳腺癌的分类器，如果分类器预测一个人有癌症，预测失误(假阳性)，这可能导致医生采取不必要的治疗手段。另外，如果分类器预测没有癌症，而患者确实患有乳腺癌(假阴性)，这可能耽搁病患治疗甚至导致死亡。显然，这几种错误的后果是不同的。

当错误分类的成本不平衡时，我们必须最小化预期成本(EC)。对于两个类，可通过以下公式得出：

$$EC = FN \times P(-)C(-|+) + FP \times P(+)C(+|-) \tag{4.4}$$

式中，FN 是假阴性率，FP 是假阳性率，$P(+)$是阳性概率，$P(-)$是阴性概率，$C(-|+)$是将阳性分类为阴性的成本，$C(+|-)$是将阴性分类为阳性的成本。在某些应用中，要确定这些成本可能难度很高。

4.2　贝叶斯分类器简介

贝叶斯分类器公式是基于贝叶斯法则的应用，用于估计给定属性的每个类的概率：

$$P(C \mid A_1, A_2, \ldots, A_n) = P(C)P(A_1, A_2, \ldots, A_n \mid C) / P(A_1, A_2, \ldots, A_n) \tag{4.5}$$

可以简写为：

$$P(C \mid A) = P(C)P(A \mid C) / P(A) \tag{4.6}$$

根据式(4.6)，分类问题可表述为：

$$Arg_C[Max[P(C \mid A) = P(C)P(A \mid C) / P(A)]] \tag{4.7}$$

等价地，我们可以将式(4.7)表示为对任意 $P(C \mid A)$ 单调变化的函数，例如：

- $Arg_C[Max[P(C)P(A \mid C)]]$。
- $Arg_C[Max[\log(P(C)P(A \mid C))]]$。
- $Arg_C[Max[(\log P(C) + \log P(A \mid C)]]$。

注意，属性的概率 $P(A)$ 并不随类而变化，因此可将其视为最大化的常数。

基于前面解决分类问题的等价公式，我们需要估计 $P(C)$，将其称为类的先验概率；需要估计 $P(A \mid C)$，将其称为似然；$P(C \mid A)$ 是后验概率。因此，为了得到每个类的后验概率，我们只需要将其先验概率乘以依赖于属性值的似然[1]。

　　贝叶斯法则的直接应用导致产生了较大的计算量，正如第 1 章所述。这是因为似然项 $P(A_1, A_2,..., A_n \mid C)$ 中的参数数量随属性数量的增加而呈指数增长。这意味着不仅需要大量内存来存储所有参数，而且很难从数据中或依靠领域专家来估计所有概率。因此，贝叶斯分类器只能用于解决属性个数较少的问题。另一种选择是考虑一些独立属性在图模型中都是独立的，由此产生了朴素贝叶斯分类器。

朴素贝叶斯分类器

　　朴素或简单贝叶斯分类器(NBC)是基于给定类变量的所有属性都是独立的假设，也就是说，给定类，每个属性 A_i 在条件上独立于其他所有属性：$P(A_i \mid A_j, C) = P(A_i \mid C)$，$\forall j \neq i$。在此假设下，式 4.5 可写成：

$$P(C \mid A_1, A_2,..., A_n) = P(C)P(A_1 \mid C)P(A_2 \mid C)...P(A_n \mid C) / P(A) \tag{4.8}$$

式中，$P(A)$ 可被视为如前所述的归一化常数。

　　式(4.8)所示的朴素贝叶斯分类器公式大大简化了贝叶斯分类器，因为该公式下，我们只需要类的先验概率(一维向量)和给定类的每个属性的 n 个条件概率(二维矩阵)作为模型的参数。也就是说，在属性数量上，空间需求从指数减少到线性。此外，后验值的计算也大大简化，因为估计后验值(非标准化)只需要 n 次乘法。

　　朴素贝叶斯分类器如图 4.1 所示。这种星状结构描述了给定类的所有属性之间的条件独立性，因为属性节点之间没有弧。

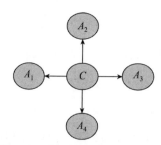

图4.1　具有类变量 C 和四个属性 $A_1, ..., A_4$ 的朴素贝叶斯分类器示例

　　学习 NBC 包括估计类的先验概率 $P(C)$ 和给定类 $P(A_i \mid C)$ 的每个属性的条件概率表(CPT)。这些可以通过专家的主观估计得出或通过最大似然法从数据中获得[2]。

　　可以通过使用数据进行概率估计，如使用最大似然估计法。类变量的先验概率 C 如

---

　　1 类的后验概率将受到一个常数的影响，因为我们没有考虑式 4.7 中的分母，即不加 1；然而，通过将每个类除以所有类的后验概率之和，可以很容易地将它们标准化。

　　2 第 5～6 章将详细介绍参数估计。

下式：

$$P(c_i) \sim N_i / N \tag{4.9}$$

其中 N_i 是 N 个样品中出现 c_i 的次数。

每个属性的条件概率 A_j 可估计为：

$$P(A_{jk} | c_i) \sim N_{jki} / N_i \tag{4.10}$$

其中 N_{jki} 是属性 A_j 取值 k 的次数，它来自类 i，N_i 是数据集中类 c_i 的样本数。

一旦进行参数估计，就可通过将先验概率乘以每个属性的似然来获得后验概率。因此，给定 m 个属性的值，$a_1, ..., a_m$，对于每个类别 c_i，后验值与以下各项成比例：

$$P(c_i | a_1, ..., a_m) \sim P(c_i) P(a_1 | c_i) ... P(a_m | c_i) \tag{4.11}$$

选择使前面的公式最大化的类 c_k[1]。

回到高尔夫比赛的例子，表 4.2 有 14 条记录，其中有 5 个变量：4 个属性(天气、温度、湿度、多风)和 1 个类(比赛)。图 4.2 描绘了高尔夫比赛示例的 NBC，包括一些所需的概率表。

表 4.2　高尔夫比赛示例的数据集

天气	温度	湿度	多风	比赛
晴天	高	高	否	否
晴天	高	高	是	否
阴天	高	高	否	是
下雨	中	高	否	是
下雨	低	正常	否	是
下雨	低	正常	是	否
阴天	低	正常	是	是
晴天	中	高	否	否
晴天	低	正常	否	是
下雨	中	正常	否	是
晴天	中	正常	是	是
阴天	中	高	是	是
阴天	高	正常	否	是
下雨	中	高	是	否

---

1 假设所有类别的错误分类成本相同；如果这些成本不同，则应选择使错误分类成本最小化的类。

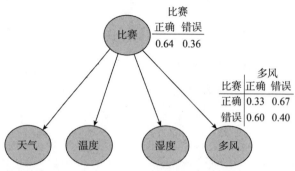

图 4.2　高尔夫比赛示例的朴素贝叶斯分类器。所需的两个概率表如下所示：P(比赛)和 P(多风 | 比赛)。
　　　　要想完成这个分类器的参数，也需要给定类的其他三个属性的条件概率

总之，朴素贝叶斯分类器的优点主要体现在：

- 所需参数的数量较少，这减少了内存需求，并有助于从数据中学习这些参数。
- 推理(估计后验概率)和学习的计算成本较低。
- 在许多领域有相对较好的性能(分类精度)。
- 简单直观的模型。

其主要局限性如下：

- 在某些领域，由于条件独立性假设无效，性能降低。
- 若存在连续属性，则需要对这些属性进行离散化(或者考虑改变原生模型，如高斯朴素贝叶斯)。

在下一节中，我们将介绍高斯朴素贝叶斯分类器。然后将讨论关于属性之间的某些依赖关系的其他模型。稍后将介绍可消除或连接属性的技巧，作为解决条件独立性假设的另一种方法。

4.3　高斯朴素贝叶斯分类器

这种情况下，属性是连续的随机变量，类是离散的。因此，每个属性在其值的范围内由一些连续的概率分布来建模。我们一般假设在每个类中，数值属性的值是正态分布的，即：

$$P(A_i \mid C = c_j) = (1/\sqrt{2\pi\sigma})\mathrm{e}^{-\frac{(a_i-\mu)^2}{2\sigma^2}} \tag{4.12}$$

其中 μ 和 σ 分别是给定类别 c_j 属性 A_i 分布的平均值和标准差。因此，对于给定每个类值的每个属性，高斯朴素贝叶斯(GNB)需要用其均值和标准差来表示这样的分布。此外，朴素贝叶斯公式需要每个类的先验概率。

学习 GNB 包括估计类的先验概率，以及给定类的每个属性的平均值和标准差。通过极大似然估计得到类的先验性。给定类别每个属性的平均值和标准差的最大似然估计，正态分布是样本平均值和样本标准差。这些可以很容易地从数据中获得。

样本平均值：

$$\mu_X \sim \overline{X} = (1/N)\sum_{i=1}^{N} x_i \tag{4.13}$$

样本标准差：

$$\sigma_X \sim S_X = \sqrt{\sum_{i=1}^{N}\left(x_i - \overline{X}\right)/(N-1)} \tag{4.14}$$

在推理阶段，为了估计给定属性值的每个类的后验概率，我们采用与朴素贝叶斯相同的方法，将类的先验概率乘以给定类的每个属性的概率：

$$P(c_i \mid a_1,\dots,a_m) \sim P(c_i)P(a_1 \mid c_i)\cdots P(a_m \mid c_i) \tag{4.15}$$

式中，$P(a_j \mid c_i)$ 根据 a_j 值和相应参数(平均值和标准差)从正态分布公式计算得出。

注意，通过这个公式，我们很容易混合离散属性和连续属性，估计离散属性的 CPT 和连续属性的平均值和标准差(假设满足高斯分布)；然后简单地应用朴素贝叶斯公式估计每一类的后验概率。

4.4 替代模型：TAN、BAN

对于一般贝叶斯分类器和朴素贝叶斯分类器这两个极端，贝叶斯分类器可能依赖其结构，前者表示最复杂的结构，没有独立性假设，而后者是最简单的结构，假设给定类的所有属性都是独立的。在这两个极端之间存在着各种各样的可能模型，其复杂程度各不相同。两个有趣的选择是 TAN 和 BAN 分类器。

通过在属性变量之间建立一个有向树，树增广朴素贝叶斯(TAN)分类器将属性之间的依赖性结合起来。也就是说，n 个属性形成一个图，该图仅限于表示属性之间依赖关系的有向树。此外，类变量和每个属性之间还有一条弧。TAN 分类器示例如图 4.3 所示。

若不受属性间树结构的限制，将可得到贝叶斯网络增广贝叶斯分类器，或 BAN；BAN 是依据属性之间的依赖结构构成的一个有向无环图(DAG)。与 TAN 分类器一样，类节点和每个属性之间有一条有向弧。BAN 分类器示例如图 4.4 所示。

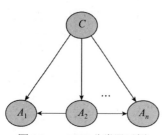

图 4.3　　TAN 分类器示例

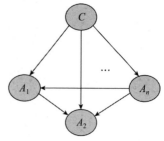

图 4.4　　BAN 分类器示例

可采用与 NBC 相似的方法，从而获得给定属性的类变量的后验概率；然而，根据图的结构，每个属性不仅依赖于类，还依赖于其他属性。因此，我们需要考虑给定类和它的父属性的每个属性的条件概率：

$$P(C \,|\, A_1, A_2, \ldots, A_n) = P(C)P(A_1 \,|\, C, Pa(A_1))P(A_2 \,|\, C, Pa(A_2)) \ldots P(A_n \,|\, C, Pa(A_n)) / P(A)$$

$$(4.16)$$

其中 $Pa(A_i)$ 是根据 TAN 或 BAN 分类器的属性依赖结构获得的 A_i 父属性集。

TAN 和 BAN 分类器可被视为更一般模型的特例，即贝叶斯网络，我们会在第 7 章中介绍。在第 7~8 章中，还会介绍不同的推理和学习贝叶斯网络的方法，这些方法可用于获得 TAN 和 BAN 分类器的后验概率(推理)和模型(学习)。

4.5　半朴素贝叶斯分类器

处理依赖属性的另一种方法是变换朴素贝叶斯分类器的基本结构，同时，需要保持星状或树状网络结构。好处在于，NBC 的效率和简单性得以保持，同时，在属性不独立的情况下，其性能能有所提高。这些类型的贝叶斯分类器被称为半朴素贝叶斯分类器(SNBC)，同时一些作者提出了 SNBC 的不同变体[12, 19]。

SNBC 的基本原理是消除或连接给定类的非独立属性，从而提高分类器的性能。这类似于机器学习中的特征选择，有以下两种方法。

过滤式：根据局部度量选择属性，例如属性和类之间的交互信息。

包裹式：根据全局度量选择属性，通常是通过比较有属性和没有属性分类器的性能来选择的。

另外，学习算法可以从一个空结构开始，对其添加(或组合)属性；或者从具有所有属性的完整结构中删除(或合并)属性。

图 4.5 展示了修改 NBC 结构的两种可选操作：节点消除和节点组合，这里假设操作的是一个完整结构。

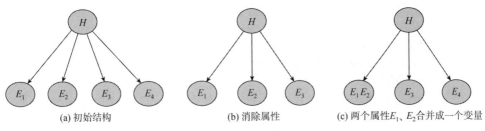

图 4.5　结构改进

节点消除是简单地从模型中消除属性 A_i，这可能是因为它与类无关(A_i 和 C 是独立的)；或者是因为属性 A_i 和另一个属性 A_j 在给定类的情况下是不独立的(这是 NBC 的基本假设)。消除某个依赖属性的基本原理是，若给定类的属性不是独立的，那么其中一个属性是冗余的，可以消除。

节点组合包括将两个属性 A_i 和 A_j 合并成一个新属性 A_k，使得 A_k 的值尽可能是 A_i 和 A_j 的值的向量积(假设离散属性)。例如，如果 $A_i = a, b, c$，$A_j = 1, 2$，那么 $A_k = a_1, a_2, b_1, b_2, c_1, c_2$。当给定类的两个属性不独立时，需要另作选择。通过将它们合并为单个组合属性，这时独立性条件不再相关。

因此，当给定类的两个属性不独立时，则存在两个替代变量：消除一个或将它们组合成一个变量。原则上，我们应该选择一个替代方案，这意味着分类器的性能进一步改善，尽管在实践中，可能很难对其进行评估。

如前所述，学习 SNBC 有几种选择。算法 4.1 中概述了一个简单方案，力图解决问题，该方案中我们以具有所有属性的完整 NBC 作为出发点[10]。

重复这个过程，直到不再有多余或依赖的属性。

算法 4.1　结构改进算法

Require: A, the attributes

Require: C, the class

　/* The dependency between each attribute and the class is estimated (for instance using mutual information).*/

　for all $a \in A$ **do**

　　/* Those attributes below a threshold are eliminated.*/

　　if $MI(a,C) < \varepsilon$ **then**

　　　Eliminate a

　　end if

　end for

　/* The remaining attributes are tested to see if they are independent given the class, for example, using conditional mutual information (CMI).*/

　for all $a \in A$ **do**

(续表)

```
for all b ∈ A − a do
    /* Those attributes above a threshold are eliminated or combined based on which option gives
    the best classification performance.*/
    if CMI (a, b|C) > ω then
        Eliminate or Combine a and b
    end if
end for
end for
```

参考文献[9, 19]介绍了用于修改 NBC 结构的替代操作，包括添加使两个相关属性独立的新属性，见图 4.6。这个新属性是模型中的一种虚节点或隐藏节点，我们没有任何数据来学习它的参数。另一种在贝叶斯网络中估计隐藏变量参数的方法是以期望最大化(EM)过程为基础的，第 8 章会对其进行介绍。

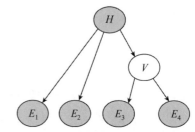

图 4.6　使两个相关属性相互独立的节点创建示例。若 E_3 和 E_4 在给定 H 时不是相对独立的，则节点 V 可添加至模型中

之前所有的分类器都考虑到有一个单一类变量，也就是说，每个实例只属于一个类。接下来，我们考虑一个实例可以属于多个类的情况，这被称为多维分类。

4.6　多维贝叶斯分类器

解决几个重要的问题需要同时预测几个类。例如，对于文本分类，其中一个文档可以包含多个主题；对于基因分类，一个基因可能具有不同的功能；对于图像标注，图像可能包括多个对象；等等。这些都是多维分类的例子，在多维分类中，可为一个对象指定多个类。形式上，多维分类问题对应于搜索函数 h，该函数 h 将 d 类值 $C = (C_1, \ldots, C_d)$ 的向量分配给由 m 个特征 $X = (X_1, \ldots, X_m)$ 的向量表示的每个实例。h 函数应该分配给每个实例 X 最可能的类组合，即：

$$ArgMax_{c_1,\ldots,c_d} P(C_1 = c_1, \ldots, C_d = c_d \mid X) \tag{4.17}$$

多标签分类是多维分类的一种特殊情况，其中所有的类变量都是二进制的。多标签分类有两种基本方法：二进制相关性和标签幂集[21]。二元关联方法将多标签分类

问题转化为 d 个独立的二元分类问题，每个问题对应于一个分类变量 $C_1, ..., C_d$。对每个类独立学习一个分类器，并组合结果从而确定分类结果预测类集；不考虑类之间的依赖关系。标签幂集方法通过定义一个新的复合类变量，将多标签分类问题转化为一个单类场景，该变量的可能值是原始类的所有可能值的组合。这种情况下，类之间的相互作用得到隐式考虑。对于类变量较少的领域，该方法行之有效；然而，对于很多类，这种方法是不切合实际的。本质上，当类相对独立时，二进制关联是有效的；当类变量较少时，标记幂集是有效的。

在贝叶斯分类器的框架下，有两种基本的方法可供选择。一种方法是基于贝叶斯网络展开的，其中明确考虑了类变量之间(以及属性之间)的依赖关系。另一种方法通过向每个独立的分类器添加额外的属性来隐式地合并类之间的依赖关系。下面将描述这两种方法。

4.6.1　多维贝叶斯网络分类器

在离散随机变量集合 $V = \{Z_1,..., Z_n\}$, $n > 1$ 上的多维贝叶斯网络分类器(MBC)是一个具有特定结构的贝叶斯网络[1]。变量集合 V 被划分为两个类变量集合 $V_C = \{C_1,...,C_d\}$, $d > 1$ 和特征变量集 $V_X = \{X_1,..., X_m\}$, $m \geq 1$，其中 $d + m = n$。弧的集合 A 也被划分为 A_C、A_X、A_{CX} 三个集合，这样 $A_C \subseteq V_C \times V_C$ 由类变量之间的弧组成，$A_X \subseteq V_X \times V_X$ 由特征变量之间的弧组成，最后 $A_{CX} \subseteq V_C \times V_X$ 由类变量到特征变量之间的弧组成。相应的导出子图是 $G_C = (V_C, A_C)$、$G_X = (V_X, A_X)$ 和 $G_{CX} = (V, A_{CX})$，分别称为类、特征和桥子图 (见图 4.7)。

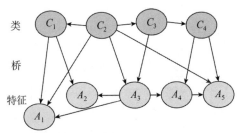

图 4.7　多维贝叶斯网络分类器，显示了三个子图：类、特征和桥

类和特征子图的不同图结构可能导致 MBC 的不同族。例如，可将类子图限制为一棵树，并假设给定类变量时，属性是独立的。或者，可考虑这两个子图有相同的结构，例如 tree-tree、polytree-polytree 或 DAG-DAG。当我们为每个子图考虑更复杂的

---

1 第 7 章介绍了贝叶斯网络。

结构时，学习这些结构的复杂性也将增加。

用 MBC 获取实例分类的问题，即类的最可能组合，对应于贝叶斯网络的 MPE(最大可能解释)或诱因问题。换句话说，确定给定特征的类变量 $V = \{C_1,...,C_n\}$ 的最可能值。这是一个计算成本特别高的复杂问题。可以尝试用几种方法减少时间复杂度[3]，但是这种方法仍然局限于类数量有限的问题。

我们将介绍如何学习贝叶斯网络(MBC 是贝叶斯网络的一种特殊类型)以及第 7 章和第 8 章中 MPE 的计算。

4.6.2　链式分类器

链式分类器是多标签分类的一种替代方法，它融合了类依赖，同时保持了二进制相关方法的计算效率[13]。链式分类器由链式连接的 d 基二值分类器组成，使得每个分类器将先前分类器预测的类作为附加属性合并。因此，每个二元分类器的特征向量 L_i 通过链中所有先前分类器的标签(0/1)扩展。训练链中的每个分类器来学习标签 l_i 的关联，给出链中所有先前类标签增强的特征 $L_1, L_2, ..., L_{i-1}$。对于分类，从 L_1 开始，沿着链传播预测的类，例如，对于 $L_i \in \mathscr{L}$(其中 $\mathscr{L} = \{L_1, L_2, ..., L_d\}$)，预测为 $P(L_i | X, L_1, L_2,..., L_{i-1})$。在二值相关方法中，类向量通过在链中组合所有二值分类器的输出来确定。

链分类器面临的一个挑战是如何选择链中类的顺序，因为顺序会影响分类器的性能。接下来，我们将介绍应对两个挑战的替代方法。第一种是使用循环链分类器，使得顺序不影响分类结果。第二种是使用贝叶斯链分类器，它提出使用类变量之间的依赖关系来确定良好顺序。

1. 环形链分类器

在环链分类器(CCC)中，先前二进制分类器的类的传播是以循环方式迭代完成的。在第一个循环中，如在标准链分类器中，前一个分类器的预测内容是链中每个分类器的附加属性，即 $P(L_2 | X, L_1)$，$P(L_3 | X, L_1, L_2)$，以此类推。在第一个循环之后，所有来自其他基础分类器(来自上一个循环)的预测内容在链中作为附加属性输入到第一循环，可知 $P(L_1 | X, L_2, L_3,..., L_d)$。对于链中的所有分类器，此过程将继续进行，因此从第二个循环开始，所有分类器将接收其他所有分类器的预测内容作为附加属性：$P(L_i | X, L_1, L_2, L_{i-1}, L_{i+1}..., L_d)$。

这个过程将重复预先设定的一个循环数或重复到收敛为止。当链中所有分类器的后验概率从一次迭代到下一次迭代不变(高于某个阈值)时，就达到了收敛。经验证明，CCC 往往会在几个迭代中收敛，并且链中类的顺序不会因某些指标而影响性能[15]。

2. 贝叶斯链分类器

贝叶斯链分类器是概率框架下的一类链分类器。如果我们应用概率论的链式法则，我们可以重写式 4.17。

$$ArgMax_{C_1,\dots,C_d} P(C_1 | C_2,\dots,C_d, X) P(C_2 | C_3,\dots,C_d, X)\dots P(C_d | X) \qquad (4.18)$$

如果我们考虑类变量之间的依赖关系，并将这些关系表示为有向无环图(DAG)，那么我们可以简化式(4.18)，通过考虑图中隐含的独立性，使得链中只包含每个类变量的父节点，并且根据链顺序排除其他所有先前的类。我们可将式(4.18)重写为：

$$ArgMax_{C_1,\dots,C_d} \prod_{i=1}^{d} P(C_i | Pa(C_i), X) \qquad (4.19)$$

其中 $Pa(C_i)$ 是 DAG 中类 i 的父节点，表示类变量之间的依赖关系。

接下来，我们进一步简化，假设可以通过简单地连接单个最可能的类来估计类的最可能联合。也就是说，我们求解以下方程组作为式 4.19 的近似值：

$$ArgMax_{C_1} P(C_1 | Pa(C_1), X)$$
$$ArgMax_{C_2} P(C_2 | Pa(C_2), X)$$
$$\dots$$
$$ArgMax_{C_d} P(C_d | Pa(C_d), X)$$

最后一个近似值对应于贝叶斯链分类器。因此，BBC 有两个基本假设：

(1) 给定特征的类依赖结构可以用 DAG 表示。

(2) 类赋值的最可能的联合(全外展)近似于最可能单个类的联合。

第一个假设是合理的，前提是我们有足够的数据来获得类依赖结构的良好近似，并且假设这是以特征为条件获得的。关于第二个假设，众所周知，总的诱因或最可能的解释并不总是等同于单个类的最大化。然而，这种假设不如二元关联方法所假设的那么有说服力。对于多维分类，贝叶斯链分类器是非常具有可行性的替代方法，因为它们以某种方式结合了类变量之间的依赖关系，并且保持了二进制相关方法的效率。

对于属于每个类的基本分类器，可使用前面章节中出现的任何贝叶斯分类器，例如 NBC。假设有一个表示为 DAG 的类依赖结构(可从数据中学习该结构，请参阅第 8 章)，只需要根据类依赖结构将类变量作为附加属性，便可通过与 NBC 类似的方式来分析每个分类器。最简单的方法是只涉及每个类的父节点(基于依赖关系图)。图 4.8 说明了构建 BCC 的总体思路。

若需要对一个实例进行分类，需要同时应用所有分类器，从而得到每个类的后验概率。

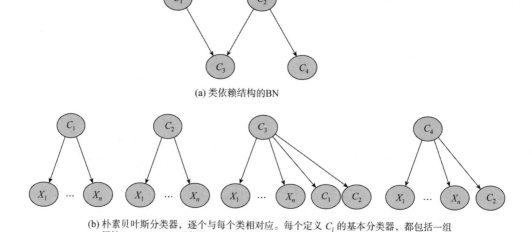

(a) 类依赖结构的BN

(b) 朴素贝叶斯分类器，逐个与每个类相对应。每个定义 C_i 的基本分类器，都包括一组
属性 $X_1, \cdots, X_n$，以及依赖关系结构中作为附加属性的父节点分类器

图 4.8　BCC 示例

4.7　层次分类

层次分类是一种多标签分类，其中类以预定义的结构(通常是树或 DAG)排序。通过考虑类的层次组织，可以提高分类性能。在层次分类中，属于某一类的例子自动归属于其全部超类，这称为层次约束。层次分类在文本分类、蛋白质功能预测、目标识别等领域有着广泛的应用。

与多维分类一样，层次分类有两种基本方法：全局分类器和局部分类器。全局方法建立的分类器可以一次性预测所有类；在大型层次结构上，这在计算上显得过于复杂。局部分类器方案运行多个分类器并合并它们的输出。现行有三种基本方法。第一是每层次局部分类器，为每个层次类的层次运行一个多类分类器。第二是每节点局部分类器，其中一个二进制分类器为层次结构中的每个节点(类)而构建，根节点除外。第三是每父节点局部分类器(LCPN)，其中多类分类器为预测其子节点而运行。

局部方法通常使用自顶向下的方法进行分类[17]；顶层分类器会选择某一类，舍弃其他类，然后分析所选类的后续类，以此类推。存在一个问题，即如果在上层层次结构出现了错误，那么这个错误就无法更正，并会向下传播到其他层，称为错误传播。层次分类的一个重要限制是层次约束：如果实例 z 与类 C_i 相关联，则实例 z 必须与 C_i 的所有祖先节点相关联。

接下来将介绍两种最新的层次分类方法。在第一种方法中，为避免错误传播，可以对层次结构中的路径进行分析，并根据局部分类器的结果选择最佳路径。在第二种方法中，为保持层次约束，将层次结构转化为贝叶斯网络。

4.7.1　链式路径评估

链式路径评估(CPE)[14]从根节点到叶节点分析层次结构中的每条可能路径，考虑预测标签的级别，对每条路径进行评分，最后返回得分最高的路径。此外，基于链式分类器，链式路径评估层次结构中每个节点与其祖先节点的关系。CPE 由训练和分类两部分组成。

1. 训练

在层次结构中，除叶节点外，每个节点 C_i 将训练一个局部分类器，对其子节点进行分类；也就是使用 LCPN 方案，参见图 4.9。针对每个节点的分类器 C_i(例如朴素贝叶斯分类器)进行训练，考虑来自所有子节点的示例以及层次结构中兄弟节点的一些示例。例如，图 4.9 中的分类器 C_2 将被训练，从而分类 C_5、C_6、C_7；其他示例将从类别 C_3 和 C_4 中考虑，它们表示 C_2 的未知类别。

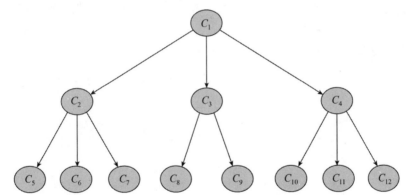

图 4.9　层次结构(树)示例。对于每个非叶节点，训练一个局部分类器来预测其子节点：

C_1 分为 C_2、C_3、C_4；C_2 分类为 C_5、C_6、C_7；对于 C_3 和 C_4 也是如此

要考虑与层次结构中其他节点的关系，由父(树结构)或父(DAG)预测的类在每个局部分类器被作为附加属性，这一操作受贝叶斯链分类器的启发。例如，图 4.9 中的分类器 C_2 将由其父级 C_1 预测的类作为附加属性。

2. 分类

在分类阶段，根据输入数据(每个实例的特征)得到所有局部分类器中每个类的概率。计算层次结构中每个节点的概率之后，组合这些概率以获得每个路径的得分。

层次结构中每个路径的得分通过路径中所有局部分类器的概率的对数的加权和计算：

$$score = \sum_{i=0}^{n} w_{C_i} \times \log(P(C_i \mid X, Pa(C_i))) \tag{4.20}$$

其中 C_i 是每个 LCPN 的类，X 是属性向量，$Pa(C_i)$ 是父节点预测类，w_{C_i} 是权重。这些权重的目的是赋予层次结构的上层更重要的地位，因为上层(对应于更普通的概念)错误比下层(对应于更具体的概念)错误的代价更高[14]。在计算长路径概率时，采用对数和来保证数值稳定性。

一旦获得所有路径的得分，将选择得分最高的路径作为对应实例的预测类集合。对于图 4.9 中的示例，将计算从根到每个叶节点的每条路径的得分：路径 1 为 $C_1-C_2-C_5$，路径 2 为 $C_1-C_2-C_6$ 等。这种情况下，有 8 条路径。假设得分最高的路径是路径 4：$C_1-C_3-C_8$，然后这 3 个类将作为分类器的输出返回。

4.7.2　使用贝叶斯网络进行层次分类

该方法由两个层次组成[2, 16]。在第一层，层次结构由贝叶斯网络表示，它在保持层次约束的同时表示节点中的数据分布。在第二层，针对层次结构中的每个类，训练一个局部二值分类器。因为层次结构(树或 DAG)映射到贝叶斯网络(BN)，所以 BN 中的每个节点(y_i)对应于层次中的一个类，BN 中的弧对应于层次中的类-子类关系，见图 4.10。

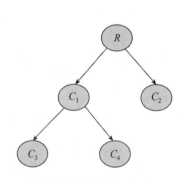

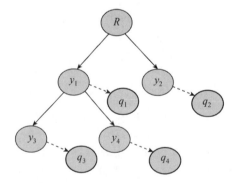

(a) 原始的分层类结构，其中每个节点对应一个类

(b) 贝叶斯网络，节点 y_i 对应于每个类，节点 q_i 对应于每个类的二值分类器

图 4.10　层次结构转换为贝叶斯网络的示例

每个节点(根除外)的附加节点(q_i)被添加到 BN 中，BN 表示对应节点(类)的局部二进制分类器。y_i 节点将具有新实例与类 C_i 相关联的概率，而 q_i 节点接收分类器的预测。

该方法认为，通过局部分类器获得每个类的初始预测，然后这些预测在 BN 中传播，这有助于保持层次约束。

1. 训练

一旦建成 BN，就必须估计其参数。有两组参数。第一组由与层次结构相关联的概率组成，即 $P(y_i \mid Pa(y_i))$，其中 $Pa(y_i)$ 表示 y_i 双亲的集合，即层次结构中每个类的超类(在树层次结构的情况下，每个节点将有一个父节点，但是 DAG 层次结构可能有多个父节点)。可以通过训练集的频率来估计出这些概率。

第二个集合对应于每个类的局部分类器的概率，即 $P(q_i \mid y_i)$，表示每个局部分类器对于预测相应的类有多"好"。可以使用每个局部分类器的混淆矩阵对验证数据进行估计。

通常从训练数据中完成对这两组参数的估计后，BN 就完成了，我们可以进入分类阶段。

2. 分类

分类包括三个部分。首先，基于一组属性，利用局部分类器估计每个类的初始概率，并将其反馈给 BN。其次，一旦从每个局部分类器接收到数据训练估计结果，通过概率传播将这些估计结果在 BN 中进行组合，然后获得每个类(节点)的后验概率。最后，与前面的方法(链式路径评估)类似，估计层次中每条路径的得分，并选择得分最高的路径作为层次分类器的输出。对每条路径进行评分有不同的方法，在这种情况下，使用路径中类的概率之和，并通过路径长度对其进行标准化。

方法扩展[16]是将 BN 与链式分类器相结合，因此每个局部分类器的预测都受其层次结构中的相邻对象(超类、子类或祖先)的影响。

4.8　应用

在本节中，我们将展示两种贝叶斯分类器在两个实际问题中的应用。首先，我们举例说明如何使用半朴素贝叶斯分类器将图像中的像素标记为皮肤或非皮肤。然后将展示多维链分类器在 HIV 药物选择中的应用。

4.8.1　可视皮肤检测

在计算机视觉中，肤色检测是一个非常有用的预处理阶段，例如人体检测和手势识别等。因此，有一个准确、有效的分类器是至关重要的。有一种方法是以每个像素的颜色属性为基础,可以简单而快速地判断图像中像素的近似分类是皮肤还是非皮肤。通常,数字图像中的像素由三种基本(原色)颜色组成:红色(R)、绿色(G)和蓝色(B),这就是所谓的 RGB 模型。每个颜色分量可以在一定的间隔内取值,即 $0 \dots 255$。有其他颜色的模型,如 HSV、YIQ 等。

通过使用 3 个颜色值(RGB)作为属性,可构建 NBC 将像素分类为皮肤或非皮肤。然而,不同的颜色模型可能产生更好的分类。或者,可将多个颜色模型组合成一个分类器,将不同模型的所有属性作为统一属性。最后一种选择可能利用不同模型提供的信息;然而,如果使用一个 NBC,就违背了独立性假设——不同的模型之间并非相互独立,一个模型可从另一个模型派生而来。

另一种方法是考虑半朴素贝叶斯分类器,并通过消除或添加属性,从不同颜色模型中选择最佳属性进行皮肤分类。为此,我们使用了三种不同的颜色模型:RGB、HSV 和 YIQ,共有 9 个属性。属性(颜色成分)以前被离散成一个减少的间隔数。然后根据数据学习初始 NBC——从多幅图像中提取的皮肤和非皮肤像素的示例。当应用于其他测试图像时,该初始分类器的准确率达到 94%。

然后使用第 4.5 节中描述的方法对分类器进行优化。该方法从具有 9 个属性的全 NBC 开始,采用变量消除和组合两个步骤,直到得到最精简、准确的分类器。操作顺序和最终结构如图 4.11 所示。我们可以观察到,该算法首先消除了一些不相关或冗余的属性,再将两个相关属性组合起来,然后消除两个属性,直到最终得到具有 3 个属性的结构:RG、Y、I(由两个原始属性组成)。用相同的测试图像对最终模型进行评估,准确率提高到 98%。该分类器检测到的皮肤像素的图像示例如图 4.12 所示。

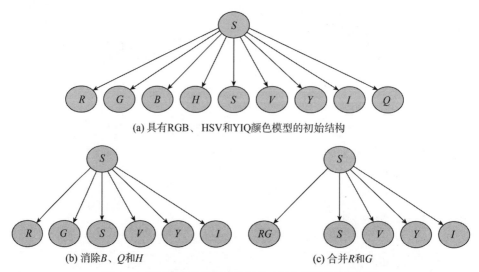

(a) 具有RGB、HSV和YIQ颜色模型的初始结构

(b) 消除B、Q和H　　　　　　　(c) 合并R和G

图 4.11　用于皮肤检测的半朴素贝叶斯分类器的优化过程

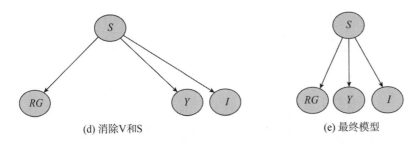

(d) 消除V和S　　　　　　　　(e) 最终模型

图 4.11　用于皮肤检测的半朴素贝叶斯分类器的优化过程(续)

(a) 原始图像　　　　(b) 检测到皮肤
　　　　　　　　　像素的图像

图 4.12　像素被分类为皮肤或非皮肤的图像示例

　　在这个例子中,与原始 NBC 相比,SNBC 展示出了显著优势,同时产生了一个更简单的模型(就所需变量和参数的数量而言)[10]。

4.8.2　HIV 药物选择

　　HIV(人类免疫缺陷病毒)是艾滋病的致病因子,感染艾滋病后,免疫系统逐渐衰竭,可能导致感染,最终危及生命。为了防治艾滋病毒感染,科学家们已经开发了几种属于不同药物类别的 ARV 药物,这些药物能够干预病毒复制周期的特定步骤。ART (抗逆转录病毒疗法)通常组合使用三种或四种 ARV 药物。选择哪一种药物组合需要视病人的情况而定,这可以根据病人体内病毒的突变情况来确定。因此,至关重要的是,根据患者体内病毒的突变情况选择最佳的药物组合。

　　为患者选择最佳的 ARV 药物组合可被视为多标签分类问题的一个实例,其中类别是不同类型的 ARV 药物,属性是病毒突变情况。由于多标签分类是多维分类的一个子类,因此可以用 MBC 精确地对这个特殊问题建模。通过应用一种学习算法,我们可以发现 ARV 药物与突变之间的关系,同时可以检索出具有高预测能力的模型。

　　学习 MBC 的另一种方法是 MB-MBC 算法[4]。该算法利用每个类变量的马尔可夫毯，过滤掉那些不能提高分类效果的变量，减轻了学习 MBC 的计算负担。变量 C 的马尔可夫毯，表示为 $MB(C)$，是变量的最小集合，使得 $I(C, S \mid MB(C))$ 对于每个变量子集 S 是真实的，其中 S 不包含任何属于 $MB(C) \cup C$ 的变量。换句话说，C 的马尔可夫毯是最小的变量集，在这个变量集下 C 与所有剩余的变量是有条件的独立关系。

为了预测最适合用于病毒突变的 ARV 药物组合，我们将学习每种 ARV 药物的马尔可夫毯。例如，如果将一组逆转录酶抑制剂(一种 ARV 药物组合，能攻击 HIV 病毒生命周期的逆转录酶阶段)作为类变量，将一组突变作为属性，学习全套逆转录酶抑制剂的马尔可夫毯来确定 ARV 和突变类型之间的关系。学习每个类变量的马尔可夫毯需要学习 MBC 的无向结构，即三个子图。在 MB-MBC 算法的最后一步，确定所有三个子图的方向性。图 4.13 给出了生成的 MBC。

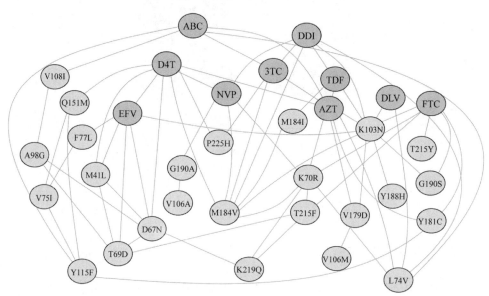

图 4.13　用于 HIV 药物选择的多维 BN 分类器。利用 MB-MBC 算法学习多维贝叶斯网络分类器的图结构，用于一组逆转录酶抑制剂(深灰色)和一组突变(浅灰色)

4.9　补充阅读

有关不同分类方法的总体介绍和比较，请参见[11]。分类成本的设想如[6]所述。TAN 和 BAN 分类器在[7]中有描述；文献[5]对不同的 BN 分类器进行了比较。半朴素方法最初是在[19]中引入的，后来在[12]中得到了扩展。参考文献[21]概述了多维分类器。MBC 的不同替代方案见于[3]。[13]中介绍了链分类器，[20]中介绍了贝叶斯链分类器。文献[18]综述了不同的层次分类方法及其应用。

4.10 练习

1. 根据表 4.2 中高尔夫比赛示例的数据，使用最大似然估计完成 NBC 的 CPT。

2. 考虑属性值的所有组合，得出问题 1 的 golf NBC 的概率最大的类。

3. 在问题 2 答案的基础上，设计一套等价于 NBC 的分类规则，用于基于属性值确定是否进行比赛。

4. 使用以下属性的依赖结构将 NBC 转换为 TAN：天气→温度，天气→湿度、温度→多风。使用相同的数据集，估计此 TAN 的 CPT。

表 4.3 具有离散和连续属性的高尔夫比赛示例数据集

天气	温度	湿度	多风	比赛
晴天	30.5	90	否	否
晴天	29	82	是	否
阴天	28.2	95	否	是
下雨	21	86	否	是
下雨	5.3	60	否	是
下雨	8.8	63	是	否
阴天	0	55	是	是
晴天	17	80	否	否
晴天	7	65	否	是
下雨	15.4	70	否	是
晴天	16	59	是	是
阴天	19.5	85	是	是
阴天	31	55	否	是
下雨	20	88	是	否

5. 给定高尔夫比赛示例的数据集，估计类和每个属性之间的互信息。通过消除类的互信息量低的属性(定义一个阈值)，建立一个半朴素贝叶斯分类器。

6. 现在通过估计给定类变量的每对属性之间的互联信息来扩展前面的问题。根据预定义的阈值，消除或连接给定类的非条件独立属性。请给出分类器的结构和参数。

7. 表 4.3 列出了具有离散和连续属性的高尔夫比赛示例数据。基于这些数据估计混合分类器的参数，即离散属性的 CPT 和连续属性的条件均值和标准差。

8. 根据混合高尔夫比赛数据估计的参数，计算类(比赛)的后验概率：(a)天气=晴天，温度=22，湿度=80，多风=是；(b)天气=阴天，温度=15 度，湿度=60，多风=否。

9. 结合混合高尔夫比赛数据，重新思考问题 5 和 6。

10. 若将高尔夫比赛示例转化为一个多维问题，比如存在两个类，比赛和天气，以及三个属性，即温度、湿度和多风。假设我们构建了一个基于二进制相关性的多维分类器——每个类变量都是独立的分类器。假设每个分类器都是 NBC，那么得到的分类器是什么结构？根据表 4.2 中相同的数据获得该分类器的参数。

11. 对于前面的问题，思考我们现在建立基于功率集方法的 NBC。得出模型的结构和参数是什么？使用相同的数据集。

12. 给定图 4.9 中的层次结构，假设每个类(根除外)都有局部分类器，它们提供以下后验概率：$C_2 = 0.7$，$C_3 = 0.5$，$C_4 = 0.8$，$C_5 = 0.9$，$C_6 = 0.3$，$C_7 = 0.2$，$C_8 = 0.3$，$C_9 = 0.9$，$C_{10} = 0.7$，$C_{11} = 0.5$，$C_{12} = 0.7$。基于链路径评估使用的分数或概率的标准化和，来估计每条路径的分数。在这些办法中，哪一种是最可能的路径？

13. ***使用多个数据集比较不同贝叶斯分类器 NBC、TAN、BAN 的结构、复杂性(根据参数数量)和分类精度(例如，使用贝叶斯分类器的 WEKA[8]实现方式以及 UCI 存储库中的一些数据集[1])。TAN 或 BAN 是否总是优于朴素贝叶斯分类器？为什么？

14. ***层次分类器是多维分类器的一种特殊类型，其中类以层次结构排列，如动物等级制度。层次结构的一个限制是，属于某个类的实例必须属于层次结构中它的所有超类(层次结构约束)。如何设计多维分类器来保证层次约束？扩展贝叶斯链分类器进行层次分类。

15. ***请完成循环链分类器。使用不同的多维数据集，进行实验分析：①课程顺序是否影响成绩；②需要多少次迭代才能使结果收敛。

第 5 章　隐马尔可夫模型

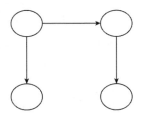

5.1　引言

马尔可夫链是表示动态过程的一类 PGM，特别是表示流程状态如何随时间变化。例如，假设我们正在模拟特定位置的天气随时间的变化情况。在一个非常简单的模型中，假设天气全天恒定不变，并且有三种可能的状态：晴天、阴天、下雨。此外，我们假设某一天的天气只取决于前一天。因此，可将这种简单的天气模型视为马尔可夫链，其中每天具有 3 个可能值的状态变量：这些变量以链相连接，带有从第一天到第二天的有向弧(见图 5.1)。这就是我们所说的马尔可夫性，第二天的天气状态 S_{t+1} 与前几天的天气 S_t 无关，即 $P(S_{t+1} \mid S_t, S_{t-1}, \ldots) = P(S_{t+1} \mid S_t)$。因此，在马尔可夫链中，所需的主要参数是给定前一状态时，某一状态的概率。

图 5.1　马尔可夫链，其中每个节点表示特定时间点的状态

以前的模型假设我们可以精确地测量每天天气，也就是说，状态是可观察的。然而，实际情况并不一定如此。在许多应用中，我们不能直接观察过程的状态，所以需要一个所谓的隐马尔可夫模型，在该模型中状态是隐藏起来的。这种情况下，除了给定当前状态的下一个状态的概率外，还需要一个参数对状态的不确定性进行建模，表示为给定状态的观察概率 $P(O_t \mid S_t)$。这种模型比简单的马尔可夫链更强大，用途也更广泛，如语音和手势识别。

在简要介绍马尔可夫链之后，我们将详细讨论隐马尔可夫模型，包括如何解决这类模型的计算问题。然后将讨论标准 HMM 的相关扩展，并用两个应用示例来结束本章的讲解。

5.2　马尔可夫链

马尔可夫链(MC)是一个状态机，有若干离散的状态，$q_1, q_2, ..., q_n$，并且状态之间的转移是不确定的；即有从一个状态 q_i 转移到另一个状态 q_j 的概率：$P(S_{t+1} = q_j \mid S_t = q_i)$。时间也是离散的，因此对于每个时间步 t，链可以处于特定的状态 q_i。它满足马尔可夫性，即下一状态的概率仅取决于当前状态。

马尔可夫链的定义如下。

状态集：$Q = \{q_1, q_2, ..., q_n\}$

先验概率向量：$\boldsymbol{\Pi} = \{\pi_1, \pi_2, ..., \pi_n\}$，其中 $\pi_i = P(S_0 = q_i)$

转移概率矩阵：$A = \{a_{ij}\}, i = [1..n], j = [1..n]$，其中 $a_{ij} = P(S_{t+1} = q_j \mid S_t = q_i)$

其中 n 是状态数，S_0 是初始状态。MC 可简单表示为 $\lambda = \{A, \Pi\}$。

(一阶)马尔可夫链满足下列性质。

(1) 概率公理：$\sum_i \pi_i = 1$ 且 $\sum_j a_{ij} = 1$

(2) 马尔可夫性：$P(S_{t+1} = q_j \mid S_t = q_i, S_{t-1} = q_k, ...) = P(S_{t+1} = q_j \mid S_t = q_i)$

(3) 平稳过程：$P(S_t = q_j \mid S_{t-1} = q_i) = P(S_{t+1} = q_j \mid S_t = q_i)$

例如，考虑前三个状态的简单天气模型：q_1=晴天，q_2=阴天，q_3=下雨。在这种情况下，为了指定 MC，我们需要一个具有三个先验概率的向量(见表 5.1)和一个 3×3 的转移概率矩阵(见表 5.2)。

表 5.1　天气示例的先验概率

晴天	阴天	下雨
0.2	0.5	0.3

表 5.2　天气示例的转移概率。每一行表示从当前状态(如晴天)到未来状态(晴天、阴天、下雨)的转移概率；因此，每行的概率必须加 1

	晴天	阴天	下雨
晴天	0.8	0.1	0.1
阴天	0.2	0.6	0.2
下雨	0.3	0.3	0.4

可以用所谓的状态转移图或简单的状态图来表示转移矩阵。该图为有向图，其中每个节点都是一个状态，弧表示状态之间可能发生的转移。如果状态 q_i 和 q_j 之间的弧没有出现在图中，则表示相应的转移概率为 0。天气示例的状态转换图如图 5.2 所示[1]。

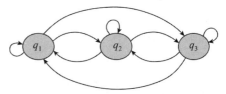

图 5.2　天气示例的状态转移图

给定一个马尔可夫链模型，我们可以探索以下基本问题：

- 特定状态序列的概率是多少？
- 链在一段时间内保持某种状态的概率是多少？
- 链保持特定状态的预期时间是多少？

接下来，我们将回答这些问题，并将使用天气示例来讲解这些问题。

给定模型的序列状态概率基本上是序列状态转移概率的乘积：

$$P(q_i, q_j, q_k, \ldots) = a_{0i} a_{ij} a_{jk} \ldots \tag{5.1}$$

其中 a_{0i} 是序列中初始状态的转移，其可能是本身的先验概率(π_i)或先前状态的转移(若已知)。

例如，在天气模型中，我们可能想知道以下状态的概率：Q=晴天、晴天、下雨、下雨、晴天、阴天、晴天。假设晴天是 MC 中的初始状态，那么：

$$P(Q) = \pi_1 a_{11} a_{13} a_{33} a_{31} a_{12} a_{21} = (0.2)(0.8)(0.1)(0.4)(0.3)(0.1)(0.2) = 3.84 \times 10^{-5}$$

在某一状态下停留时间步 d 的概率 q_i 等于序列在该状态下停留 $d-1$ 个时间步，然后转移到不同状态的概率，即：

$$P(d_i) = a_{ii}^{d-1}(1 - a_{ii}) \tag{5.2}$$

考虑到天气模式，3 天阴天的概率是多少？可以如下计算：

$$P(d_2 = 3) = a_{22}^2(1 - a_{22}) = 0.6^2(1 - 0.6) = 0.144$$

某一状态下状态序列的平均持续时间是该状态阶段数的期望值，即 $E(D) = \sum_i d_i P(d_i)$，将其带入式 5.2，我们可得到：

$$E(d_i) = \sum_i d_i a_{ii}^{d-1}(1 - a_{ii}) \tag{5.3}$$

可以简写为：

$$E(d_i) = 1 / (1 - a_{ii}) \tag{5.4}$$

例如，天气预计会持续阴天多少天？使用上一个式子：

---

1 不要混淆状态图，其中一个节点表示每个状态(一个随机变量的特定值)以及状态之间的转移弧，而模型图中一个节点表示一个随机变量，弧表示概率相关性。

$$E(d_2) = 1/(1 - a_{22}) = 1/(1 - 0.6) = 2.5$$

5.2.1　参数估计

另一个重要的问题是如何确定模型的参数，即所谓的参数估计。对于 MC，可以通过简单地计算序列处于某一状态的次数 i 以及从状态 i 到状态 j 的转变次数来估计参数。假设有 N 个观察序列。γ_{0i} 是状态 i 在序列中初始状态的次数，γ_i 是我们观察状态 i 的次数，γ_{ij} 是我们观察从状态 i 到状态 j 转变的次数。这些参数可以用以下式子来估计。

初始概率：

$$\pi_i = \gamma_{0i} / N \tag{5.5}$$

转移概率：

$$a_{ij} = \gamma_{ij} / \gamma_i \tag{5.6}$$

注意，对于序列中最后观察到的状态，因为我们不会继续观察它的下一个状态，所以在计数中不需要考虑所有序列的最后一个状态。

例如，考虑到天气示例，我们有以下 4 个观察序列：

$q_2, q_2, q_3, q_3, q_3, q_3, q_1$

$q_1, q_3, q_2, q_3, q_3, q_3, q_3$

q_3, q_3, q_2, q_2

$q_2, q_1, q_2, q_2, q_1, q_3, q_1$

给定这 4 个序列，相应的参数可以如表 5.3 和 5.4 所示进行估计。

表 5.3　天气示例的计算先验概率

晴天	阴天	下雨
0.25	0.5	0.25

表 5.4　天气示例的计算转移概率

	晴天	阴天	下雨
晴天	0	0.33	0.67
阴天	0.285	0.43	0.285
下雨	0.18	0.18	0.64

5.2.2　收敛性

还有一个有趣的问题：若一个序列从一个状态到另一个状态转移了 M 次，那么在极限($M \to \infty$)时，每个状态 q_i 的概率是多少？

已知初始概率向量 Π 和转移矩阵 A，M 次迭代后每个状态的概率 $P=\{p_1, p_2, ..., p_n\}$ 为：

$$P = \pi A^M \tag{5.7}$$

当 $M \to \infty$ 时会发生什么？Perron-Frobenius 定理给出解决方案，假设满足以下两个条件。

(1) 不可约性：从每一个状态 i 到任何状态 j 的概率 $a_{ij}>0$。

(2) 非周期性：链不形成循环(链到达其中一个状态后保持不变的状态子集)。

当 $M \to \infty$，链将趋于不变分布 P，使得 $P \times A = P$，其中 A 是转移概率矩阵。矩阵 A 的第二特征值决定收敛速度。

例如，设想一个具有三个状态的 MC 和以下转移概率矩阵：

$$A = \begin{matrix} 0.9 & 0.075 & 0.025 \\ 0.15 & 0.8 & 0.05 \\ 0.25 & 0.25 & 0.5 \end{matrix}$$

可以证明，这种情况下，稳态概率收敛到 $P=\{0.625, 0.3125, 0.0625\}$。

我们将给出马尔可夫链的这种收敛性在网页排序中一个有趣的应用。接下来讨论隐马尔可夫模型。

5.3　隐马尔可夫模型简介

隐马尔可夫模型(HMM)是一个不可直接观察其状态的马尔可夫链。例如，就天气而言，不能对天气进行直接测量；实际上，天气需要一系列传感器估计，如温度、压力、风速等。因此，这种情况下，与许多其他现象一样，状态是不可直接观察的，而 HMM 提供了一种更合适、更强大的建模工具。另一种方法就是将隐马尔可夫模型视作一个双重随机过程：①一个是我们无法直接观察到的隐藏随机过程；②给定第一个过程的条件下，另一个随机过程得出观察序列。

例如，考虑到我们有两个不公平或"偏颇"的硬币，M_1 和 M_2。M_1 正面概率更高，而 M_2 背面概率更高。有人按顺序抛掷这两枚硬币，但我们不知道是哪一枚。我们只能观察结果，正面或反面：

$H, T, T, H, T, H, H, H, T, H, T, H, T, T, T, H, T, H, H, ...$

假设掷硬币的人选择序列中的第一枚硬币(先验概率)，并在已知前一枚硬币(转移概率)的情况下以相同的概率选择下一枚硬币。除了状态的先验概率和转移概率(与 MC 一样)，在 HMM 中，我们还需要确定观察概率，这种情况下，指每个硬币(状态)的 H 或 T 的概率。假设 M_1 正面的概率为80%，M_2 背面的概率为80%。这样我们就为这个简单的示例确定了必需的参数，见表 5.5。

表 5.5　不公平硬币示例的先验概率(Π)、转移概率(A)和观察概率(B)

$$\Pi = \frac{M_1 \quad M_2}{0.5 \quad 0.5}$$

$$A = \frac{\begin{array}{c|cc} & M_1 & M_2 \end{array}}{\begin{array}{c|cc} M_1 & 0.5 & 0.5 \\ M_2 & 0.5 & 0.5 \end{array}}$$

$$B = \frac{\begin{array}{c|cc} & M_1 & M_2 \end{array}}{\begin{array}{c|cc} H & 0.8 & 0.2 \\ T & 0.8 & 0.2 \end{array}}$$

HMM 硬币示例的状态图如图 5.3 所示，有两个取决于该状态的状态变量和两个可能的观察值。

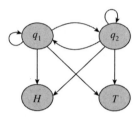

图 5.3　HMM 硬币示例的状态图。图中显示了两种状态 q_1 和 q_2，以及两个观察值 H 和 T，用弧表示转移概率和观察概率

形式上，隐马尔可夫模型的定义如下。

状态集：$Q = \{q_1, q_2, ..., q_n\}$

观察集：$O = \{o_1, o_2, ..., o_m\}$

先验概率向量：$\Pi = \{\pi_1, \pi_2, ..., \pi_n\}$，其中 $\pi_i = P(S_0 = q_i)$

转移概率矩阵：$A = \{a_{ij}\}$，$i = [1...n]$，$j = [1...n]$，其中 $a_{ij} = P(S_{t+1} = q_j \mid S_t = q_i)$

观察概率矩阵：$B = \{b_{ij}\}$，$i = [1...n]$，$j = [1...m]$，其中 $b_{ik} = P(O_t = o_k \mid S_t = q_i)$

其中 n 是状态数，m 是观察数；S_0 是初始状态。简而言之，HMM 表示为 $\lambda = \{A, B, \Pi\}$。

一阶 HMM 满足以下特性：

马尔可夫性质：$P(S_{t+1} = q_j \mid S_t = q_i, S_{t-1} = q_k, ...) = P(S_{t+1} = q_j \mid S_t = q_i)$

稳定过程：$P(S_t = q_j \mid S_{t-1} = q_i) = P(S_{t+1} = q_j \mid S_t = q_i)$ 以及 $P(O_{t-1} = o_k \mid S_{t-1} = q_j) = P(O_t = o_k \mid S_t = q_j), \forall(t)$

观察独立性：$P(O_t = o_k \mid S_t = q_i, S_{t-1} = q_j, ...) = P(O_t = o_k \mid S_t = q_i)$

与 MC 的情况一样，马尔可夫性质意味着下一个状态的概率只取决于当前状态，与之前的其余部分无关。第二个性质是转移概率和观察概率不随时间变化，即过程是稳定的。第三个属性表示观察值仅依赖于当前状态。基本 HMM 有一些扩展，拓宽了一些假设，其中一些将在后续章节中讨论。

根据前面的特性，HMM 的图模型如图 5.4 所示，它包括两个随机变量序列，时间 t 的状态 S_t，以及时间 t 的观察值 O_t。

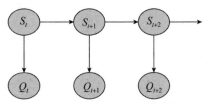

图 5.4　表示隐马尔可夫模型的图模型。上面的变量代表隐藏状态，下面的变量代表观察结果

给定某个域的 HMM 表示，以下三个基本问题在大多数应用中都很重要[7]。

(1) 评估：给定一个模型，估计观察序列的概率。

(2) 最优序列：给定一个模型和一个特定的观察序列，估计生成观察值的最可能状态序列。

(3) 参数学习：给定多个观察序列，调整模型参数。

假定一个具有有限数量状态和观察值的标准 HMM，接下来将描述解决这些问题的算法。

5.3.1　评估

评估包括确定观察序列 $O = \{o_1, o_2, o_3, \ldots\}$ 的概率，给定模型 λ，估计 $P(O|\lambda)$。我们将给出两种方法。首先介绍直接法，这是一种原始算法，它激发了对更有效算法的需求。

1. 直接法

一个观察序列 $O = \{o_1, o_2, o_3, \ldots, o_T\}$ 可由不同的状态序列 Q_i 生成，因为 HMM 的状态是未知的。因此，为了计算一个观察序列的概率，我们可以估计某个状态序列，然后将所有可能的状态序列的概率相加：

$$P(O|\lambda) = \sum_i P(O, Q_i|\lambda) \tag{5.8}$$

为得到 $P(O, Q_i|\lambda)$，只需要将初始状态的概率 q_1 乘以状态序列的转移概率 $q_1, q_2, \ldots$ 以及观察序列的观察概率 $o_1, o_2, \ldots$：

$$P(O, Q_i|\lambda) = \pi_1 b_1(o_1) a_{12} b_2(o_2) \ldots a_{(T-1)T} b_T(o_T) \tag{5.9}$$

因此，O 的概率由所有可能的状态序列 Q 的总和给出。

$$P(O|\lambda) = \sum_Q \pi_1 b_1(o_1) a_{12} b_2(o_2) \ldots a_{(T-1)T} b_T(o_T) \tag{5.10}$$

对于具有 N 个状态且观察长度为 T 的模型，存在 N^T 个可能的状态序列。求和中的每一项都需要 $2T$ 次运算。因此，评估需要按 $2T \times N^T$ 的顺序进行多次运算。

例如，如果我们考虑具有 5 个状态、$N=5$ 的模型和长度为 $T=100$ 的观察序列，它们都是 HMM 应用的公共参数，则需要运算大约 10^{72} 次。需要使用更有效的方法！

2. 迭代法

迭代法(也称为正向法)的基本思想，是估计每个时间步的状态/观察值的概率。即计算直到时间 t(从 $t=1$ 开始)的部分观察序列的概率，并基于该结果，计算时间 $t+1$ 的概率，以此类推。

首先，我们定义一个辅助变量，称为正向：

$$\alpha_t(i) = P(o_1, o_2, \ldots, o_t, S_t = q_i | \lambda) \tag{5.11}$$

也就是，直到时间 t 的部分观察序列，在时间 t 处于状态 q_i 的概率。对于特定时间 t 的 $\alpha_t(i)$，可以基于上一时间的值 $\alpha_{t-1}(i)$ 迭代计算：

$$\alpha_t(j) = \left[\sum_i \alpha_{t-1}(i) a_{ij} \right] b_j(O_t) \tag{5.12}$$

迭代算法主要由初始化、归纳和终止三部分组成。在初始阶段，得到初始时刻所有状态的 α 变量。归纳阶段根据 $\alpha_t(i)$ 计算 $\alpha_{t+1}(i)$，从 $t=2$ 重复到 $t=T$。最后，通过将终止阶段的所有 α_T 相加得到 $P(O|\lambda)$。程序如算法 5.1 所示。

算法 5.1　正向算法

要求：HMM，λ；观察顺序，O；状态数，N；观察次数，T

for $i = 1$ **to** N **do**

　$\alpha_1(i) = P(O_1, S_1 = q_i) = \pi_i b_i(O_1)$ (Initialization)

end for

for $t = 2$ **to** T **do**

　for $j = 1$ **to** N **do**

　　$\alpha_t(j) = [\sum_i \alpha_{t-1}(i) a_{ij}] b_j(O_t)$ (Induction)

　end for

　end for

$P(O) = \sum_i \alpha_T(i)$ (Termination)

　return $P(O)$

现在分析迭代法的时间复杂度。每次迭代需要 N 次乘法和 N 次加法(近似值)，因此对于 T 次迭代，运算次数约是 $N^2 \times T$。因此，时间复杂度从直接法的指数 T 降低到线性 T 和二次 N，其复杂度大大降低了。注意，在大多数应用中 $T \gg N$。

回到 $N=5$ 和 $T=100$ 的例子，现在运算数量约为 2500，任何标准的个人计算机都可以高效运算。

上面描述的迭代过程为解决 HMM 的另外两个问题奠定了基础。下面将进行介绍。

5.3.2 状态估计

为观察序列找到最可能的状态序列 $O = \{o_1, o_2, o_3, \ldots\}$，有两种解决方式：①在每个时间步 t 获得最可能状态 S_t；②获得最可能的状态序列 $s_0, s_1, \ldots, s_T$。注意，对于 $t = 1 \ldots T$，每个时间步的最可能状态的联合不一定与状态的最可能序列相同[1]。我们要解决的第一个问题是在某个时间点 t 寻找最可能或最佳状态，然后寻找最佳序列。

首先需要定义一些附加的辅助变量。后向变量与正向变量类似，但这种情况下，我们从序列的末尾开始，即：

$$\beta_t(i) = P(o_{t+1}, o_{t+2}, \ldots, o_T, S_t = q_i \mid \lambda) \tag{5.13}$$

也就是说，从 $t+1$ 到 T 的部分观察序列在 t 时处于状态 q_i 的概率。与 α 类似，它可以迭代计算，但现在后向：

$$\beta_t(i) = \sum_j \beta_{t+1}(j) a_{ij} b_j(o_{t+1}) \tag{5.14}$$

对于 $t = T-1, T-2, \ldots, 1$。T 的 β 变量定义为 $\beta_T(j) = 1$。

因此，也可用 β 代替 α，从观察序列的末尾开始，随时间后向迭代，来解决上一节的评估问题。或者可将这两个变量结合起来，正向和后向迭代，在某个中间时间 t 相遇，即：

$$P(O, s_t = q_i \mid \lambda) = \alpha_t(i) \beta_t(i) \tag{5.15}$$

然后：

$$P(O \mid \lambda) = \sum_i \alpha_t(i) \beta_t(i) \tag{5.16}$$

现在定义一个附加变量 γ，即给定观察序列，处于某一状态 q_i 的条件概率：

$$\gamma_t(i) = P(s_t = q_i \mid O, \lambda) = P(s_t = q_i, O \mid \lambda) / P(O \mid \lambda) \tag{5.17}$$

可以用 α 和 β 表示为：

$$\gamma_t(i) = \alpha_t(i) \beta_t(i) / \sum_i \alpha_t(i) \beta_t(i) \tag{5.18}$$

这个变量 γ 即 t 时刻的最可能状态(MPS)，从而回答了第一个子问题，我们只需要找出在哪个状态出现最大值。即：

$$MPS(t) = ArgMax_i \gamma_t(i) \tag{5.19}$$

现在我们来求解第二个子问题，即给定观察序列 O 的最可能状态序列 Q，这样我们就要将 $P(Q \mid O, \lambda)$ 最大化。按贝叶斯法则：$P(Q \mid O, \lambda) = P(Q, O \mid \lambda) / P(O)$。已知 $P(O)$ 不依赖于 Q，这等价于 $P(Q, O \mid \lambda)$ 最大化。

---

1 这是 MPE 问题的一个特例，将在第 7 章讨论。

获得最佳状态序列的方法称为维特比算法,该算法与正向算法类似,迭代地解决问题。在我们介绍算法之前,我们需要定义一个额外的变量 δ。这个变量给出直到时间 t 的一系列状态和观察概率的最大值,即时间 t 的状态 q_i,即:

$$\delta_t(i) = MAX\left[P(s_1, s_2, \ldots, s_t = q_i, o_1, o_2, \ldots, o_t \mid \lambda)\right] \tag{5.20}$$

也可以通过迭代的方式获得:

$$\delta_{t+1}(i) = \left[MAX \delta_t(i) a_{ij}\right] b_j(o_{t+1}) \tag{5.21}$$

维特比算法需要四个阶段:初始化、递归、终止和回溯。它需要一个附加变量 $\psi_t(i)$,它在每个时间步 t 为每个状态 i 存储先前状态,该状态为最大概率。这用于终止阶段后,通过回溯重建序列。算法 5.2 描述了完整过程。

算法 5.2　维特比算法

要求:HMM,λ;观察序列,O;状态数,N;观察次数,T

for $i = 1$ **to** N **do**

　(Initialization)

　$\delta_1(i) = \pi_i b_i(O_1)$

　$\psi_1(i) = 0$

end for

for $t = 2$ **to** T **do**

　for $j = 1$ **to** N **do**

　　(Recursion)

　　$\delta_t(j) = MAX_i[\delta_{t-1}(i) a_{ij}] b_j(O_t)$

　　$\psi_t(j) = ArgMax_i[\delta_{t-1}(i) a_{ij}]$

　end for

end for

　(Termination)

$P^* = MAX_i[\delta_T(i)]$

$q_T^* = ArgMax_i[\delta_T(i)]$

for $t = T$ **to** 2 **do**

　(Backtracking)

　$q_{t-1}^* = \psi_t(q_t^*)$

end for

通过维特比算法,我们可以得到给定观察序列的最可能状态序列,即使这些状态对于 HMM 是隐藏的。

5.3.3　学习

最后,我们将了解如何通过 Baum-Welch 算法从数据中学习 HMM。首先应该注意，这种方法假设模型的结构是已知的：状态和观察值的数量已预先定义；因此它只估计参数。通常观察值由应用领域给出，但是隐藏的状态数并不容易定义。有时可以根据领域知识定义隐藏状态的个数；其他情况则是通过试错来定义的：用不同的状态数(2, 3, …)测试模型的性能，并选择能给出最佳结果的状态数。应该注意，在这个选择中需要权衡，状态多往往产生结果更好，但也存在额外的复杂计算。

Baum-Welch 算法确定了一个 HMM 的参数 $\lambda=\{A, B, \Pi\}$，给定一系列观察序列 $O=O_1, O_2, …, O_k$。为此，它将已知模型的观察概率最大化：$P(O\,|\,\lambda)$。对于具有 N 个状态和 M 个观察值的 HMM，我们需要分别估计 Π、A 和 B 的 $N + N^2 + N \times M$ 个参数。

我们需要再定义一个辅助变量 ξ，即给定一个观察序列 O，从时间 t 的状态 i 转移到时间 $t+1$ 的状态 j 的概率：

$$\xi_t(i, j) = P(s_t = q_i, s_{t+1} = q_j | O, \lambda) = P(s_t = q_i, s_{t+1} = q_j, O\,|\,\lambda) / P(O) \tag{5.22}$$

就 α 和 β 而言：

$$\xi_t(i, j) = \alpha_t(i) a_{ij} b_j(o_{t+1}) \beta_{t+1}(j) / P(O) \tag{5.23}$$

也用 α 和 β 表示 $P(O)$：

$$\xi_t(i, j) = \alpha_t(i) a_{ij} b_j(o_{t+1}) \beta_{t+1}(j) / \sum_i \sum_j \alpha_t(i) a_{ij} b_j(o_{t+1}) \beta_{t+1}(j) \tag{5.24}$$

γ 也可以写成：$\gamma_t(i) = \sum_j \xi_t(i, j)$。

通过为所有时间步添加 $\gamma_t(i)$，即 $\sum_t \gamma_t(i)$，我们得到了链在状态 i 中的估计次数；通过在 t 上累加 $\xi_t(i, j)$，即 $\sum_t \xi_t(i, j)$，我们估计了从状态 i 到状态 j 的转移次数。

基于前面定义，算法 5.3 总结了 HMM 参数估计的 Baum-Welch 算法过程。

算法 5.3　Baum-Welch 算法

1. 估计该先验概率——在时间 $t=1$ 时处于状态 i 的次数。

   $\pi_i = \gamma_1(i)$

2. 估计该转移概率——在状态 i 次数中从状态 i 到 j 的转移数量。

   $$a_{ij} = \sum_{t=1}^{T-1} \xi_t(i, j) / \sum_{t=1}^{T-1} \gamma_t(i)$$

3. 估计该观察概率——处于状态 j 的次数和在状态 j 的次数中观察 k 的次数。

   $$b_{jk} = \sum_{t=1}^{T} \gamma_t(j) / \sum_{t=1}^{T} \gamma_t(j), O(t) = k$$

注意，γ 和 ζ 变量的计算需要 α 和 β，这需要 HMM 的参数 Π、A 和 B。所以我们遇到了一个"鸡和蛋"的问题，需要 Baum-Welch 算法模型参数来估计模型参数！这个问题的解决方案是以 EM(期望最大化)原则作为基础的。

其方法是从模型的一些初始参数(E 步)开始，$\lambda=\{A,B,\Pi\}$，可以进行随机初始化，也可以基于一些领域知识进行初始化。然后，通过 Baum-Welch 算法重新估计这些参数(M 步)。重复这个循环直到收敛；也就是说，从一个步骤到下一个步骤的模型参数之间的差异低于某个阈值。

EM 算法提供了所谓的最大似然估计，但它并不能保证最优解，而是取决于初始条件。然而，这种估计方法在实际应用中效果较好[1]。

5.3.4　高斯隐马尔可夫模型

在许多应用中，观察是连续的。这种情况下，替代离散化的方法是直接处理连续分布，假设为高斯分布。高斯隐马尔可夫模型(GHMM)是一种观察概率为正态分布的隐马尔可夫模型。初始状态概率向量和转移概率矩阵与离散隐马尔可夫模型中的相同。给定状态的观察概率建模为高斯分布。

考虑每个状态的单一高斯分布：

$$P(O_j | S_j) = N(\mu_j, \sigma_j^2) \tag{5.25}$$

其中 μ_j 是状态 j 的平均值，σ_j^2 是状态 j 的方差。

有时不能用单一的高斯模型来描述观察值，这种情况下，可使用高斯混合模型(GMM)[9]。GMM 由多个高斯分布组合以表示所需分布。所需参数包括均值向量和协方差矩阵：

$$P(O_j | S_j) = N(\mu_j, \Sigma_j) \tag{5.26}$$

考虑到观察值被建模为高斯分布或 GMM，求解三个基本问题(评价、最优序列和参数估计)的算法与离散 HMM 的算法基本相同。

5.3.5　扩展

为处理若干应用中的特定问题，已经提出对标准 HMM 进行一些扩展[2]。接下来，我们对部分扩展进行简要描述，图模型如图 5.5 所示。

---

1 如果我们掌握一些领域知识，可为参数提供一个良好的初始化；否则，可将它们设置为统一概率。

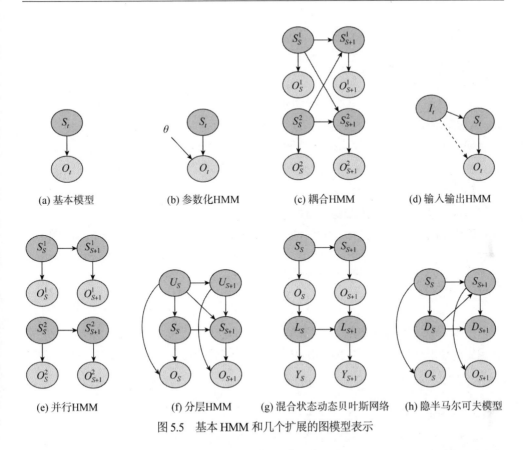

图 5.5　基本 HMM 和几个扩展的图模型表示

　　参数化 HMM(PHMM)表示模型中涉及变化的域。在 PHMM 中，观察变量受状态变量和一个或多个参数的制约，这些参数可以说明这些变化，见图 5.5(b)。参数值是已知的，在训练时是恒定的。在测试中，通过特定的期望值最大化算法恢复最大化 PHMM 可能性的值。

　　耦合 HMM(CHMM)通过在状态变量之间引入相对依赖关系来连接 HMM，见图 5.5(c)。这些模型适于表示并行存在的子过程之间的影响。

　　IOHMM (输入输出 HMM)需要一个额外的输入参数，该参数会影响马尔可夫链的状态，还会随机影响观察变量。此类模型如图 5.5(d)所示。输入变量对应于观察值。IOHMM 的输出信号是正在进行的模型类(例如，语音中的音素识别或手势识别中的特定动作)。单个 IOHMM 可以描述一组完整的类。

　　假设 HMM 之间具有相互独立性，那么 PAHMM(并行 HMM)比复合过程的 CHMM 需要的 HMM 更少，见图 5.5(e)。其方法是为两个(或更多)独立的并行过程(例如，手势识别中每只手的可能运动)构造独立的 HMM，并通过乘以它们各自的似然度来组合。具有最可能联合似然的 PAHMM 可确定所需类别。

分层隐马尔可夫模型(HHMM)将 HMM 划分为不同抽象等级的层次，见图 5.5(f)。在两层 HHMM 中，下层是一组表示子模型序列的 HMM，上层是控制这些子模型动态的马尔可夫链。分层使我们通过简单地改变上层来对基本 HMM 进行再利用。

混合状态动态贝叶斯网络(MSDBN)[1]将离散和连续状态空间结合成一个两层结构。MSDBN 是由上下两层组成，上层为 HMM，下层为 LDS。LDS 用于模拟实值状态之间的转移。HMM 的输出值驱动线性系统。MSDBN 的示意图如图 5.5(g)所示。在 MSDBN 中，HMM 可以描述离散的高级概念(如语法)，而 LDS 可描述连续状态空间中的输入信号。

通过定义每个状态的显式持续时间，隐半马尔可夫模型(HSMM)利用属于过程的时序知识，见图 5.5(h)。HSMM 适用于在建模大型观察序列时避免状态概率的指数衰减。

5.4　应用

在本节中，我们将说明马尔可夫链和 HMM 在两个领域中的应用。首先，我们将介绍如何基于马尔可夫链用 PageRank 算法排序网页。然后将介绍 HMM 在手势识别中的一个应用。

5.4.1　PageRank

我们可以把万维网(WWW)看作一个非常大的马尔可夫链，每个网页都是一个状态，网页之间的超链接对应于状态转移。假设有 N 个网页。一个特定的网页 w_i 有 m 个向外的超链接。如果有人处于网页 w_i，他可以选择此网页中的任何超链接转到另一个网页。我们可以做出合理的假设：以相同的概率选择每个向外链接；因此，从 w_i 到具有超链接的任何网页 w_j 的转移概率为 $A_{ij}=1/m$。对于没有向外链接的其他网页，转移概率为 0。这样，根据 WWW 的结构，我们就可以获得对应马尔可夫链的转移概率矩阵 A。图 5.6 为一个有 3 个网页的小示例。

给定 WWW 的转移概率矩阵，我们可根据 Perron-Frobenius 定理(见 5.2 节)得到每个状态(网页)的收敛概率。某个网页的收敛概率相当于 WWW 浏览者访问这个网页的概率。直观地说，具有更多输入链接的网页(来自具有更多输入链接的网页)访问率更高。

基于之前的想法，L. Page 等人开发了 PageRank 算法，这是我们在 Google 上搜索时，网页排序的基础[6]。通过搜索算法检索到的网页根据其收敛概率呈现给用户。要点是，更相关(重要)的网页往往具有更高的收敛概率。

---

1 隐马尔可夫模型(包括这些扩展)是动态贝叶斯网络的特殊类型，第 9 章描述了一个更常用的模型。

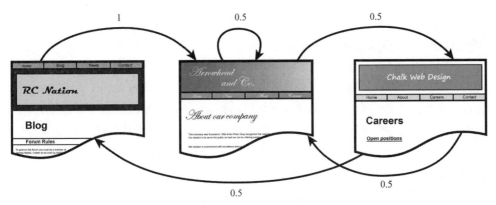

图 5.6　有 3 个网页的 WWW 的小示例

5.4.2　手势识别

手势在人际交流中扮演着重要角色，因此在人机交互中也很重要。例如，我们可用手势来指挥服务用机器人。此处将重点讨论动态手势，即一个人的手/手臂的动作。例如，图 5.7 描绘了一个人用右手做停止手势的视频序列中的几个关键帧。

图 5.7　一个人用右手做停止手势的视频序列，这里仅给出几个关键帧

谈到手势识别，隐马尔可夫模型[1, 10]不失为一个好选择。HMM 适用于序列过程建模，并且对于动态手势执行中常见的时间变化具有鲁棒性。将 HMM 应用于手势建模和识别之前，需要对视频序列中的图像进行处理并从中提取一组特征，这些将构成 HMM 的观察结果。

图像处理包括检测图像中的人，检测他们的手，然后追踪图像序列中的手。在图像序列中，从每个图像中提取手的位置(X, Y, Z)。此外，可以检测身体的一些其他区域，例如头部和躯干，用于获得姿势特征。

描述手势可以由这些方式来替代：运动特征、姿势特征和姿势运动特征。运动特征描述在笛卡儿空间 XYZ 中人手的动作。姿势特征表示手相对于头部或躯干等身体其他部位的位置。这些运动和姿态特征通常被编码在为 HMM 提供观察的有限数量的码字中。例如，如果我们用三个值来描述每个运动坐标和两个二进制姿态特征(例如，手在头上方和手在躯干上方)，则有 $m=3^5\times2^2=972$ 个可能的观察值。这些是针对手势的视频序列中的每一帧(或每 n 帧)获得的。

为识别 N 个不同的手势，我们需要训练 N 个 HMM，每个手势都要配备一个。需要定义的第一个参数是每个模型的隐藏状态数。如前所述，这可以基于领域知识进行设置，或者通过实验评估不同数量的状态在交叉验证中获得。在动态手势的情况下，我们可以认为状态代表了手的不同运动阶段。例如，可以认为"停止"手势有 3 个阶段：上移前移手臂，伸出手，以及下移手臂；这意味着 3 个隐藏状态。在实验中，我们发现使用 3~5 个状态通常可以得到很好的结果。

一旦定义了每个手势模型的状态数(每个模型的状态数可能不同)，就可以使用 Baum-Welch 算法获得参数。为此，每个手势类需要一组 M 训练序列，样本越多越好。因此，可获得 N 个 HMM，每个手势类型配备一个。

为了进行识别，将从视频序列中提取特征。这些是 N 个 HMM 模型 λ_i 的观察值 O，每个手势类型一个。给出观察序列 $P(O\mid\lambda_i)$，利用正向算法得到各模型的概率。概率最大的模型 λ_k^* 被选作可识别的手势。图 5.8 说明了识别过程，涉及 5 类手势。

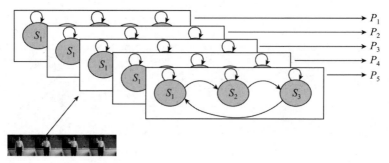

图 5.8 使用 HMM 的手势识别。将从视频序列中提取的特征作为观察值，反馈给每个 HMM，每种手势各一个，并由此得到每个模型的概率。概率最大的模型定义了手势的识别

5.5 补充阅读

文献[4]对马尔可夫链做了全面的介绍。Rabiner[7]对 HMM 及其在语音识别中的应用做了很好的介绍；[8]提供了语音识别的更普遍概述。文献[2]回顾了 HMM 在手势识别中的一些扩展。[5]分析了搜索引擎和 PageRank 算法。[10]和[1]介绍了 HMM 在手势识别中的应用。[3]中提供了 HMM 的开源软件。

5.6　练习

1. 对于马尔可夫链天气模型：①确定状态序列的概率：阴天、下雨、晴天、晴天、晴天、阴天、下雨、下雨；②连续四天下雨的概率是多少？③预计持续下雨多少天？

2. 给定以下观察序列，估计天气 MC 的参数(s=晴天，c=阴天，r=下雨)：

c,c,r,c,r,c,s,s

s,c,r,r,r,s,c,c

s,s,s,c,r,r,r,c

r,r,c,r,c,s,s,s

3. 已知马尔可夫链的转移矩阵：$A = \begin{matrix} 0.9 & 0.075 & 0.025 \\ 0.15 & 0.8 & 0.05 \\ 0.25 & 0.25 & 0.5 \end{matrix}$，求每个状态的收敛概率。

4. 对于图 5.6 的网页示例，确定收敛条件是否满足，如果满足，呈现给用户的 3 个网页顺序是什么。

5. 标准 HMM 的 3 个基本假设是什么？用数学来表达。

6. 设想不均的硬币例子。给定表 5.5 中的参数，求以下观察序列的概率：HHTT 使用①直接法，②正向算法。

7. 对于问题 6，这两种方法的运算数量分别是多少？

8. 对于问题 6，使用维特比算法求得最可能的状态序列。

9. 设想我们将天气模型扩展到具有 3 个隐藏状态的 HMM(q_1=晴天，q_2=阴天，q_3=下雨)和 3 个观察值，其对应于一天中登记雨量的量(以毫米计)：o_1=0，o_2=5，o_3=10。

0,0,5,10,5,0,5,10

5,10,10,10,5,0,0,0

10,5,5,0,0,10,5,10

0,5,10,5,0,0,5,10

估计 HMM 的参数。

10. 基于上一个问题的 HMM 参数，给出如下观察值：0,10,5,10，利用维特比算法，求得最可能的状态序列。

11. 我们希望将天气示例建模为 GHMM，给每个状态设计一个高斯模型。给定 GHMM 的以下参数：$\Pi = 0.2, 0.5, 0.3$；$A = \begin{matrix} 0.7 & 0.2 & 0.1 \\ 0.2 & 0.6 & 0.2 \\ 0.3 & 0.2 & 0.5 \end{matrix}$；$b(q_1) = 2, 0.5, b(q_2) = 5, 1, b(q_3) = 10, 0.5$。

其中 $b(q_i)=\mu, \sigma^2$ 表示每个状态高斯分布的均值和方差。求以下观察的概率：5.7、1.1、3.5、9.9。

12. 假设有两个 HMM 代表两个音素：ph1 和 ph2。每个模型有两个状态和两个观察值，参数如下。

模型 1：$\varPi = [0.5, 0.5]$，$A = [0.5, 0.5 \mid 0.5, 0.5]$，$B = [0.8, 0.2 \mid 0.2, 0.8]$

模型 2：$\varPi = [0.5, 0.5]$，$A = [0.5, 0.5 \mid 0.5, 0.5]$，$B = [0.2, 0.8 \mid 0.8, 0.2]$

已知以下观察序列："o_1, o_1, o_2, o_2"，哪个是最可能的音位？

13. 我们想开发一个头部手势识别系统，且有一个视觉系统，可以检测头部的以下运动：向上、向下、向左、向右、稳定。视觉系统每秒为每种运动类型提供一个数字(1~5)，这是手势识别系统的输入(观察)。手势识别系统应该识别四类头部手势：肯定动作、否定动作、右转、左转。①指定适合此识别问题的模型，包括结构和所需参数；②指出哪些算法适用于模型参数的学习和识别。

14. ***开发一个程序来解决前面的问题。

15. ***HMM 的一个公开问题是为每个模型建立最佳状态数。提出一种搜索策略，用于确定每个模型的最佳状态数，以最大限度地提高识别率。假设数据集(每个类别的示例)被划分为三组：①训练——估计模型的参数；②验证——比较不同的模型；③测试——用于测试最终模型。

第 6 章　马尔可夫随机场

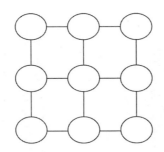

6.1　引言

某些处理，例如磁场中的铁磁性材料或图像，可以建模为链或规则网格中的一系列状态。每个状态可以取不同的值，并受其相邻状态概率的影响。这些模型被称为马尔可夫随机场(MRF)。

MRF 起源于建模铁磁材料的伊辛模型[2]。在伊辛模型中，一条线上有一系列随机变量；每个随机变量代表一个偶极子，该偶极子可能处于两种状态，正(+)或负(-)。每个偶极子的状态取决于外场和线上相邻偶极子的状态。图 6.1 给出有 4 个变量的简单示例。MRF 的分配值是对模型中每个变量的特定赋值，对于图 6.1 中的模型，有 16 种可能的配置：

$$++++, +++-, ++-+, ..., ----。$$

MRF 表示为无向图模型，如前一个示例所示。MRF 的一个重要性质是，给定图中的邻域，一个变量的状态独立于模型中的其他所有变量。例如，在图 6.1 的例子中，给定 q_2，q_1 独立于 q_3 和 q_4，即 $P(q_1 \mid q_2, q_3, q_4) = P(q_1 \mid q_2)$。

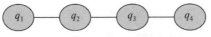

图 6.1　有 4 个变量的 MRF 模型示例

MRF 的核心问题是寻找最大概率的配置。通常，外部因素(如伊辛模型中的磁场)和内部因素共同影响配置的概率。一般而言，配置的后验概率取决于先验知识或背景，以及数据或似然性。

通过物理类比，可将 MRF 视为一系列磁极中的环，其中每个环代表一个随机变量，磁极中环的高度对应于它的状态。如图 6.2 所示，环排列成一条直线。将每个环都用弹簧连接到其相邻的环上，这与内部因素相对应；同时用另一个弹簧连接在杆的底座上，代表外部因素。弹簧常数之间的关系决定内部和外部因素之间的相对权重。若环是松散的，将稳定至能量最低的配置，这对应于 MRF 中概率最大的配置。

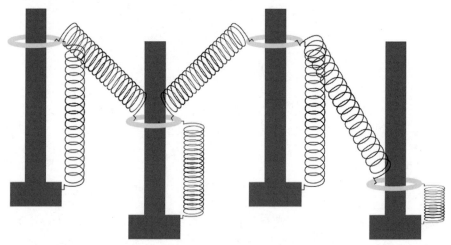

图 6.2　MRF 的物理类比。这些环将趋向于最小能量的配置，这由将它们连接到基部
(外部因素)及其邻近区域(内部因素)的弹簧所决定

对于马尔可夫随机场，也称为马尔可夫网络，我们将在下一节中正式给出定义。

6.2　马尔可夫随机场简介

随机场(RF)是 S 个随机变量的集合，$F=F_1, \ldots, F_s$，可按站点进行索引。随机变量可以是离散的，也可以是连续的。在离散 RF 中，随机变量可以从 m 个可能值或标签 $L=\{l_1, l_2, \ldots, l_m\}$ 中取一个值 l_i。在连续 RF 中，随机变量 con 从实数 R 或其间隔中取值。

马尔可夫随机场或马尔可夫网络(MN)是一个满足局部性的随机场，也称为马尔可夫性：一个变量 F_i 独立于其已知邻域 $Nei(F_i)$ 的其他所有变量。

$$P(F_i | F_c) = P(F_i | Nei(F_i)) \tag{6.1}$$

其中 F_c 是场中除 F_i 以外所有随机变量的集合。

在图表形式上，MRF 是一个无向图模型，由一组随机变量 V 和一组无向边 E 组成。它们形成了一个无向图，根据以下标准表示随机变量之间的独立关系。若 B 中的变量将图中的 A 和 C 分开，则变量 A 的子集独立于变量 C 的子集。也就是说，若从图中删除 B 中的节点，那么 A 和 C 之间就没有迹。

图 6.3 描述了一个具有 5 个变量 q_1, …, q_5 的 MRF 示例。例如，在本例中，给定 $q_2, q_5(B)$ 时，$q_1, q_4(A)$ 独立于 $q_3(C)$。

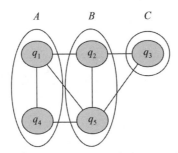

图 6.3　MRF 示例：给定 $q_2, q_5(B)$ 时，$q_1, q_4(A)$ 独立于 $q_3(C)$

MRF 联合概率可以表示为模型中变量子集上局部函数的乘积。这些子集应至少包括网络中的所有团。对于图 6.3 的 MRF，联合概率分布可以表示为：

$$P(q_1, q_2, q_3, q_4, q_5) = (1/k)P(q_1, q_4, q_5)P(q_1, q_2, q_5)P(q_2, q_3, q_5) \tag{6.2}$$

其中 k 是标准化常数。为方便使用，联合概率计算也可考虑变量的其他子集。如果还包括大小为 2 的子集，那么前面示例的联合分布可以写成：

$$\begin{aligned} P(q_1, q_2, q_3, q_4, q_5) = (1/k)P(q_1, q_4, q_5)P(q_1, q_2, q_5)P(q_2, q_3, q_5) \\ P(q_1, q_2)P(q_1, q_4), P(q_1, q_5)P(q_2, q_3)P(q_2, q_5)P(q_3, q_5)P(q_4, q_5) \end{aligned} \tag{6.3}$$

形式上，MRF 是由 V 索引的一组随机变量 $X = X_1, X_2, …, X_n$，使得 $G = (V, E)$ 是一个无向图，满足马尔可夫属性；变量 X_i 独立于与其相邻的其他所有变量，$Nei(X_i)$：

$$P(X_i \mid X_1, …, X_{i-1}, X_{i+1}, …, X_n) = P(X_i \mid Nei(X_i)) \tag{6.4}$$

一个变量的邻域即图中与它直接相关的所有变量。

在某些条件下(若概率分布严格意义上是正的)，MRF 的联合概率分布可以在图的团上分解：

$$P(X) = (1/k) \prod_{C \in \ Cliques \ (G)} \phi_C(X_C) \tag{6.5}$$

其中 k 是归一化常数，ϕ_C 是对应团 C 中变量的局部函数。

MRF 可分为规则型和不规则型。当随机变量处于一个格中时，它被视为是规则的。例如，它们可以表示图像中的像素；反之，则是不规则的。接下来将重点讨论正则马尔可夫随机场。

正则马尔可夫随机场

正则 MRF 的相邻系统定义为：

$$V = \left\{ Nei(F_i) \mid \forall_i \in F_i \right\} \tag{6.6}$$

V 满足以下性质：

(1) 场不与其相邻。

(2) 邻域关系是对称的，即若 $F_j \in Nei(F_i)$，则 $F_i \in Nei(F_j)$。

通常将 MRF 处理为规则网格。图 6.4 中对 2D 网格进行了描绘。对于规则网格，i 阶的邻域定义为：

$$Nei_i(F_i) = \left\{ F_j \in F \mid dist(F_i, F_j) \leqslant r \right\} \tag{6.7}$$

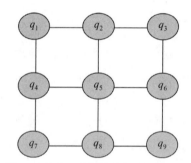

图 6.4　具有一阶邻域的规则二维 MRF

其中 $dist(x, y)$ 是 x 和 y 之间的欧氏距离，将单位距离视为网格中站点之间的垂直和水平距离。为每个阶确定半径 r。例如，对于一阶 $r=1$，每个内部站点有 4 个邻域；第二阶 $r=\sqrt{2}$，每个内部站点有 8 个邻域；第三阶 $r=2$，每个内部站点有 12 个邻域；以此类推。图 6.4 给出一阶邻域的定义和示例，图 6.5 表示二阶邻域。

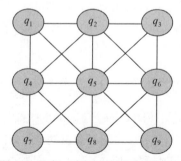

图 6.5　具有二阶邻域的规则二维 MRF

一旦基于邻域阶指定 MRF 的结构，就必须定义其参数。一组局部函数确定正则 MRF 的参数。这些函数对应于图中完全连通变量子集的联合概率分布。该图足以包括所有的团，但也包括其他完全连通的子集。例如，在一阶 MRF 的情况下，有两个变量的子集；对于二阶 MRF，有 2、3 和 4 个变量的子集。一般来说，整个场的联合概率分布可表示为不同变量子集的局部函数的乘积，如下所示：

$$P(F) = (1/k)\prod_i f(X_i) \tag{6.8}$$

其中 $f(X_i)$ 是变量子集 X_i 的局部函数，k 是一个归一化常数。我们可以把这些局部函数看作有利于某些配置的约束。例如，在伊辛模型的情况下，若我们考虑两个相邻变量 X、Y 且 $X = Y$，则局部函数将优先于(更高概率)配置；若 $X \neq Y$，则局部函数不优先于(低概率)配置。这些局部函数可以根据应用领域而主观定义，也可以从数据中学习。

6.3 吉布斯随机场

根据 Hammersley-Clifford 定理[4]，在给定与吉布斯随机场(GRM)同等的条件下，MRF 的联合概率可以用更简便的方式表示。考虑到这种等价性，我们可以将式 6.8 改写为：

$$P(F) = (1/z)\exp(-U_F) \tag{6.9}$$

其中 U_F 被称为能量，与物理能量相似。所以最大化 $P(F)$ 等于最小化 U_F。能量函数也可以用局部函数来表示，但由于这是一个指数，所以它是这些函数的和(而不是乘积)：

$$U_F = \sum_i U_i(X_i) \tag{6.10}$$

考虑到 n 阶正则 MRF，能量函数可以表示为不同大小但完全连通变量子集的函数，1, 2, 3, …：

$$U_F = \sum_i U_1(F_i) + \sum_{i,j} U_2(F_i, F_j) + \sum_{i,j,k} U_3(F_i, F_j, f_k) + \cdots \tag{6.11}$$

其中 U_i 是大小为 i 的子集的局部能量函数，称为势函数。注意，势是概率的倒数，所以低势等于高概率。

在吉布斯等价的条件下，求 MRF 最大概率配置的问题将转化为求最小能量配置的问题。

总之，要确定 MRF，我们必须定义：

- 一组随机变量 F 及其可能值 L。
- 依赖结构，或在正则 MRF 的情况下的邻域方案。
- 完全连接节点的每个子集的势(至少是团)。

6.4　推理

如前所述，MRF 更多应用于寻找最可能的配置，也就是使联合概率最大化的每个变量的值。给定吉布斯等同条件，这等同于最小化能量函数，表示为局部函数的和。

MRF 的所有可能配置的集合通常非常大，因为它随 F 中变量的数量呈指数增长。对于具有 m 个可能标签的离散情况，可能配置的数目是 m^N，其中 N 是场中变量的数目。如果我们考虑一个代表 100×100 像素(一个小图像)的二进制图像的 MRF，那么配置的数量将是 2^{10000}！因此，除非是处于场非常小的情况下，否则是不可能计算每个配置的能量(势)的。

寻找最可能的配置通常属于随机搜索问题。从 MRF 中每个变量的初始随机分配开始，通过局部操作改进这种配置，直到能量配置达到最小值。一般来说，最小值是能量函数中的局部最小值，但很难保证全局最优。

算法 6.1 概述了寻找最小能量配置的一般随机搜索过程。用一个随机值初始化所有变量后，将每个变量转化为一个替代值，并估计其新能量。若新能量低于上一个能量，则该值发生变化；否则，值也可能有一定概率发生变化——这是为了避免局部极小值。随机函数生成一个伪随机数(具有均匀分布)，将该伪随机数乘以能量差，并与阈值进行比较，以确定值是否改变。根据定义阈值的方法，该算法有不同的变体，如下所述。此过程将重复多次迭代(或直至收敛)。

根据不同方面的变化，这种通用算法有几种变体。其中一种是最优配置的定义方式，主要有两种选择：MAP 和 MPM。在最大后验概率(MAP)中，以最优配置作为该MRF 的迭代过程的结果。在最大后验边缘(MPM)的情况下，所有迭代中每个变量的最频繁值将作为最优配置。

算法 6.1　随机搜索算法

要求: MRF, F; 能量函数, U_F; 迭代次数, N; 变量数, S; 概率阈值, T;

  for $i = 1$ **to** S **do**

    $F(i) = l_k$ (Initialization)

  end for

  for $i = 1$ **to** N **do**

   for $j = 1$ **to** S **do**

    $t = l_k+1$ (An alternative value for variable F(i))

    if $U(t) < U(F(i))$ **then**

      $F(i) = t$ (Change value of F(i) if the energy is lower)

(续表)

---

else

　　if *random*× | U(t) − U(F(i)) |< T **then**

　　　　F(i) = t (With certain probability change F(i) if the energy is higher)

　　end if

　end if

end for

end for

return F* (Return final configuration)

优化过程主要有以下三种变化。

迭代条件模式(ICM)：总是选择最小能量的配置。

Metropolis 算法：以固定的概率 P，选择一个能量更高的配置。

模拟退火(SA)：用一个可变概率 $P(T)$，选择一个能量更高的配置，其中 T 是一个称为温度的参数。根据以下表达式，可以确定选择具有更高能量值的概率：$P(T) = e^{-\delta U/T}$；其中 δU 是能量差。该算法从 T 的一个高值开始，并且随着每次迭代而减小。这使得一开始进入高能态的概率很高，然后在结束时趋于 0。

ICM 提供了最有效的方法，同时可以运用在优化景观是凸面的还是相对"简单"的问题中。SA 是应对局部最小值最稳健的方法，但往往计算成本最高。Metropolis 将提供介于 ICM 和 SA 之间的选择。选择使用哪种变体取决于应用，特别是模型的大小、景观的复杂性和效率等因素。

6.5　参数估计

马尔可夫随机场的定义包括以下几个方面：

- 邻域系统中正则 MRF 的模型结构。
- 图中每个完全集的局部概率分布函数的形式。
- 局部函数的参数。

在某些应用中，以上几方面内容可以由主观定义；然而，这是件困难的事。选择不同的结构、分布和参数会对应用于具体问题的模型的结果产生重大影响。因此，需要从数据中学习模型，可能具有多个复杂级别。最简单同时也非常重要的情况是，当我们知道结构和函数形式时，只需要根据给定 MRF 的纯实现(f)估计参数。若数据是有噪声的，情况会变得更复杂，这会使我们学习概率分布的函数形式和邻域系统的阶数变得更困难。接下来将介绍基本情况，从数据中学习 MRF 的参数。

带标记数据的参数估计

假设数据没有噪声，可以根据数据 f 估计 MRF 的 F 参数集 θ。给定 f，最大似然 (ML)估计器将给定参数 $P(f|\theta)$ 的数据概率最大化。因此，最佳参数为：

$$\theta^* = ArgMax_\theta P(f|\theta) \tag{6.12}$$

当参数的先验分布 $P(\theta)$ 已知时，我们可以应用贝叶斯方法并最大化后验密度，从而获得 MAP 估计器：

$$\theta^* = ArgMax_\theta P(\theta|f) \tag{6.13}$$

其中：

$$P(\theta|f) \sim P(\theta)P(f|\theta) \tag{6.14}$$

在 MRF 进行最大似然估计时，主要困难是需要估计吉布斯分布中的归一化配分函数 Z，因为它涉及所有可能配置的总和。请记住，似然函数由下式给出：

$$P(f|\theta) = (1/Z)\exp(-U(f|\theta)) \tag{6.15}$$

其中配分函数为：

$$Z = \sum_{f \in F} \exp(-U(f|\theta)) \tag{6.16}$$

因此，即使是中等级别的 MRF，计算 Z 也很困难。所以我们需要使用近似法来有效地解决这个问题。

现有一种可行的近似法，给出邻域 N_i，基于场中每个变量的条件概率 f_i: $P(f_i|f_{N_i})$，且假设它们是独立的，则可得到所谓的伪似然[1]。那么能量函数可以写成：

$$U(f) = \sum_i U_i(f_i, f_{N_i}) \tag{6.17}$$

假设一阶正则 MRF，只考虑单个和成对的节点，因此：

$$U_i(f_i, f(N_i)) = V_1(f_i) + \sum_{f_j \in f(N_i)} V_2(f_i, f_j) \tag{6.18}$$

式中，V_1 和 V_2 分别为单电位和电位对；f_j 是 f_i 的邻域。

伪似然(PL)定义为条件似然的简单乘积：

$$PL(f) = \prod_i P(f_i|f_{N_i}) = \prod_i \frac{[\exp(-U_i(f_i, f_{N_i}))]}{[\sum_{f_i} \exp(-U_i(f_i, f_{N_i}))]} \tag{6.19}$$

假设 f_i 和 f_{N_i} 不是独立的，那么 PL 不是真正的似然性；然而，已经证明的是，在大格(large lattice)极限下它以概率 1 收敛于真值[3]。

利用 PL 近似法，并假设局部函数的特定结构和形式，就可根据数据估计 MRF 模型的参数。

假设一个离散的 MRF 并列举几个示例，我们可用直方图技术来估计参数。假设数据集中有 N 组大小为 k 的不同实例，并且有一个出现 H 次的特定配置(f_i, f_{N_i})，则该配置的概率估计为 $P(f_i, f_{N_i}) = H/N$。注意，势能与概率成反比，所以我们选择更简单的方法，使它们成反比：$U(f_i, f_{Ni}) = 1/P(f_i, f_{N_i})$。

6.6　条件随机场

MRF 和 HMM 有一个限制：通常假设给定每个状态变量，观察值是独立的。例如，在隐马尔可夫模型中，给定 S_t，在一定条件下，一个观察点 O_t 独立于其他所有观察点和状态。在传统 MRF 中，还要假设每个观察值仅依赖于一个变量，并且相对独立于场中的其他变量(参见第 6.7 节)。在一些应用中，这些独立性假设并不适用，例如，在自然语言的句子中标记单词，其中观察结果(单词)之间可能存在长期依赖关系。

HMM 和传统 MRF 是生成模型。基于独立性假设，将联合概率分布表示为局部函数的乘积。若去掉这些条件独立性假设，将难以对模型进行处理。有一种不需要这些假设的替代方法[10,11]，即条件随机场(CRF)。

生成模型试图对输入和输出的联合概率分布 $P(Y, X)$ 建模。虽然这种方法有一定的优点，但也有很大的局限性。不仅 X 的维数可能非常大，而且特征可能具有复杂的依赖关系。对输入之间的依赖关系进行建模可能导致模型难以处理，但忽略它们又可能导致性能降低。判别法可有效解决这个问题，它直接对条件分布 $P(Y|X)$ 建模，这是分类所需的全部要素。

条件随机场是一个无向图模型，以 X 作为全局条件，随机变量表示观察值[8]。条件模型通过选择使条件概率 $P(Y|X)$ 最大化的标签序列 Y 来标记观察序列 X。这种模型的条件性意味着在对观察数据进行建模时不会浪费任何精力，而且不必做出不必要的独立假设。CRF 最简单的结构是与 Y 元素对应的节点形成一个简单的一阶链，如图 6.6 所示。

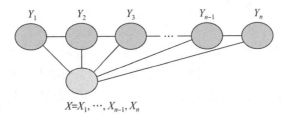

图 6.6　链式结构条件随机场的图示

与 MRF 类似，在一组势函数上分解联合分布，在一组随机变量上定义其中的每个势函数，这些随机变量的对应节点将形成 G 的最大团，G 是 CRF 的图结构。对于链式结构的 CRF，每个势函数将被指定给成对的标签变量 Y_i 和 Y_{i+1}。

势函数可以用特征函数来定义[8]，特征函数以一些实质的特征作为基础，这些特征表示训练数据经验分布。例如，特征可以表示文本序列中单词的存在(1)或不存在(0)；或者图像中某个元素(边际、纹理)是否存在。对于一阶模型(如链)，势函数根据整个观察序列的特征函数 X 和一对连续的标签 Y_{i-1}, Y_i：$U(Y_{i-1}, Y_i, X, f)$ 来定义。

考虑到一阶链，能量函数可定义为单变量和成对变量的势函数，类似于 MRF：

$$E = \sum_j \lambda_j t_j (Y_{i-1}, Y_i, X, f) + \sum_k \mu_k g_k (Y_i, X, f) \tag{6.20}$$

式中，λ_j 和 μ_k 是分别衡量变量对(内部因素)和单个变量(外部因素)贡献的参数；这些可以通过训练数据来估计。与 MRF 的主要区别在于，这些势取决于整个观察序列。参数估计和推理的实现方式与 MRF 类似。

6.7　应用

马尔可夫随机场已应用于图像处理和计算机视觉领域的若干任务中。例如，MRF 可用于图像平滑化、图像恢复、分割、图像配准、纹理合成、超分辨率、立体匹配、图像标注和信息检索。我们将介绍两个应用：图像平滑化和改进图像标注。

6.7.1　图像平滑化

高频噪声通常会破坏数字图像。为降低噪声，可对图像进行平滑处理。为此，有几种选择，其一是使用 MRF。

我们可以定义一个与数字图像相关的 MRF，其中每个像素对应于一个随机变量。考虑一阶 MRF，每个内变量与其 4 个邻域相连。此外，每个变量还连接到具有图像相应像素值的观察变量，如图 6.7。

一旦定义了 MRF 结构，就需要确定局部势函数。一般来说，自然图像具有一定的连续性，即相邻像素往往具有相似的值。因此，我们可提出一个限制条件，通过压缩相邻像素使其具有不同值的(更高能量)配置，从而强制使相邻像素具有相似的值。同时，期望得到的结果是，MRF 中的每个变量的值与原始图像中的值相似。因此，我们还要处理一些配置，其中变量与其对应的观察值不同。因此，解决方案将是这两种限制条件之间的折中，即与邻域的相似性和与观察值的相似性。

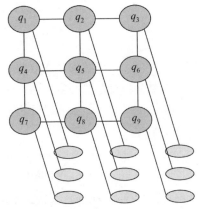

图 6.7　MRF 与图像相关联的示例。上半部分描述了 3×3 图像的一阶 2D MRF。
下半部分表示图像像素，每个像素连接到场中的相应变量

这种情况下，可以用两种势的和表示能量函数：一种与邻域对 $U_c(f_i, f_j)$ 有关，另一种与每个变量及其相应的观察值 $U_o(f_i, g_i)$ 有关。因此，能量将是这两种势的总和：

$$U_F = \sum_{i,j} U_c(f_i, f_j) + \lambda \sum_i U_o(f_i, g_i) \tag{6.21}$$

其中参数 λ 决定哪个方面的值更重要，是观察值($\lambda > 1$)还是相邻值($\lambda < 1$)；g_i 是与 f_i 相关的观察变量。

根据每种类型势的期望行为，可以定义这些行为来处理与相邻电位或观察值的差异。因此，一个合理的函数是二次差。该势能是：

$$U_c(f_i, f_j) = (f_i - f_j)^2 \tag{6.22}$$

观察势为：

$$U_o(f_i, g_i) = (f_i - g_i)^2 \tag{6.23}$$

将这些势函数应用于随机优化算法，得到的平滑图像作为 F 的最终配置。图 6.8 表示平滑 MRF 在 λ 值不同的数字图像中的应用。

(a) 原始图像　　　　　　(b) 处理后的图像，$\lambda=1$　　　(c) 处理后的图像，$\lambda=0.5$。可以观察到，较小的λ值产生更平滑的图像

图 6.8　用 MRF 进行图像平滑化的图示

6.7.2 改进图像标注

根据图像或图像片段的局部特征,自动图像标注自动为其指定标注或标签。图像标注通常由自动化系统执行;这是一项复杂的任务,因为很难提取足够的特征来体现相关对象与其他具有相似视觉特性的对象的差别。错误的区域标记是由于底层特征缺乏良好的特征描述而导致的常见后果。

在标注分割后的图像时,可加入额外信息来改进图像中每个区域的标注。图像中每个区域的标签通常是不独立的;例如,在丛林动物图像中,我们期望在动物上方找到天空区域,在动物下方或附近找到树木或植物。因此,图像中不同区域之间的空间关系有助于改进标注[5]。

可用马尔可夫随机场来表示图像中各区域之间的空间关系,这样可用每对标签之间出现某种空间关系的概率来获得每个区域的最可能标签,即整个图像标签的最可能配置。因此,使用 MRF,可将每个区域中视觉特征所提供的信息(外部电位)与图像中其他区域空间关系所提供的信息(内部电位)结合起来。通过在势函数中将二者结合并应用优化过程,可获得最优描述图像的标签配置。如图 6.9 所示。

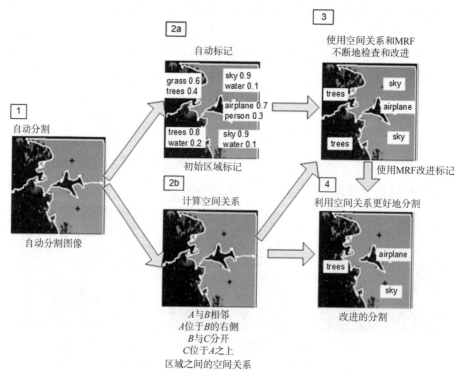

图 6.9 通过结合空间关系与 MRF 来改进图像标记

大致程序如下。

(1) 图像自动分割(使用标准化切割)。

(2) 使用分类器得出片段的视觉特征，根据这些特征，为片段分配一个标签列表及相应的概率。

(3) 同时，计算同一区域的空间关系。

(4) 采用 MRF 算法，结合原标签和空间关系，采用模拟退火算法使区域生成新的标记。

(5) 将具有相同标签的相邻区域连接在一起。

最小化的能量函数将分类器提供的信息(标签概率)与空间关系(关系概率)结合起来。在这个研究中，空间关系分为三类：拓扑关系、水平关系和垂直关系。因此，能量函数包含四项，每种空间关系占一项，初始标签占一项。所以能量函数是：

$$U_p(f) = \alpha_1 V_T(f) + \alpha_2 V_H(f) + \alpha_3 V_V(f) + \lambda \sum_o V_o(f) \tag{6.24}$$

其中 V_T 是表示拓扑关系的势，V_H 表示水平关系，V_V 表示垂直关系；α_1、α_2、α_3 是赋予每种关系更多或更少权重的对应常数。V_o 是由 λ 常数加权后的分类(标签)电位。可从一组标记的训练图像中估计这些势。类 A 和类 B 两个区域之间存在某种空间关系的可能性与训练集中出现这种关系的概率(频率)成反比。

与图像的初始标记相比，该应用方法有显著的改进[6]。某些情况下，通过使用这组新标签提供的信息，还可改进初始图像的分割，如图 6.10 所示。

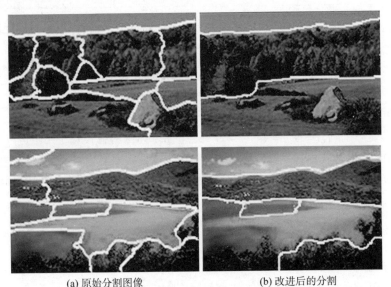

(a) 原始分割图像   (b) 改进后的分割

图 6.10 改进图像分割的示例，方式是将具有相同标签的相邻区域连接起来

6.8　补充阅读

文献[7]介绍了马尔可夫随机场及其应用。文献[9]全面介绍用于图像处理的 MRF。文献[10,11]全面介绍条件马尔可夫随机场。

6.9　练习

1. 考虑图 6.3 中的 MRF。(a)确定图中的团，(b)将联合概率表示为团势的乘积，(c)假设所有变量都是二进制的，定义此模型所需的参数。

2. 给定图 6.3 中的 MRF 的以下数据，所有变量都是二进制的(表中给出了每个变量值的个数)：

变量	值 0	值 1
$q1$	25	75
$q2$	50	50
$q3$	10	90
$q4$	80	20
$q5$	60	40

简单假设每个团中的变量是独立的(虽然这绝对是不正确的)，来估计图中每个团的联合概率，然后估计 MRF 的联合概率。

3. 假定图 6.4 中的一阶 MRF，确定每个变量的最小马尔可夫毯。变量的马尔可夫毯 q_i 是一组使其与图中其他变量相独立的变量。

4. 对图 6.5 中的二阶 MRF，重复上述问题。

5. 假定一个具有一阶邻域的 4×4 个站点的常规 MRF，假设每个站点可以取 0 和 1 两个值中的一个。在图像平滑应用中，我们以 $\lambda=4$ 使用平滑势，赋予观察结果更多的权重。给定初始配置 F 和观察值 G，使用随机模拟算法的 ICM 变量获得 MAP 配置。

$$
F:\begin{array}{cccc} 0 & 0 & 0 & 0 \\ 0 & 0 & 0 & 0 \\ 0 & 0 & 0 & 0 \\ 0 & 0 & 0 & 0 \end{array} \qquad G:\begin{array}{cccc} 0 & 0 & 0 & 0 \\ 0 & 1 & 1 & 0 \\ 0 & 1 & 0 & 0 \\ 0 & 0 & 1 & 0 \end{array}
$$

6. 使用 Metropolis 版本的随机模拟算法回顾前面的问题，其中 $P = 0.5$。提示：你可以投币来决定是否保持更高的能量配置。

7. 用模拟退火法回顾问题 5，以 $T = 10$ 作为初始值，每次迭代减少 50%。

8. 用 MPM 代替 MAP，解决前三个问题。

9. 假定二值图像数据，从而得到以下关于相邻像素的统计信息：0-0, 45%; 0-1, 5%; 1-0, 5%; 1-1, 45%。基于这些值，估计平滑 MRF 的内部势。

10. 图像中的一个边际是相邻像素的值发生突变的区域(若将图像看成二维函数，则为一阶导数的高值)。确定一阶 MRF 的势，强调图像中的边际，考虑到每个位置都是二值的，其中 1 表示边际，0 表示非边际。观察对象是一个灰度图像，其中每个像素从 0 到 255 不等。

11. 对于不同的变体，随机模拟算法的时间复杂度是多少？

12. 假设我们要把一系列单词(句子) $y_1, y_2, ..., y_n$ 建模为线性 CRF，以确定每个单词(名词、动词……)的词性。给定每个句子的观察向量 X：①确定此模型所需的参数；②给定一个观察向量，假设一个固定长度，你将如何估计每个可能句子的概率？

13. ***使用一阶正则 MRF 进行图像平滑算法。改变参数 λ，观察其对图像处理的影响。对于二阶 MRF，重复上述步骤。

14. ***使用 MRF 生成超分辨率图像完成一个程序。例如，生成一个尺寸是原始图像($n \times m$)两倍的图像($2n \times 2m$)。

15. ***使用深度卷积神经网络来标记图像中的不同对象(区域)，然后根据第 6.7.2 节描述的空间关系实现 MRF，以改进原始标签。

第7章 贝叶斯网络:表征与推理

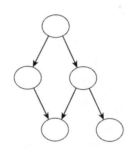

7.1 引言

与马尔可夫网络(即无向图模型)不同,贝叶斯网络是表示一组随机变量联合分布的有向图模型。我们在前几章中介绍的一些技术,如贝叶斯分类器和隐马尔可夫模型,都是贝叶斯网络的特例。考虑到贝叶斯网络的重要性和近年来对这一主题的大量研究,我们将用两章的篇幅对其进行介绍。本章将涵盖表征方面的内容和推理技术。下一章将讨论学习方面的内容;尤其是结构和参数学习。

图 7.1 展示了一个假设的医学贝叶斯网络的例子。在这个图中,节点表示随机变量,弧表示变量之间的直接依赖关系。图的结构对变量之间的一组条件独立关系进行编码。

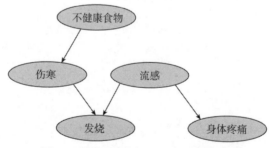

图 7.1 医学贝叶斯网络的简单假设示例

例如,可从示例中推理出以下条件独立性:

- 给定流感，发烧与身体疼痛相互独立(常见原因)。
- 给定伤寒，发烧与不健康的食物相互独立(间接原因)。
- 当发烧未知时，伤寒与流感相互独立(共同作用)。已知发烧会使伤寒和流感产生依赖性——例如，如果我们知道有人患有伤寒并发烧，这会降低这些人患流感的可能性。

除了结构之外，贝叶斯网络还将考虑一组局部参数；给定父类变量，这些参数是图中每个变量的条件概率。例如，给定流感和伤寒，发烧的条件概率为 P(发烧 | 伤寒，流感)。因此，可以根据这些局部参数来表示网络中所有变量的联合概率，这通常将大幅减少所需的参数数量。

给定一个贝叶斯网络(结构和参数)，我们可以回答几个概率问题。例如上一个例子中的问题：患流感发烧的概率是多少？给定发烧和不健康的食物，伤寒和流感哪个可能性最大？

在下一节中，我们将形式化贝叶斯网络的表征，然后介绍几种算法来处理不同类型的概率问题。

7.2　表征

贝叶斯网络(BN)将 n 个(离散)变量 X_1, X_2, ..., X_n 的联合分布表示为有向无环图(DAG)和一组条件概率表(CPT)。每个与变量对应的节点都有一个关联的 CPT，该 CPT 包含已知图中父项的每个变量状态的概率。网络的结构暗示着一组条件独立性断言，并使得这种表征合理存在。

图 7.2 展示了一个简单 BN 的示例。该图的结构表示这组变量的一组条件独立断言。例如，给定 T，R 条件独立于 C、G、F、D，即：

$$P(R \mid C, T, G, F, D) = P(R \mid T) \tag{7.1}$$

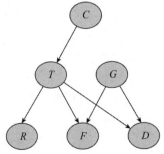

图 7.2　贝叶斯网络。节点表示随机变量，弧表示直接依赖关系

7.2.1　结构

BN 结构所指的条件独立性断言对应于联合概率分布的条件独立关系，反之亦然。它们通常用以下符号表示。

已知 Y，若 X 条件上独立于 Z。

- 在概率分布中：$P(X \mid Y, Z) = P(X \mid Y)$ 或 $I(X, Y, Z)$。
- 在图中：$I<X \mid Y \mid Z>$。

直接在 BN 的结构中，可使用称为 D 分离的标准对条件独立性断言进行验证。在定义之前，我们将考虑 3 个变量和 2 个弧的 3 个基本 BN 结构。

- 连续性：$X \rightarrow Y \rightarrow Z$
- 发散性：$X \leftarrow Y \rightarrow Z$
- 收敛性：$X \rightarrow Y \leftarrow Z$

在前两种情况下，X 和 Z 在给定 Y 的条件下是独立的，但是在第三种情况下不成立。最后一种情况叫作解释，直观地对应两个原因，这两个原因有一个共同的结果；若知道结果和两个原因中的任一个，我们对另一个原因的信念会发生改变。这些情况可与图中的分离节点 Y 相关联。因此，根据不同情况，Y 既可以是连续的，也可以是发散的，还可以是收敛的。

1. D 分离

给定一个图 G，一组变量 A 在给定一个 C 集时条件独立于 B 集，若 G 中在 A 和 B 之间没有迹，则：

(1) 所有收敛节点都是或有 C 集后代。

(2) 所有其他节点都在 C 集之外。

例如，对于图 7.2 中的 BN，给定 T，R 独立于 C，但给定 F，T 和 G 不独立。

另一种验证 D 分离的方法是使用名为 Bayes-ball 的算法。考虑一个从节点 X 到 Z 的路径，其中 Y 位于中间(见图 7.3)；若 Y 已知(实例化的)，则对其着深色，否则对其着浅色。我们把一个球从 X 扔到 Z，给定 Y，若球到达 Z，那么 X 和 Z 就不是独立的，根据下面的规则：

(1) 若 Y 是连续的或发散的，并且阴

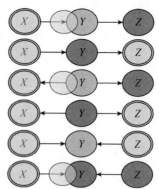

图 7.3　使用 Bayes-ball 程序进行的不同 D 分离图示。当球被 Y 挡住时，满足独立条件；当球越过 Y 时，不满足独立条件。Y 着浅色表示已知变量的值(实例化)

影浅，则球得以通过。

(2) 若 Y 是连续的或发散的，并且阴影深，则球将被阻挡。

(3) 若 Y 收敛且阴影浅，则球将被阻挡。

(4) 若 Y 收敛且阴影深，则球得以通过。

给定 Y，为了验证一个变量或变量的子集 X 是否独立于 Z，我们需要分析 X 和 Z 之间的所有路径。只有当所有路径都被阻塞且给定 Y 时，X 和 Z 才是有条件地独立的。

根据先前的 D 分离定义，任何节点 X 条件独立于 G 中所有节点，而 G 中的所有节点在给定其父节点 $Pa(X)$ 的情况下都不是 X 的后代。这就是众所周知的马尔可夫假设。BN 的结构可以由每个变量的父变量指定；因此，变量 X 的父集称为 X 的等值线。对于图 7.2 中的示例，其结构可以确定为：

(1) $Pa(C) = \varnothing$

(2) $Pa(T) = C$

(3) $Pa(G) = \varnothing$

(4) $Pa(R) = T$

(5) $Pa(F) = T,G$

(6) $Pa(D) = T,G$

给定此条件并使用链式法则，我们可将 BN 中变量集的联合概率分布确定为给定父变量的每个变量的条件概率的乘积：

$$P(X_1, X_2, \ldots, X_n) = \prod_{i=1}^{n} P(X_i \mid Pa(X_i)) \tag{7.2}$$

例如图 7.2 中的例子：

$$P(C,T,G,R,F,D) = P(C)P(G)P(T \mid C)P(R \mid T)P(F \mid T,G)P(D \mid T,G)$$

节点 X 的马尔可夫毯 $MB(X)$ 是一组使其独立于 G 中所有其他节点的节点，即 $P(X \mid G - X) = P(X \mid MB(X))$。对于 BN，$X$ 的马尔可夫毯是：

- X 的父集
- X 的子集
- X 子集的其他父集

例如，在图 7.2 的 BN 中，R 的马尔可夫毯是 T，T 的马尔可夫毯是 C,R,F,D,G。

2. 映射

已知 X 的概率分布 P 及其图示表征 G，P 与 G 中的条件独立性之间必然存在对应关系，这称为映射。映射有三种基本类型。

D-映射：P 中的所有条件独立关系 G 也满足于 G（通过 D 分离）。

I-映射：*G* 中所有的条件独立关系在 *P* 中都成立。

P-映射：又称为完美映射，是 *D*-映射和 *I*-映射的结合。

一般来说，图(*G*)和分布(*P*)[1]之间的独立关系并不总是存在完美映射，因此我们采用所谓的最小 *I*-映射：*G* 所隐含的所有条件独立关系在 *P* 中都是成立的，若 *G* 中删除了任一个弧，则该条件也就不再成立[16]。

3. 独立性公理

假定随机变量子集之间的一些条件独立关系，我们可以运用公理推导出其他条件独立关系，即不需要估计概率或独立度量。从其他条件独立关系推导新的条件独立关系有一些基本法则，称为独立公理。

对称：$I(X, Z, Y) \rightarrow I(Y, Z, X)$

分解：$I(X, Z, Y \cup W) \rightarrow I(X, Z, Y) \wedge I(X, Z, W)$

弱并：$I(X, Z, Y \cup W) \rightarrow I(X, Z \cup W, Y)$

收缩：$I(X, Z, Y) \wedge I(X, Z \cup Y, W) \rightarrow I(X, Z, Y \cup W)$

交集：$I(X, Z \cup W, Y) \wedge I(X, Z \cup Y, W) \rightarrow I(X, Z, Y \cup W)$

独立性公理应用的图解示例见图 7.4。

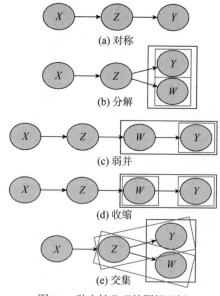

图 7.4　独立性公理的图解示例

7.2.2　参数

为了明确一个 BN，我们需要定义其参数。在 BN 的案例中，这些参数是图中每个已知父节点的节点的条件概率。让我们考虑离散变量。

- 根节点：边际概率向量。
- 其他节点：图中给定其父变量的条件概率表(CPT)。

图 7.5 呈现了图 7.2 中 BN 的一些 CPT。在连续变量的情况下，我们需要指定一个函数，该函数将每个变量的密度函数与其父节点密度相联(例如，卡尔曼滤波器考虑高斯分布变量和线性函数)。

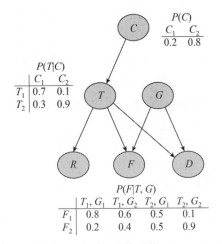

图 7.5　图 7.2 中的 BN 参数。它表示示例中一些变量的 CPT：$P(C)$、$P(T \mid C)$ 和 $P(F \mid T, G)$。本示例中的所有变量都假设为二进制

在离散变量的情况下，CPT 中的参数数量随着节点中父节点数量增加呈指数增长。但当父节点过多时，会导致问题出现。内存需求可能会变得非常大，而且要估计这么多参数也是件困难的事。针对这个问题，目前已有两种主要方法，一种基于规范模型，另一种基于 CPT 的图表征。接下来我们简要介绍这两种方法。

1. 规范模型

规范模型用少许参数来表示一组特定交互作用中随机变量之间的关系。当 BN 中随机变量的概率与其父变量的配置符合一定的规范关系时，就可以使用该模型。现在有几类规范模型，其中最常见的是二元变量的噪声 OR 和噪声 AND，以及它们对多值变量的扩展，分别是噪声 Max 和噪声 Min。

噪声 OR 基本上是 OR 关系在逻辑上的扩展。考虑一个 OR 逻辑门，若它的任何

输入都为真，则输出为真。噪声 OR 模型是基于逻辑 OR 概念；不同之处在于，即使一个或多个父变量为真，该变量也有一定(很小)的概率不为真。类似地，噪声 AND 模型与 AND 逻辑相关。只有当所有变量都是二进制时，这些模型才适用，然而对于多值变量还有扩展情况，在这些情况下将考虑每个变量的一组有序值。例如，考虑一个代表疾病的变量 D。在二进制规范模型的情况下，它有两个值，True(真)和 False(假)。对于多值模型，它可以定义为 $D \in$ {False, Mild, Intermediate, Severe}，使这些值遵循预定义的顺序。噪声 Max 和噪声 Min 模型分别推广了多值有序变量的噪声 OR 和噪声 AND 模型。

接下来，我们将详细介绍噪声 OR 模型，其他情况也可以用类似的方式进行定义。

2. 噪声 OR

当多个变量或任何一个原因为真时，就会产生影响，并且当更多原因为真时，这种影响的概率也会增加，这时可以应用噪声 OR 模型。例如，效应可以是某个症状或效应 E，而原因是许多可能产生该症状的疾病，$C_1, C_2, \ldots, C_n$，若没有出现任何一种疾病(全部为假)，就不会出现该症状；当出现任何一种疾病时(真)，则症状出现的概率很高，并且随着 C_i(即 True)的增加而增加。图 7.6 呈现了 BN 中噪声 OR 关系的图示。

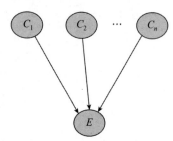

图 7.6　噪声 OR 结构的图示。n 个原因变量(C)是影响变量(E)的父变量

形式上，噪声 OR 规范模型必须满足以下两个条件。

责任：若所有可能的原因都是假的，那么结果也是假的。

例外独立性：若一种效果是多种原因的表现，那么在单一原因下抑制效果发生的机制将独立于在其他原因下抑制效果发生的机制。

在原因 C_i 下，效应 E 被抑制(不发生)的概率定义为：

$$q_i = P(E = \text{False} \mid C_i = \text{True}) \tag{7.3}$$

给出此定义和先前的条件，当所有原因 m 为真时，可使用以下表达式获得噪声 OR 模型 CPT 中的参数：

$$P(E = \text{False} \mid C_1 = \text{True}, \ldots, C_m = \text{True}) = \prod_{i=i}^{m} q_i \tag{7.4}$$

$$P(E = \text{True} \mid C_1 = \text{True}, \dots, C_m = \text{True}) = 1 - \prod_{i=i}^{m} q_i \qquad (7.5)$$

一般来说，若 m 个原因中有 k 个为真，那么 $P(E = \text{False} \mid C_1 = \text{True}, \dots, C_k = \text{True}) = \prod_{i=i}^{k} q_i$。因此，若所有原因都是假的，那么结果为假，概率为 1。因此，每个父变量只需要一个参数来构建 CPT，即抑制概率 q_i。这种情况下，独立参数的数量($q_1, q_2, \dots, q_n$)与父参数的数量呈线性增长，而不是指数增长。

考虑具有 3 个原因 C_1, C_2, C_3 的噪声 OR 模型作为例子，其中抑制概率 $q_1 = q_2 = q_3 = 0.1$ 是相同的。给定这些参数，我们可以得到效应变量的 CPT，如表 7.1 所示。

表 7.1　含三个双亲和参数 $q_1 = q_2 = q_3 = 0.1$ 的噪声 OR 变量的条件概率表

C_1	0	0	0	0	1	1	1	1
C_2	0	0	1	1	0	0	1	1
C_3	0	1	0	1	0	1	0	1
$P(E = 0)$	1	0.1	0.1	0.01	0.1	0.01	0.01	0.001
$P(E = 1)$	0	0.9	0.9	0.99	0.9	0.99	0.99	0.999

当一个变量有多个父变量时，规范模型可以大大减少参数的数量；一些推理技术也利用了这种紧凑表示。

3. 其他表征方法

虽然在某些情况下可使用规范模型，但该模型不能为 CPT 的紧凑表征提供通用解决方案。另一种表征方法是基于以下观察形成的：在许多领域的概率表中，相同的概率值往往在同一个表中多次重复。例如，CPT 中有许多条目 0 是很常见的。因此，不必多次表示这些重复的值，每个不同的值只需要表示一次。

决策树(DT)利用此条件来表征，因此它可以用紧凑的方式来表示 CPT。在 DT 中，每个内部节点对应 CPT 中的一个变量，节点内的分支对应变量取不同的值。树中的叶节点表示不同的概率值。从根到叶的迹指定了迹中相应变量值的概率值。在一个迹中若有一个变量被省略，便意味着 CPT 中该变量所有的值具有相同的概率。

例如，表 7.2 描述了 CPT 的 $P(X \mid A, B, C, D, E, F, G)$，在该例中所有变量都假设为二进制($F, T$)。图 7.7 呈现了表 7.2 中 CPT 的 DT。在本例中，内存节省的现象并不显著，但是对于大型表，内存空间需求可能会显著减少。

表 7.2　具有多个重复值的 $P(X \mid A, B, C, D, E, F, G)$ 的条件概率表。所有变量都是值为 T 或 F 的二进制变量

A	B	C	D	E	F	G	X
T	T/F	T/F	T/F	T/F	T/F	T/F	0.9
F	T	T/F	T	T/F	T	T	0.9
F	T	T/F	T	T/F	T	F	0.0
F	T	T/F	T	T/F	F	T/F	0.0
F	T	T	F	T	T/F	T	0.9
F	T	T	F	T	T/F	F	0.0
F	T	T	F	F	T/F	T/F	0.0
F	T	F	F	T/F	T/F	T/F	0.0
F	F	T	T/F	T	T/F	T	0.9
F	F	T	T/F	T	T/F	F	0.0
F	F	T	T/F	F	T/F	T/F	0.0
F	F	F	T/F	T/F	T/F	T/F	0.0

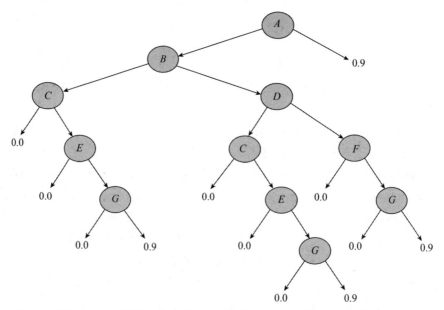

图 7.7　表示 CPT 的决策树。DT 表示表 7.2 所示的 CPT。在每个变量中(树中的节点)，左箭头对应 F 值，右箭头对应 T 值

决策图(DD)通过考虑有向无环图结构来扩展 DT，这使得它不受树的限制。这可

以避免叶节点中概率值的重复操作，并且某些情况下，可提供更紧凑的表示。图 7.8
描绘了表 7.2 的 CPT 的决策图表示的示例。

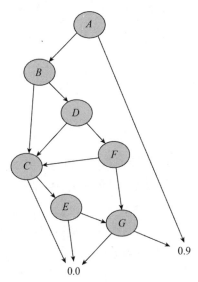

图 7.8　表示 CPT 的决策图。DD 表示表 7.2 所示的 CPT。与图 7.7 所示一样，
左箭头对应 F 值，右箭头对应 T 值

7.3　推理

概率推理是在贝叶斯网络中对某些证据影响的延展，用来估计其对未知变量的影响。也就是说，通过在模型中获得的某些变量子集的值，可以得到其他变量的后验概率。未知变量的子集可以为空，在这种情况下我们可得到所有变量的先验概率。

BN 中的推理问题基本上有两种变体。一种是给定已知(瞬时)变量 E 的子集，得到单个变量 H 的后验概率 $P(H \mid E)$。具体来说，我们感兴趣的研究对象是模型中未知变量的边际概率。这是 BN 最常见的应用，我们将其命名为单查询推理。

第二种变体为给定证据 E 计算一组变量的后验概率 H，即 $P(H \mid E)$。这称为合取查询推理。原则上，应用链式法则可多次使用单个查询推理来解决合取查询推理，但这样会增加问题的复杂程度。例如，$P(A, B \mid E)$ 可写成 $P(A \mid E)P(B \mid A, E)$，这需要两个单查询推理和一个乘法。在某些应用中，了解假设集合中有哪些最可能的值是很有意义的，即 $ArgMax_H P(H \mid E)$。当 H 包含所有未观察到的变量时，它被称为最大可能解释(MPE)或全诱因问题。当我们着手研究某些(并非全部)未观察变量的最可能联合状态时，它对应于最大后验概率(MAP)或部分诱因问题。

我们将首先讨论单查询推理问题，然后讨论 MPE 和 MAP 问题。如果我们使用直接方法(即从联合分布计算)来解决推理问题，计算复杂度会随着变量数量的增加呈指数增长。即使变量很少，问题也会变得棘手。为了提高这一过程的效率，现在已经开发了许多算法，大致可分为以下几类：

(1) 概率传播(Pearl 算法[15])

(2) 变量消除

(3) 调节

(4) 连接树

(5) 随机模拟

概率传播算法仅适用于单连通图(树和多重树[1])，虽然对一般网络有一个扩展称为循环传播，但这并不能保证其收敛性。其他四类算法适用于任何网络结构，最后一类是近似技术，而其他三类是精确技术。

在最坏的情况下推理问题对于贝叶斯网络是 NP-Hard [1]。然而，对于某些类型的结构(单连通网络)存在有效的多项式算法；而对于其他结构，则取决于图的连通性。在许多应用中，图是稀疏的，因此在这种情况下存在非常有效的推理算法。

接下来将描述单连通网络的概率传播，然后介绍多连通 BN 最常用的技术。

7.3.1　单连通网络：置信传播

现在介绍 Pearl 提出的树传播算法，它为一些最先进的通用技术提供了基础。

给定一定的证据 E(实例化变量的子集)，通过应用贝叶斯法则可以获得任何变量 B 的值 i 的后验概率：

$$P(B_i \mid E) = P(B_i)P(E \mid B_i) / P(E) \tag{7.6}$$

给定 BN 是树状结构，任何节点都将网络划分为两个独立的子树。因此，我们可将证据分为以下两种(见图 7.9)。

$E-$：B 中有根树的证据。

$E+$：其他所有证据。

由此可知：

$$P(B_i \mid E) = P(B_i)P(E-, E+ \mid B_i) / P(E) \tag{7.7}$$

假设 $E+$ 和 $E-$ 是独立的，再次应用贝叶斯法则，我们可得到：

$$P(B_i \mid E) = \alpha P(B_i \mid E+)P(E - \mid B_i) \tag{7.8}$$

1 多重树是一个单连通的 DAG，其中一些节点有多个父节点；在有向树中，每个节点最多有一个父节点。

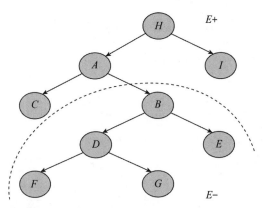

图 7.9　在树状结构的 BN 中，每个节点将网络划分为两个条件独立的子树 $E+$ 和 $E-$

其中 α 是归一化常数。若我们定义以下术语：

$$\lambda(B_i) = P(E- \mid B_i) \tag{7.9}$$

$$\pi(B_i) = P(B_i \mid E+) \tag{7.10}$$

那么式 7.8 可以写成：

$$P(B_i \mid E) = \alpha\pi(B_i)\lambda(B_i) \tag{7.11}$$

式 7.11 是分布式传播算法获得所有非实例化节点后验概率的基础。所有节点 B 后验概率的计算被分解为两部分：树中 B 的子节点(λ)的证据和 B 父节点(π)的证据。可将树中的每个节点 B 看作一个存储了向量 $\pi(B)$ 和 $\lambda(B)$ 的简单处理器，以及它的条件概率表 $P(B \mid A)$。证据通过消息传递机制传播，其中每个节点向树中的父节点和子节点发送相应的消息。

接下来，我们推导消息的方程。首先是从叶节点传播到根的 λ 消息。假设给定 B，B 的子节点是条件独立的：

$$\lambda(B_i) = P(E- \mid B_i) = \prod_k P(E_k- \mid B_i) \tag{7.12}$$

其中 E_k 是来自 B 的子节点 S^k 中树的证据。将全概率条件化法则应用于 S^k，我们得到：

$$P(E_k- \mid B_i) = \sum_j P(E_k- \mid B_i, S_j^K)P(S_j^K \mid B_i) \tag{7.13}$$

假设给定 S^k，来自于 S^k 中树的证据与 B 条件独立：

$$P(E_k- \mid B_i) = \sum_j P(E_k- \mid S_j^K)P(S_j^K \mid B_i) \tag{7.14}$$

根据 λ 的定义，$P(E_k- \mid S_j^K) = \lambda(S_j^K)$，代入上式：

$$P(E_k- \mid B_i) = \sum_i P(S_j^K \mid B_i)\lambda(S_j^k) \tag{7.15}$$

现在 π 信息从根传播到叶。再次将全概率条件法则应用于 B 的父代 A：

$$\pi(B_i) = P(B_i \mid E+) = \sum_j P(B_i \mid E+, A_j) P(A_j \mid E+) \tag{7.16}$$

假设给定 A，B 条件独立于来自树其他部分的证据，除了根为 B 的子树(A 的前代和其他后代)：

$$\pi(B_i) = \sum_j P(B_i \mid A_j) P(A_j \mid E+) \tag{7.17}$$

考虑到来自所有树的证据，除了在 B 上根的子树，$P(A_j \mid E+)$ 对应于 A_j 的概率。可根据式 7.11 和式 7.12 写出这一概率，但其中不包括来自 B 及其后代的证据：

$$P(A_j \mid E+) = \alpha\pi(A_j) \prod_{k \neq b} P(E_k - \mid A_j) = \alpha\pi(A_j) \prod_{k \neq b} \lambda_k(A_j) \tag{7.18}$$

其中 b 表示变量 B(A 的子变量之一)。代入式 7.17：

$$\pi(B_i) = \sum_j P(B_i \mid A_j) \left[\alpha\pi(A_j) \prod_{k \neq b} \lambda_k(A_j) \right] \tag{7.19}$$

总之，消息传递机制如下所示。

每个节点 B 向其父节点 A 发送一条消息：

$$\lambda_B(A_i) = \sum_j P(B_j \mid A_i) \lambda(B_j) \tag{7.20}$$

每个节点可以接收多个 λ 消息，这些消息通过从每个子节点接收的 λ 消息，逐项相乘进行组合。因此，具有 m 个子节点的节点 A 的 λ 为：

$$\lambda(A_i) = \prod_{j=1}^{m} \lambda_{Sj}(A_i) \tag{7.21}$$

每个节点 B 向每个子节点 S_l 发送一条消息：

$$\pi_l(B_i) = \sum_j P(B_i \mid A_j) \left[\alpha\pi(A_j) \prod_{k \neq b} \lambda_k(A_j) \right] \tag{7.22}$$

其中 k 指 B 的每一个子节点。

传播算法一开始将证据分配给已知变量，通过消息传递机制从叶节点直到树的根节点传播 λ 消息，然后从根节点传播 π 消息到达叶节点。图 7.10 和图 7.11 呈现了传播路径。传播结束时，每个节点的 λ 和 π 向量得到更新。通过使用式 7.11 来组合这些向量并归一化，从而得到任何变量 B 的后验概率公式。

对于根节点和叶节点，我们需要定义以下一些初始条件。

叶节点：若未知，$\lambda=[1, 1, \ldots, 1]$(均匀分布)；若已知，$\lambda=[0, 0, \ldots, 1, \ldots, 0]$(1 表示赋值，0 表示其他所有值)。

根节点：若未知，则 $\pi = P(A)$(先验边际概率向量)；若已知，$\pi=[0, 0, \ldots, 1, \ldots, 0]$(1 表示赋值，0 表示其他所有值)。

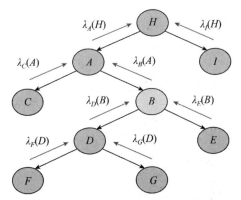

图 7.10　自下而上传播。λ 消息从叶节点传播到根节点

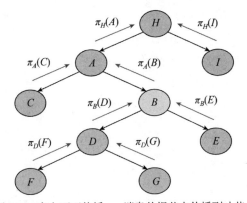

图 7.11　自上而下传播。π 消息从根节点传播到叶节点

现在列举一个简单例子来说明信念传播算法。将图 7.12 中的 BN 与 4 个二进制变量(每个变量值为 False 和 True)进行比较，这 4 个变量是 C、E、F、D，CPT 如图所示。

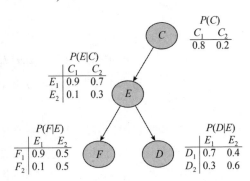

图 7.12　一个简单的 BN 用于信念传播示例

认为唯一的证据 F =False。那么叶节点的初始条件是 λ_F=[1, 0]和 λ_D=[1, 1](没有证据)。传播到父节点(E)基本上是将 λ 向量乘以相应的 CPT：

$$\lambda_F(E) = [1,0]\begin{bmatrix} 0.9, 0.5 \\ 0.1, 0.5 \end{bmatrix} = [0.9, 0.5]$$

$$\lambda_D(E) = [1,1]\begin{bmatrix} 0.7, 0.4 \\ 0.3, 0.6 \end{bmatrix} = [1,1]$$

然后，组合来自两个子节点的消息，获得 $\lambda(E)$：

$$\lambda(E) = [0.9, 0.5] \times [1,1] = [0.9, 0.5]$$

现在它被传播到它的父节点 C：

$$\lambda_E(C) = [0.9, 0.5]\begin{bmatrix} 0.9, 0.7 \\ 0.1, 0.3 \end{bmatrix} = [0.86, 0.78]$$

这种情况下，$\lambda(C)=[0.86, 0.78]$，因为 C 只有一个子节点。这样，我们就完成了自下而上的传播，接下来要自上而下地传播。

假设 C 没有实例化，$\pi(C)=[0.8, 0.2]$，我们传播到它的子节点 E，它也对应于 π 向量乘以相应的 CPT：

$$\pi(E) = [0.8, 0.2]\begin{bmatrix} 0.9, 0.7 \\ 0.1, 0.3 \end{bmatrix} = [0.86, 0.14]$$

现在传播到它的子节点 D。然而，假设 E 有另一个子节点 F，我们也需要考虑来自其他子节点的 λ 信息，因此：

$$\pi(D) = [0.86, 0.14] \times [0.9, 0.5]\begin{bmatrix} 0.7, 0.4 \\ 0.3, 0.6 \end{bmatrix} = [0.57, 0.27]$$

这就完成了自上而下的传播(我们不需要传播到 F，因为这个变量是已知的)。给定每个未知变量的 λ 和 π 向量，我们只需要将它们逐项相乘，然后进行归一化处理以获得后验概率：

$$P(C) = [0.8, 0.2] \times [0.86, 0.78] = \alpha[0.69, 0.16] = [0.815, 0.185]$$

$$P(E) = [0.86, 0.14] \times [0.9, 0.5] = \alpha[0.77, 0.07] = [0.917, 0.083]$$

$$P(D) = [0.57, 0.27] \times [1,1] = \alpha[0.57, 0.27] = [0.68, 0.32]$$

这就是信念传播的例子。

概率传播算法是一种非常有效的树状 BN 算法。所获得的树中所有变量的后验概率的时间复杂度与网络的直径(从根节点到最远叶节点迹中的弧数)成正比。

消息传递机制可直接扩展到多重树，因为它们也是单连通网络。这种情况下，一个节点可以有多个父节点，因此应该将 λ 消息从一个节点发送到它的所有父节点。时间复杂度与树结构的顺序相同。

传播算法仅适用于单连通网络。接下来将介绍适用于任何结构的通用算法。

7.3.2 多连接网络

现有多连接 BN 的精确概率推理有几类算法。接下来将重点讨论变量消除法、调节法和连接树法。

1. 变量消除法

变量消除技术在边际联合分布计算概率思想的基础上形成。然而，与朴素方法相比，它利用了 BN 的独立性条件，还利用了加法和乘法的结合以及分配特性来进行更有效的计算。

假设 BN 表示 $X=\{X_1, X_2, ..., X_n\}$ 的联合概率分布。给定一个证据变量子集 X_E，我们要计算某个变量或子集变量的后验概率 X_H；其余变量是 X_R，这样 $X=\{X_H \cup X_E \cup X_R\}$。

根据证据，X_H 的后验概率为：

$$P(X_H \mid X_E) = P(X_H, X_E) / P(X_E) \tag{7.23}$$

可通过联合分配的边际化来获得这两项：

$$P(X_H, X_E) = \sum_{X_R} P(X) \tag{7.24}$$

和

$$P(X_E) = \sum_{X_H} P(X_H, X_E) \tag{7.25}$$

在没有证据的情况下，存在一个获得变量边际概率的特殊例子；这种情况下，$X_E=\varnothing$。获得证据的概率是另一个值得关注的计算方法；最后一个式子给出对应算法。

为高效实现这些计算目标，需要消除这些变量。为了实现这一点，可首先根据网络结构将联合分布表示为局部概率的乘积。然后，只能对归一化变量函数项的子集进行求和。这种方法利用了求和以及乘法的特性，减少了必要的运算次数。接下来将举例说明这个方法。

考虑图 7.13 中的 BN，我们想要由此得到 $P(A \mid D)$。为此，我们需要得到 $P(A, D)$ 和 $P(D)$。为计算第一项，必须从联合分布中消去 B, C, E，即：

$$P(A, D) = \sum_B \sum_C \sum_E P(A)P(B \mid A)P(C \mid A)P(D \mid B, C)P(E \mid C) \tag{7.26}$$

通过分布总和，可得出以下等效表达式：

$$P(A, D) = P(A) \sum_B \left[P(B \mid A) \sum_C \left[P(C \mid A)P(D \mid B, C) \sum_E P(E \mid C) \right] \right] \tag{7.27}$$

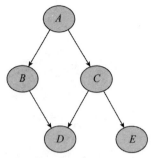

图 7.13 用于阐释变量消除算法的贝叶斯网络

如果将所有变量都考虑为二进制，这意味着操作数量会从 32 减为 9；当然，当每个变量存在更多值时，对较大模型而言，这种减少将更显著。

以此为例，考虑图 7.12 中的 BN，并且我们想要得到 $P(E\,|\,F=f_1)=P(E,F=f_1)\,/\,P(F=f_1)$。给定 BN 的结构，联合概率分布由 $P(C,E,F,D)=P(C)P(E\,|\,C)P(F\,|\,E)P(D\,|\,E)$ 给出。我们首先通过重新排序操作计算 $P(E,F)$：

$$P(E,F)=P(F\,|\,E)\sum_D P(D\,|\,E)\sum_C P(C)P(E\,|\,C)$$

给定 $F=f_1$，必须对 E 的每个值进行计算：

$$P(e_1,f_1)=P(f_1|\,e_1)\sum_D P(D\,|\,e_1)\sum_C P(C)P(e_1\,|\,C)$$

$$P(e_1,f_1)=P(f_1|\,e_1)\sum_D P(D\,|\,e_1)[0.9\times 0.8+0.7\times 0.2]$$

$$P(e_1,f_1)=P(f_1|\,e_1)\sum_D P(D\,|\,e_1)[0.86]$$

$$P(e_1,f_1)=P(f_1|\,e_1)[0.7+0.3][0.86]$$

$$P(e_1,f_1)=[0.9][1][0.86]=0.774$$

用类似的方法得到 $P(e_2,f_1)$；然后可以根据这些值计算 $P(f_1)=\sum_E P(E,f_1)$。最后将计算给定 f_1 的 E 的后验概率：$P(e_1|f_1)=P(e_1,f_1)\,/\,P(f_1)$ 和 $P(e_2|f_1)=P(e_2,f_1)\,/\,P(f_1)$。

变量消除法的关键在于为消除每个变量选择适当顺序，因为这对所需操作的数量具有重要影响。计算过程中产生的不同项称为因子，这些因子是变量子集上的函数，这些变量的每个实例映射到一个非负数(这些数字不一定是概率)。通常，因子可以表示为 $f(X_1, X_2, …, X_m)$。例如，在前面的例子中，其中一个因子是 $f(C,E)=P(C)P(E\,|\,C)$，这是两个变量的函数。

变量消除算法在空间和时间方面的计算复杂程度取决于因子的大小，也就是定义因子变量的个数 w。基本上，消除(边际化)任何数量变量的复杂性都与因子中变量的数量呈指数关系，$O(\exp(w))$。因此，应选择消除变量的顺序，以便使得最大因子保持最小值。然而，寻找最佳顺序通常是一个 NP-Hard。

有几种启发式方法可帮助确定消除变量的良好顺序。可根据交互图来阐释这些启发式方法，交互图是在变量消除过程中建立的无向图。每个因子变量在交互图中形成一个团。通过消除弧的方向，并在每对具有公共子变量的非连通变量之间添加额外的弧，可以从原始 BN 结构中得到初始交互图。然后，每消除一个变量 x_j 时，通过以下方式修改交互图：①在 x_j 的每对未连接的邻域之间添加一条弧；②从图中删除变量 x_j。

通过图 7.14 所示的 E、D、C、B 消除顺序来说明图 7.13 中 BN 生成的相互作用图。

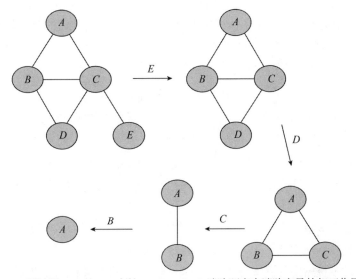

图 7.14　通过图 7.13 的 BN 中的 E、D、C、B 消除顺序来消除变量的相互作用图

用于确定消除顺序的两种常用启发式方法(可从消除图中获得)如下所示。

最小度：消除导致最小可能因子的变量，这相当于在当前消除图中消除邻域数最少的变量。

最小填充：消除导致添加交互图最小边数的变量。

变量消除法的一个缺点在于，它只能获得一个变量(或变量子集)的后验概率。为获得 BN 中每个非实例化变量的后验概率，必须对每个变量进行重复计算。接下来将描述两种算法，它们可以同时计算所有变量的后验概率。

2. 调节法

调节法[16]基于以下实际情况：实例化变量阻止了证据在贝叶斯网络中的传播。因此，可在一个实例化变量中对图进行裁剪，这可将一个多连通图转换为一个多重树，从而应用概率传播算法。

一般来说，可通过实例化一个变量子集，将多连通网络转化为单连通图。若这些变量实际上是未知的，可将它们都设置为任意一个可能的值，然后对每个值进行概率传播。每次传播中我们都得到对应的未知变量概率。然后，获得该最终概率值的加权概率组合。

首先开发调节算法，假设只需要分配单个变量，然后将其扩展到多个变量。形式上，给定证据 E，我们需要得到任意变量的概率 B，以变量 A 为条件。全概率法则如下。

$$P(B \mid E) = \sum_i P(B \mid E, a_i) P(a_i \mid E) \tag{7.28}$$

其中：

$P(B \mid E, a_i)$ 是 B 的后验概率，该后验概率从 A 的每个可能值的概率传播中获得。

$P(a_i \mid E)$ 是一个权重。

通过应用贝叶斯法则，得到以下估计权重的公式：

$$P(a_i \mid E) = \alpha P(a_i) P(E \mid a_i) \tag{7.29}$$

可通过无证据传播得到第一项 $P(a_i)$。第二项 $P(E \mid a_i)$ 需要通过传播 $A=a_i$ 来计算，以获得证据变量的概率。α 是一个归一化常数。

考虑图 7.13 中的 BN 的例子。该多连接网络可以通过假设 A 实例而转换为一个多重树(见图 7.15)。若证据是 D, E，那么其他变量 A, B, C 的概率可通过以下步骤得到：

(1) 获得 A 的先验概率(这种情况下，它是已知的，因为它是根节点)。

(2) 通过在多重树中传播，得到 A 的每个值的证据节点 D、E 的概率。

(3) 用贝叶斯法则计算(1)和(2)的权重 $P(a_i \mid D, E)$。

(4) 通过多重树中的概率传播，已知证据，估计每个 A 值的 B 和 C 概率。

(5) 通过应用式 7.28，从(3)和(4)中获得 B 和 C 的后验概率。

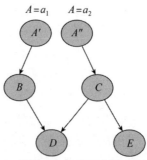

图 7.15　通过实例化 A，将图 7.13 中的贝叶斯网络转化为一个单连通网络

一般来说，要将多连通 BN 转换为多重树，我们需要实例化 m 个变量。因此，必须传播实例化变量的所有值组合(叉积)。若每个变量都有 k 个值，则传播次数为 k^m。对于一个变量，过程基本与上面相同，但复杂程度加剧。

3. 连接树算法

连接树法以 BN 到连接树的转换为基础，其中连接树中的每个节点来自于原始网络的一组或一簇变量。在这种新的表征中进行概率推理。

连接树法基于 BN(有向图)转换到马尔可夫网络(无向图)；然后对变量进行聚类，得到单连通的图。考虑一个简单 BN 表示为一个链：

$$A \rightarrow B \rightarrow C \rightarrow D$$

这种情况下，簇(团)是 AB、BC 和 CD；相邻簇(分离器)之间的公共变量是 B 和 C。根据 BN 的结构，联合概率为 $P(A,B,C,D) = P(A)P(B \mid A)P(C \mid B)P(D \mid C)$，可写为：

$$P(A,B,C,D) = P(A)\frac{P(A,B)}{P(A)}\frac{P(B,C)}{P(B)}\frac{P(C,D)}{P(C)} \tag{7.30}$$

可简化为：

$$P(A,B,C,D) = \frac{P(A,B)P(B,C)P(C,D)}{P(B)P(C)} \tag{7.31}$$

基本上，这是簇概率除以分离机概率的乘积，这也是该算法的基础。

接下来介绍连接树算法。该算法包括两个阶段：①将 BN 转换为连接树；②在生成的单连通网络上的概率传播。

转换过程如图 7.16 所示。

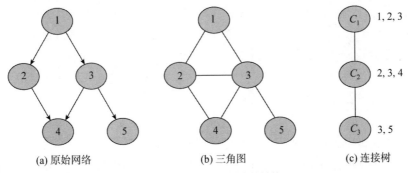

(a) 原始网络	(b) 三角图	(c) 连接树

图 7.16　BN 到连接树法的转换

(1) 消除弧的方向。

(2) 对图中的节点进行排序(基于最大基数)。

(3) 对图进行改进(在具有共同子节点的成对节点之间添加一条弧)。

(4) 如有必要，添加额外的弧以使图三角化。

(5) 获得图中的团(完全连通的节点子集，而不是其他完全连通集的子集)。

(6) 构建一个连接树，其中每个节点为一个团，根据顺序，包含所有先前共同变量的任何节点是其父节点。[1]

理想情况是，我们能找到一个具有最小最大团规格的三角剖分图，使得每个团内边际的计算更有效。然而，正如我们之前在变量消除法中所说的那样，这是一个 NP-Hard，可以应用相同的启发式方法来确定消除顺序。

此转换过程确定生成的连接树满足运行连接属性；也就是说，带有以前的团的共同变量都在一个团中。在连接树中，这些邻团的公共变量称为分隔符。考虑到这些分隔符的相关性，通常绘制连接树，其中包括分隔符节点，用矩形表示。图 7.17 表示图 7.16 的连接树，包括分隔符节点。

图 7.17　图 7.16 中带有分隔符节点的连接树

一旦建立连接树，推理就是基于连接树上的概率传播，类似于树结构的 BN。我们必须选择一个根节点作为开始。在消息传递期间，将两次使用节点和分隔符之间的每个链接，每个方向上使用一次。实现方式是将消息从每个叶节点向上传播到根节点，然后从根节点反向传播到叶节点。

连接树算法可分为两个阶段：预处理和传播。在预处理阶段，每个团的势如下所示：

(1) 确定每个团的变量集 C_i。

(2) 确定与前一(父节点)团共同的变量集，即分离器 S_i。

(3) 确定 C_i 中不在 S_i 中的变量：$R_i = C_i - S_i$。

(4) 计算每个团的势 clq_i，作为相应 CPT 的乘积：$\psi(clq_i) = \Pi_j P(X_j | Pa(X_j))$，其中 X_j 是 clq_i 中的变量。

例如，考虑图 7.16 中的 BN，团：$clq_1 = \{1, 2, 3\}$，$clq_2 = \{2, 3, 4\}$，$clq_3 = \{3, 5\}$。那么预处理阶段如下。

C：$C_1 = \{1, 2, 3\}$，$C_2 = \{2, 3, 4\}$，$C_3 = \{3, 5\}$。

S：$S_1 = \emptyset$，$S_2 = \{2, 3\}$，$S_3 = \{3\}$。

R：$R_1 = \{1, 2, 3\}$，$R_2 = \{4\}$，$R_3 = \{5\}$。

---

[1] 尽管一个节点可以有多个父节点，但在构建连接树时只能选择一个。

势：$\psi(clq_1)=P(1)P(2\mid 1)P(3\mid 1)$，$\psi(clq_2)=P(4\mid 3,2)$，$\psi(clq_3)=P(5\mid 3)$。

传播阶段以类似于树的信念传播的方式进行，自下而上传播 λ 消息和自上而下传播 π 消息。

自下而上传播

(1) 计算要发送给父节点团的 λ 消息：$\lambda(C_i)=\sum_{R_i}\psi(C_i)$。

(2) 用其子节点团的 λ 消息更新每个团的势：$\psi(C_j)'=\lambda(C_i)\psi(C_j)$。

(3) 重复前两步，直到达到根节点团。

(4) 当到达根节点时，得到 $P'(C_r)=\psi(C_r)'$。

自上而下传播

(1) 计算由其父节点 j 发送给每个子节点 i 的 π 消息 $\pi(C_i)=\sum_{R_j}P'(C_j)$。

(2) 当接收到其父节点的 π 消息时，更新每个团的势 $P'(C_i)=\psi(C_i)'\dfrac{\pi(C_i)}{\lambda(C_i)}$。

(3) 重复前两个步骤，直到达到连接树中的叶节点。

在这两个方向的传播结束时，每个团都得到符合它变量的联合边际概率。当有证据时，根据证据来更新每个团的势，并遵循相同的传播过程。

完成双向消息传递阶段后，每个团的消息对应其势函数，其势函数对应团中节点的联合概率分布。由于节点形成一个团，因此所有节点都是连接的，为得到这些节点子集的概率密度，我们需要将剩余变量的势函数边际化。因此，可通过边际化，从团势中获得每个变量的边际后验概率：$P(X)=\sum_{C_i-X}\psi(C_i)$，这种方法保证了无论由哪个团计算得出，这些概率都是相同的。例如，对于图 7.16 中的示例，我们可从 C_1 或 C_2 中获得变量 2 的概率：$P(2)=\sum_{1,3}\psi(1,2,3)=\sum_{3,4}\psi(2,3,4)$。

继续图 7.16 中的 BN 示例，我们知道如何在没有证据的情况下阐释该属性。

首先，C_3 向 C_2 发送 λ 消息：$\lambda(C_3)=\sum_5\psi(3,5)$，接下来更新 C_2 的势：$\psi(C_2)'=\psi(2,3,4)\lambda(C_3)$，然后 C_2 向 C_1 发送一个 λ 消息：$\lambda(C_2)=\sum_4\psi(C_2)'$，接着更新 C_1 的势：$\psi(C_1)'=\psi(1,2,3)\lambda(C_2)$；$P'(C_1)=\psi(C_1)'$。这就完成了自下而上的传播阶段。

再开始自上而下的传播。C_1 向 C_2 发送 π 消息：$\pi(C_2)=\sum_1 P'(C_1)$，然后更新 C_2 的势：$P'(C_2)=\psi(C_2)'\dfrac{\pi(C_2)}{\lambda(C_2)}$，接着 C_2 将 π 消息发送到 C_3：$\pi(C_3)=\sum_{2,4}P'(C_2)$。

最后，对 C_3 的势进行更新 $P'(C_3) = \psi(C_3)' \dfrac{\pi(C_3)}{\lambda(C_3)}$。

我们来验证得到的势 $P'(C_i)$ 是相应团的联合边际概率。记住 BN 的原始势: $\psi(clq_1) = P(1)P(2\,|\,1)P(3\,|\,1)$，$\psi(clq_2) = P(4\,|\,3,2)$，$\psi(clq_3) = P(5\,|\,3)$。

自下而上阶段:

$$\lambda(C_3) = \sum_5 P(5\,|\,3)$$

$$\psi(C_2)' = P(4\,|\,2,3)\sum_5 P(5\,|\,3)$$

$$\lambda(C_2) = \sum_4 P(4\,|\,2,3)\sum_5 P(5\,|\,3)$$

$$\lambda(C_2) = \sum_4 P(4\,|\,2,3)\sum_5 P(5\,|\,3)$$

$$\psi(C_1)' = P(1)P(2\,|\,1)P(3\,|\,1)\sum_4 P(4\,|\,2,3)\sum_5 P(5\,|\,3)$$

可写为:

$$\psi(C_1)' = \sum_4\sum_5 P(1)P(2\,|\,1)P(3\,|\,1)P(4\,|\,2,3)P(5\,|\,3) = \sum_4\sum_5 P(1,2,3,4,5)$$

即联合概率 4 和 5 的边际化: $P'(C_1) = \psi'(C_1) = P(1,2,3)$。这的确是 C_1 的结合点。

自上而下阶段:

$$\pi(C_2) = \sum_1 P(1,2,3)$$

$$P'(C_2) = \frac{P(4\,|\,2,3)\sum_5 P(5\,|\,3)\sum_1 P(1,2,3)}{\sum_4 P(4\,|\,2,3)\sum_5 P(5\,|\,3)} = \frac{P(4\,|\,2,3)\sum_1 P(1,2,3)}{\sum_4 P(4\,|\,2,3)}$$

给定 $\sum_1 P(1,2,3) = P(2,3)$ 和 $\sum_4 P(4\,|\,2,3) = 1$，然后:

$$P'(C_2) = P(2,3)P(4\,|\,2,3) = P(2,3,4)$$

这是 C_2 的连接。最后:

$$\pi(C_3) = \sum_{2,4} P(2,3,4)$$

$$P'(C_3) = P(5\,|\,3)\frac{\sum_{2,4} P(2,3,4)}{\sum_5 P(5\,|\,3)}$$

给定 $\sum_{2,4} P(2,3,4) = P(3)$ 和 $\sum_5 P(5\,|\,3) = 1$，然后:

$$P'(C_3) = P(3)P(5\,|\,3) = P(3,5)$$

这是 C_3 的联合概率。因此，我们验证连接树算法，由此可以得到每个簇或团的联合边际，从中可以通过边际化来计算单个变量的边际。在这种情况下：

$$P(1) = \sum_{2,3} P'(C_1), P(2) = \sum_{1,3} P'(C_1), P(3) = \sum_{1,2} P'(C_1)$$

$$P(4) = \sum_{2,3} P'(C_2), P(5) = \sum_{3} P'(C_3)$$

连接树算法有两个主要变体，即 Hugin[8]和 Shenoy-Shafer[18]体系结构。以上描述是基于 Hugin 体系结构得出的。它们之间的主要区别在于存储的信息，以及计算消息的方式。这些差异会影响计算复杂度。一般来说，Shenoy-Shafer 架构需要的空间更少，但需要的时间更多。

4. 复杂性分析

在最坏的情况下，贝叶斯网络的概率推理是 NP-Hard[1]。时间和空间的复杂性由树的宽度决定，并且与网络结构和树的距离有关。因此，树结构 BN(每个变量最多有一个父级)的树宽度为 1。在每个节点中，最多有 k 个父节点的多重树的树宽度为 k。通常，树的宽度取决于网络拓扑的密度，这会影响：①变量消除算法中最大因子的大小；②条件算法中需要实例化变量的数量；③连接树算法中最大团的大小。

在实践中，BN 往往是稀疏图。这种情况下，即使对于有数百个变量的模型，精确推理技术也是非常有效的。对于复杂网络，另一种方法是使用近似算法。下面将对其进行介绍。

7.3.3　近似推理

1. 循环传播

这仅是概率传播算法在多连通网络中的应用。这种情况下，虽然未满足该算法的条件，并且只提供了推理问题的近似解，但仍然非常有效。假设 BN 不是单独连接的；当消息被传播时，它们可以在网络中循环。因此，重复几次传播。程序如下。

(1) 随机初始化所有节点的 λ 和 π 值。

(2) 重复，直到收敛或达到最大迭代次数：
 • 根据单连通网络的算法进行概率传播。
 • 计算每个变量的后验概率。

当目前迭代和先前迭代的所有变量的后验概率之差低于某一阈值时，该算法将收敛。经验证明，对于某些结构，该算法收敛于真后验概率；然而，对于其他结构，它并不收敛[13]。

"Turbo 码"是循环信念传播的一个重要应用；这是数据通信中常用的错误检测

方式和纠正方案。

2. 随机模拟

随机模拟算法包括多次模拟 BN，每次模拟为所有非实例化变量提供一个样本值。根据每个变量的条件概率，随机选择这些值。重复该过程 N 次，每个变量的后验概率根据样本空间中每个值的频率近似。这得出后验概率的估计，后验概率取决于样本的数量；然而，计算成本不受网络复杂度的影响。接下来将介绍两种 BN 随机模拟算法：逻辑采样法和似然加权采样法。

逻辑采样法

逻辑采样法是一种基本的随机模拟算法，它根据以下程序生成样本：

(1) 根据 BN 的根节点先验概率为其生成样本值。也就是说，根据 $P(X)$ 的分布，为每个根节点变量 X 生成一个随机值。

(2) 根据条件概率 $P(Y\,|\,Pa(Y))$，为下一层(即已采样节点的子节点)生成样本，其中 $Pa(Y)$ 是 Y 的父节点。

(3) 重复(2)直至到达所有叶节点。

重复上述步骤 N 次，生成 N 个样本。每个变量的概率估计为 N 个样本中出现值的次数(频率)的分数，即 $P(X = x_i) \sim N o(x_i)/N$；其中 $N o(x_i)$ 是所有样本中 $x = x_i$ 的次数。

证据不存在的情况下，直接应用先前的程序可估计出所有变量的边际概率。若存在证据(某些变量被实例化)，则排除所有与证据不一致的样本，并从剩余样本中估计后验概率。

例如，考虑图 7.13 中的 BN，以及逻辑采样产生的 10 个样本。假设所有变量为二进制，生成的 10 个样本如表 7.3 所示。

若没有证据，那么给定这些样本，边际概率估计结果如下：

- $P(A = \mathrm{T}) = 4/10 = 0.4$
- $P(B = \mathrm{T}) = 3/10 = 0.3$
- $P(C = \mathrm{T}) = 5/10 = 0.5$
- $P(D = \mathrm{T}) = 5/10 = 0.5$
- $P(E = \mathrm{T}) = 3/10 = 0.3$

表 7.3　图 7.13 中使用 BN 逻辑采样法所生成的样本。所有变量都是二进制的，有两个可能值，真=T 或假=F

变量	A	B	C	D	E
$sample_1$	T	F	F	F	T
$sample_2$	F	T	T	F	F
$sample_3$	T	F	F	T	F
$sample_4$	F	F	T	F	T
$sample_5$	T	F	T	T	T
$sample_6$	F	F	F	F	T
$sample_7$	F	T	T	T	F
$sample_8$	F	F	F	F	F
$sample_9$	F	F	F	T	F
$sample_{10}$	T	T	T	T	F

剩下的概率就是补集，$P(X=F)=1-P(X=T)$。

在有证据表明 $D=T$ 的情况下，我们将消除 $D=F$ 的所有样本，并从剩余的 5 个样本中估计后验概率：

- $P(A=T \mid D=T)=3/5=0.6$
- $P(B=T \mid D=T)=2/5=0.4$
- $P(C=T \mid D=T)=3/5=0.6$
- $P(E=T \mid D=T)=0/5=0.0$

当证据存在时，逻辑抽样法的一个缺点是必须排除许多样本；这意味着需要更多样本来得出良好的估计结果。下面将介绍一种不需要排除样本的替代算法。

似然加权采样法

似然加权采样法与逻辑采样法生成样本的方式相同，但是当存在证据时，不一致的样本不会被舍弃。取而代之的是，根据该样本证据的权重赋予每个样本权重。给定样本 s 和证据变量 $E=\{E_1, ..., E_m\}$，样本 s 的权重估计为：

$$W(E \mid s)=P(E_1)P(E_2)...P(E_m) \tag{7.32}$$

其中 $P(E_i)$ 是该样本的证据变量 E_i 的概率。

每个变量 X 取值 x_i 的后验概率是通过将每个 $X=x_i$ 样本的加权之和除以所有样本的总权重而估计的：

$$P(X=x_i) \sim \sum_i W_i(X=x_i) / \sum_i W_i \tag{7.33}$$

7.3.4　最大可能解释

最大可能解释(MPE)或诱因问题在于如何确定给定证据的 BN 中变量子集(解释子集)的最可能值。这个问题有两种变体，完全诱因和部分诱因。在完全诱因问题中，解释子集是所有非实例化变量的集合；在部分诱因中，解释子集是非实例化变量的适当子集。一般来说，MPE 并不等同于解释子集中每个单独变量的最可能值的并集。

考虑变量 $X = \{X_E, X_R, X_H\}$ 的集合，其中 X_E 是实例化变量的子集，X_H 是假设变量的子集，X_R 是其余部分的变量；然后，可将 MPE 问题形式化，如下所示：

完全诱因：$ArgMax\ x_H, x_R\ P(X_H, X_R \mid X_E)$。

部分诱因：$ArgMax\ X_H\ P(X_H \mid X_E)$。

解决 MPE 问题的一种方法是基于变量消除算法的改进算法。对于完全诱因的情况，我们用最大化代替总和：

$$max_{X_H, X_R} P(X_H, X_R \mid X_E)$$

对于部分诱因，我们对不在解释子集中的变量进行求和，并最大化解释子集：

$$max_{X_H} \sum_{X_R} P(X_H, X_R \mid X_E)$$

MPE 问题在计算上比单一查询推理更复杂。

7.3.5　连续变量

目前为止，我们已经考虑了具有离散多值变量的 BN。在处理连续变量时，有一种选择是将其离散化；但是，这可能会导致信息丢失(很少间隔)或计算量徒增(很多间隔)。另一种选择是直接对连续分布进行操作。概率推理技术已被用于一些分布族，特别是高斯变量。接下来，我们将介绍线性高斯 BN 的基本传播算法[16]。

根据基本算法做出以下假设：

(1) 网络的结构是一个多重树结构。

(2) 所有不确定来源均与高斯无关。

(3) 每个变量与其父变量之间存在线性关系：

$$X = b_1 U_1 + b_2 U_2 + \ldots + b_n U_n + W_X$$

其中，U_i 是变量 X 的父节点，b_i 是常数系数，W_X 表示均值为 0 的高斯噪声。

推理过程类似于离散 BN 中的信念传播过程，但并不是概率传播，而是均值和标准差的传播。在高斯分布的情况下，所有变量的边际分布也是高斯分布。因此，一般来说，变量的后验概率可以写成：

$$P(X \mid E) = N(\mu_X, \sigma_X)$$

其中 μ_X 和 σ_X 分别是给出证据 E 中 X 的平均值和标准差。

接下来，我们将描述如何使用传播算法计算平均值和标准差。将每个变量发送到其父变量 i：

$$\mu_i^- = (1/b_i)\left[\mu_\lambda - \sum_{k \neq i} b_k \mu_k^+\right] \tag{7.34}$$

$$\sigma_i^- = (1/b_i^2)\left[\sigma_\lambda - \sum_{k \neq i} b_k^2 \sigma_k^+\right] \tag{7.35}$$

每个变量向其子节点 j 发送：

$$\mu_j^+ = \frac{\sum_{k \neq j}\left[\mu_k^- / \sigma_k + \mu_\pi / \sigma_\pi\right]}{\sum_{k \neq j}\left[1/\sigma_k^- + \mu_\pi / \sigma_\pi\right]} \tag{7.36}$$

$$\sigma_j^+ = \left[\sum_{k \neq j} 1/\sigma_k^- + 1/\sigma_\pi\right]^{-1} \tag{7.37}$$

通过以下公式整合，每个变量从其子节点变量和父节点量接收消息：

$$\mu_\pi = \sum_i b_i \mu_i^+ \tag{7.38}$$

$$\sigma_\pi = \sum_i b_i^2 \sigma_i^+ \tag{7.39}$$

$$\mu_\lambda = \sigma_\lambda \sum_j \mu_j^- / \sigma_j^- \tag{7.40}$$

$$\sigma_\lambda = \left[\sum_j 1/\sigma_j^-\right]^{-1} \tag{7.41}$$

最后，通过组合来自其父节点和子节点的信息，每个变量获得其平均值和标准差：

$$\mu_X = \frac{\sigma_\pi \mu_\lambda + \sigma_\lambda \mu_\pi}{\sigma_\pi + \sigma_\lambda} \tag{7.42}$$

$$\sigma_X = \frac{\sigma_\pi \sigma_\lambda}{\sigma_\pi + \sigma_\lambda} \tag{7.43}$$

其他分布的传播难度更大，因为它们不具有高斯分布的相同特性，特别是高斯的乘积也属于高斯。对于其他类型分布，另一种选择是应用随机模拟技术。

7.4　应用

贝叶斯网络已应用于许多领域,包括医学、工业、教育、金融、生物学等。为举例说明 BN 的应用,在本章中,我们将描述:①信息验证技术;②系统可靠性分析方法。后续章节将说明它们在其他领域的应用。

7.4.1　信息验证

许多系统利用信息做出决策;若这些信息是错误的,则可能导致非最佳的决策,某些情况下,基于错误数据做出的决策可能具有危险性。例如,医院的 ICU 的传感器用于监测病人手术后的状态,使体温保持在一定水平以下。假设传感器持续工作,它们有可能生成错误读数。若发生这种情况,可能会出现两个问题:

- 即使温度升高到危险水平,温度传感器仍指示温度没有变化。
- 即使温度处于正常水平,温度传感器指示仍为危险级别。

第一种情况可能严重损害患者健康;第二种情况可能导致对患者进行错误的紧急治疗,也可能使患者病情恶化。在许多应用中,存在不同的信息源(即传感器),它们不是相互独立的;一个信息来源提供了其他信息来源的线索。如果能表示不同来源之间的这些依赖关系,我们就可以检测可能发生的错误并避免错误的决策。本节介绍一种基于贝叶斯网络的信息验证算法[6]。该算法建立一个表示贝叶斯网络的信息源(变量)之间依赖关系的模型。验证分两个阶段进行。在第一阶段,通过比较实际值与贝叶斯网络传播中相关变量的预测值,来检测潜在故障。在第二阶段,通过构造一个基于马尔可夫毯特性的附加贝叶斯网络来隔离实际故障。

1. 故障检测

假设可建立一个与应用领域中所有变量相关的概率模型。例如,考虑图 7.18 所示的网络,该网络代表燃气涡轮的最基本功能。

假设需要验证涡轮中的温度测量值。通过读取其余传感器的值,并应用概率传播,可计算得出已知证据的温度后验概率分布,即 $P(T \mid M_w, P, F_g, P_c, P_v, P_s)$。假设所有变量都是离散的或进行过离散处理的(若是连续的),通过传播,可得到每个 T 的值的概率分布。若实际观察值与具有高概率的有效值一致,则认为传感器是正确的;否则认为其有缺陷。

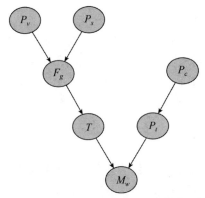

图 7.18　燃气轮机的基本概率模型。燃气轮机(节点 M_w)产生的兆瓦数取决于温度(节点 T)和涡轮机(节点 P_t)中的压力。温度取决于气体流量(节点 F_g)，该流量取决于气体位置阀(节点 P_v)和气体燃料压力供应(节点 P_s)。涡轮压力取决于压缩机输出压力(节点 P_c)

对模型中所有的传感器重复此步骤。但是，如果使用故障传感器对单个传感器进行验证，则验证可能出现故障。在上例中，如果使用有故障的 M_w 传感器对 T 进行验证，会发生什么情况？如何得知哪些传感器有故障？因此，通过应用该验证程序，可能只能检测到故障状态，但无法确定哪一个是真正存在故障的传感器。这称为明显故障。需要一个隔离阶段。

2. 故障隔离

隔离阶段基于马尔可夫毯(MB)特性。例如，在图 7.18 的网络中，MB(T)={M_w, F_g, P_t}，MB(P_v) = {F_g, P_s}。构成传感器 MB 的一组节点可以保护传感器不受除 MB 之外变化的影响。此外，将节点 X 中扩展的马尔可夫毯(EMB(X))定义为由传感器本身加上其 MB 形成的传感器集。例如，EMB(T) = {T, M_w, F_g, P_t}。

使用此属性，如果其中一个传感器存在故障，在其所有的 EMB 传感器中将显示出来。相反，如果传感器 EMB 之外存在故障，则不会影响该传感器的估计。换句话说，传感器的 EMB 防止自己受其他故障的影响，同时防止其他设备受自己故障的影响。我们利用 EMB 创建一个故障隔离模块，用于区分实际故障和明显故障。[7]中有完整的扩展理论。

完成所有传感器的基本验证周期后，可获得一组明显故障的传感器 S 集。因此，根据 S 和所有传感器的 EMB 之间的比较，该理论确定了以下情况：

(1) 若 $S = \phi$，则不存在故障。

(2) 若 S 等于传感器 X 的 EMB，并且没有其他 S 子集 EMB，则 X 中存在单个真实故障。

(3) 若 S 等于传感器 X 的 EMB，并且有一个或多个 S 子集 EMB，则 X 中存在真实故障，并且可能在 S 子集 EMB 的传感器中存在真实故障。这种情况下，可能存在多个无法区分的真实故障。

(4) 若 S 等于多个 EMB 的并集且组合是唯一的，则所有传感器中都存在多个可分辨的真实故障，其 EMB 位于 S 中。

(5) 若上述情况均不满足，则存在多个故障，且无法区分。其 EMB 是 S 子集的所有变量，可能存在真实的故障。

例如，考虑到图 7.18 中的贝叶斯网络模型，可能出现包括以下在内的一些情况：

- $S = \{T, P_t, M_w\}$，对应于案例 2，并确认 M_w 中的单个实际故障。
- $S = \{T, P_c, P_t, M_w\}$，对应于案例 3，因此，P_t 中存在真实故障，并且可能存在于 P_c 和 M_w 中。
- $S = \{P_v, P_s, F_g\}$，对应于案例 4，因此，P_v 和 P_s 中存在实际故障。

按以下方式进行实际故障隔离。基于上述 EMB 属性，如果在整个 EMB 中检测到明显故障，则传感器 X 中必定存在实际故障。也可以说，如果任何 EMB 的传感器中存在实际故障，则故障会显示出来。根据以上内容，我们定义了由两层构成的隔离网络。根节点表示实际故障，每个传感器或变量有一个故障。下层由一个代表每个变量的明显故障的节点构成。注意，圆弧由每个变量的 EMB 定义。图 7.19 表示图 7.18 检测网络的隔离网络。例如，与可变 M_w(节点 A_{mw})对应的表观故障节点与表示 M_w 的 EMB 节点的节点 R_{mw}、R_t 和 R_{pt} 连接。同时，节点 R_{mw} 与所有此实际故障导致的明显故障(即节点 A_{mw}、A_t 和 A_{pt})相连。

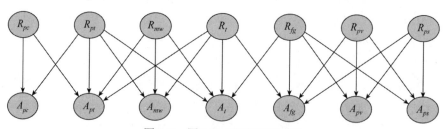

图 7.19 图 7.18 示例的隔离网络

接着定义隔离网络的参数。实际故障节点(根)的边际概率通常定义为 0.5，即便我们事先知道传感器的先前故障概率，也可以将其分配给该值。故障节点的条件概率将使用噪声 OR 模型设置，以合理地满足其条件：①若没有实际故障，则没有明显的缺陷；②已知某些实际故障，抑制明显缺陷的机制与其他实际故障的机制独立。

通过算法 7.1 中描述的隔离程序来检测实际故障。该算法适用于 BN 模型中的每个传感器(变量)。最后更新所有真实故障节点的后验概率；而那些概率"高"的就可能存在故障。

算法 7.1　函数隔离

(1) 将一个值赋给(实例化)对应于 n 的明显故障节点。

(2) 传播概率并更新所有真实故障节点的后验概率。

(3) 更新向量 P_f(传感器)。

7.4.2　可靠性分析

在对复杂系统的可靠性分析中，常用方法是将系统分为较小的元件、单元、子系统或组件。假设每个实体主要有两个状态，成功和失败。采用这种划分方式，将产生类似于运行中系统描述的"块图"。对于每个元件，确定故障率，并在此基础上获得完整系统的可靠性。

传统意义上，故障树用于可靠性分析。然而，这种技术具有局限性，因为它假设独立事件，因此很难对事件或故障之间的依赖性建模。在以下情况下，在可靠性分析中可以发现依赖事件：①常见原因——条件或事件导致多个元素故障；②互斥的初级事件——一个基本事件的发生排除了另一个基本事件；③备用信息——当操作部件发生故障时，将备用组件投入运行，剩余配置继续运行；④支持负载的组件——一个组件的故障增加了其他组件所支持的负载。使用贝叶斯网络，我们可以明确表示故障之间的依赖关系，并以此方式模拟传统技术难以驾驭的复杂系统[19]。

1. 贝叶斯网络可靠性建模

可靠性分析首先以可靠性块图表示系统的结构。在此表示中，有两个基本结构：串行和并行组件(见图 7.20)。串行结构意味着两个部件应正确运行，以使系统正常工作；或者说,若两者中有一个发生故障，那么整个系统就会发生故障(对应于故障树中的 AND 门)。在并联结构中，其中一个部件的运行足以使系统正常工作(故障树中的 OR 门)。

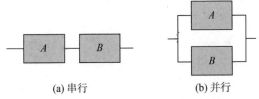

(a) 串行　　　　　(b) 并行

图 7.20　具有两个组件的基本可靠性结构的可靠性框图

可用贝叶斯网络表示前面的基本框图，如图 7.21 所示。两种情况下的结构相同，不同之处在于各自的条件概率矩阵。两种情况下的 CPT 如表 7.4 和表 7.5 所示，基本部件的先验概率(A，B)将表示故障率。因此，通过在 BN 表示中应用概率推理，我们获得了系统的故障率 X。

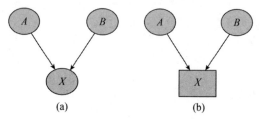

图 7.21　图 7.20 中两个基本可靠性框图的贝叶斯网络结构

表 7.4　具有串行结构的两个组件的条件概率表 $P(X|A, B)$。A 表示组件 A 处于运行状态，$\neg A$ 表示组件 A 出现故障

X	A, B	$A, \neg B$	$\neg A, B$	$\neg A, \neg B$
成功	1	0	0	0
失败	0	1	1	1

表 7.5　两个并行分量的条件概率表 $P(X|A, B)$。A 表示组件 A 处于运行状态，$\neg A$ 表示组件 A 出现故障

X	A, B	$A, \neg B$	$\neg A, B$	$\neg A, \neg B$
成功	1	1	1	0
失败	0	0	0	1

基本串行/并行情况的 BN 表示可直接概括为表示任何可简化为一组串行和并行组件组合的框图，这适用于实践中的大多数系统。有些结构(如桥接器)无法分解为串行/并行组合。然而，也可使用 BN 对这些案例进行建模[19]。

2. 建模相关故障

使用 BN 进行可靠性建模的主要优点在于，可对相关故障进行建模。下面将以具有共因故障的系统为例进行说明。

假设一个系统中有两个部件可能受到三个故障源的影响。源 S_1 影响部件 C_1，源 S_2 影响部件 C_2，源 S_3 影响两个部件(共同原因)。例如，该系统可以是一个具有两个子系统的发电厂；每个子系统都存在可能发生故障的元件，但地震会使两者都发生故障。图 7.22 中描述了该相关故障示例的贝叶斯网络模型。在该模型中，所有三个非根节点(C_1、C_2、X)的 CPT 等效于串行组件组合的 CPT。X 表示系统的故障率，可通过给定三个故障源的故障率的概率传播获得该值。

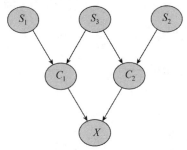

图 7.22　共因故障系统的贝叶斯网络结构

7.5　补充阅读

Judea Pearl[16]的经典著作介绍了贝叶斯网络。其他关于 BN 的一般书籍有[9, 14]。较新的研究侧重于建模和推理，由[3]给出；它包括对不同推理技术的复杂性分析。[10, 17]更关注实际应用。规范模型的概述见[5]。现在已有条件算法的几种变体，包括局部条件[4]和递归条件[2]。连接树算法最初由[11]引入，两种主要体系结构在[8, 18]中有所描述。循环传播的分析见[13]。[16]中介绍了连续高斯变量的推理，[12]中介绍了一种基于截断指数的更通用方法。

7.6　练习

1. 对于图 7.2 中的 BN，确定：①每个变量的轮廓；②每个变量的马尔可夫毯；③网络结构隐含的所有条件独立关系。

2. 利用独立性公理推导出前一个问题中的一些独立关系。

3. 假设所有变量均为二进制，完成图 7.5 中 BN 的 CPT。

4. 调查噪声 AND 模型，获得具有 3 个原因的变量的 CPT，抑制概率分别为 0.05、0.1 和 0.2。

5. 考虑 7.3.1 节信念传播的例子，若唯一的证据是 C=True，请通过信念传播获得所有变量的后验概率。

6. 使用变量消除程序重复问题 5。

7. 在与前两个问题相同的条件下(C=True)，估计 7.3.1 节中示例的后验概率，使用逻辑采样法对不同数量的样本(10, 20, …)进行采样，并使用精确推理对结果进行比较。

8. 给定图 7.13 的 BN 结构和以下 CPT，假设所有 CPT 均为二进制变量：

$$P(A) = [0.6, 0.4], \quad P(B \mid A) = \frac{0.3, 0.2}{0.7, 0.8}, \quad P(C \mid A) = \frac{0.6, 0.1}{0.4, 0.9}$$

$$P(D \mid B, C) = \frac{0.5, 0.1, 0.3, 0.2}{0.5, 0.9, 0.7, 0.8}, \quad P(E \mid C) = \frac{0.7, 0.7}{0.3, 0.3}$$

①将其转换为连接树，确定结构和团。

②获得每个连接树的势。

③使用推理算法，获得每个变量的边际概率。

9. 对于问题 8，在假设 E 值(CPT 中的第一个值)为 False 的情况下，重新计算边际概率。

10. 使用调节算法重复计算问题 9。

11. 对于图 7.19 中的 BN：①对图进行归一化，②对图进行三角化，③确定团并获得连接树，④根据连接树算法获得每个团的集合 C、S 和 R。

12. 考虑图 7.22 中常见故障的 BN。假设不同来源的以下失效概率：$S_1 = 0.05$、$S_2 = 0.03$ 和 $S_3 = 0.02$，计算系统的成功和失效概率 X。

13. ***根据 Bayes-ball 程序开发一个程序，以说明 D 分离。给定一个 BN 结构，用户选择两个节点和一个分离子集。该程序应找到两个节点之间的所有迹，然后通过应用 Bayes-ball 程序确定这些迹是否独立(给定分离子集)，以图形方式说明 ball 是通过迹还是被阻挡。

14. ***为考虑离散变量的多重树信念传播算法开发一个通用程序。开发前一个程序的并行版本，确定如何为算法的高效并行化分配处理器。扩展以前的程序以进行循环信念传播。

15. ***开发一个程序，在考虑两个阶段的情况下实施信息验证算法。输入 BN，确定变量和相关 CPT 的依赖结构。该程序应：①自动构建隔离网络；②给定所有变量的值，估计明显故障的概率；③使用隔离网络来估计实际故障的概率。

第8章 贝叶斯网络：学习

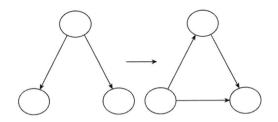

8.1 引言

学习贝叶斯网络包含两个方面：学习结构和学习参数。当结构已知时，参数学习包括从数据中估计条件概率表(CPT)。结构学习主要有两类方法：①基于搜索和评分的全局方法；②使用条件独立性检验的局部方法。接下来，我们从参数学习开始，描述这两个方面。

8.2 参数学习

在本节中，假设贝叶斯网络的结构已知，重点讨论如何学习其参数；之后我们将看到如何学习结构。我们认为模型中的所有变量都是离散的；对于连续变量，将介绍一些离散化技术。

如果对于所有变量我们有足够且完整的数据，并且假设 BN 的拓扑结构已知，那么参数学习就比较简单明了。每个变量的 CPT 可根据每个值(或值的组合)的频率来估计，进而获得参数的最大似然(ML)估计。例如给定两个父节点 A 和 C，需要估计 B 的 CPT：

$$P(B_i | A_j, C_k) \sim N_{i,j,k} / N_{j,k} \tag{8.1}$$

其中 $N_{i,j,k}$ 是数据库中 $B = B_i$、$A = A_j$ 和 $C = C_k$ 的案例数。而 $N_{j,k}$ 是 $A = A_j$ 和 $C = C_k$ 的案例总数。

8.2.1　平滑

从数据中估计概率时，有时会发生某个特定事件在数据集中从未出现的情况。这导致相应的概率值为 0，表示某一事件不可能出现；若在推理过程中考虑这个概率，也会使结果为 0。很多情况下，出现这种情况是因为没有足够多的数据对参数进行可靠性估计，而不是因为这是一个不可能发生的事件。

对概率进行某种类型的平滑处理，消除零概率值，可避免零概率值情况的发生。有几种平滑技术，其中最常见和最简单的是拉普拉斯平滑法。

拉普拉斯平滑将概率初始化为均匀分布，然后根据数据更新这些值。考虑具有 k 个可能值的一个离散变量 X。首先，设定每个概率为 $P(x_i)=1/k$。然后，考虑一个有 N 个样本的数据集，其中值 x_i 出现 m 次；其概率估计如下：

$$P(x_i) = (1+m)/(k+N) \tag{8.2}$$

8.2.2　参数不确定性

若没有足够的数据(这种情况在实践中很常见)，在参数上存在不确定性。这种不确定性可用二阶概率分布来建模，并可在推理过程中传播，因此可估计结果概率中的不确定性。对于二元变量，参数的不确定性可用 β 分布来建模：

$$\beta(a,b) = \frac{(a+b+1)!}{a!b!} x^a (1-x)^b \tag{8.3}$$

对于多值变量，参数的不确定性可用 β 的扩展来表示，即 Dirichlet 分布。

对于二进制的情况，β 分布的期望值见以下公式：$P(b_i) = a + 1/a + b + 2$，其中 a 和 b 是 β 分布的参数。根据专家对概率的估计，这种表示法也是可行的。β 分布的参数可以表示专家估计的置信度，通过用相同的概率值改变术语 $a + b$ 来表示。下面列举几个例子。

- 完全忽略：$a = b = 0$。
- 低等置信度：$a + b$ 小(10)。
- 中等置信度：$a + b$ 中等(100)。
- 高等置信度：$a + b$ 大(1000)。

这种表征可将专家的估计与数据相结合。例如，为了近似一个二元变量的概率值 b_i，我们可以使用：

$$P(b_i) = k + a + 1/n + a + b + 2 \tag{8.4}$$

其中 $a/a + b$ 表示专家的估计，k/n 则是从数据中得到的概率(k 是 n 个样本中 b_i 出现的次数)。

例如，假设一位专家对某一参数给出的估计值为 0.7，而实验数据在 100 个样本中提供了 40 个阳性案例。对于分配给专家的不同置信度的参数估计值如下。

低等置信度$(a+b=10)$:　$P(b_i) = \dfrac{40+7+1}{100+10+2} \approx 0.43$

中等置信度$(a+b=100)$:　$P(b_i) = \dfrac{40+70+1}{100+100+2} \approx 0.55$

高等置信度$(a+b=1000)$:　$P(b_i) = \dfrac{40+700+1}{100+1000+2} \approx 0.67$

我们观察到，在第一种情况下，估计值以数据为主，而在第三种情况下，概率更接近专家的估计值；第二种情况提供了一种折中的方法。

8.2.3　缺失数据

另一种常见的情况是数据不完整。其中有两种基本情况。

缺失值：在某些记录中，有一个或多个变量的值缺失。

隐藏节点：模型中完全没有数据的变量或变量集。

处理缺失值的几种备选方案如下：

(1) 消除具有缺失值的记录。

(2) 考虑一个特殊的"未知"值。

(3) 用变量的最常见值(模式)替换缺失值。

(4) 根据相应的记录中其他变量的值来估计缺失值。

若有足够的数据，第一和第二种备选方案是可行的，否则可能丢弃有用的信息。第三种选择不考虑其他变量，因此，可能使模型产生偏差。一般来说，第四种方案最优；这种情况下，我们首先根据完整的记录来学习 BN 的参数，然后完成数据并重新估计参数。应用过程如下；对于每个包含缺失值的记录：

(1) 实例化记录中所有的已知变量。

(2) 通过概率推理获得缺失变量的后验概率。

(3) 给每个变量分配具有最高后验概率的值。

(4) 将这个完成的记录添加到数据库，并重新估计参数。

先前过程的替代方案是，为每个变量的值分配一个与后验概率成比例的部分案例，而不是以最高概率赋值。

对于隐藏节点，估计其参数的方法以期望最大化(EM)技术为基础展开。

1. 隐藏节点：EM

EM 算法是一种统计技术，存在不可观察的变量时，可用于参数估计。该算法由两个阶段组成，每个阶段迭代执行。

E 步：根据当前参数估计缺失的数据值。

M 步：根据所估计的数据更新参数。

该算法首先用随机值对缺失的参数进行初始化。

给定有一个或多个隐藏节点 $H_1, H_2, ..., H_k$ 的数据库，估计其 CPT 值的 EM 算法如下：

(1) 根据 ML 估计器获得所有完整变量的 CPT(变量及其所有父节点值都在数据库中)。

(2) 用随机值初始化未知参数。

(3) 考虑到实际参数，根据已知变量，通过概率推理，估计隐藏节点的值。

(4) 使用隐藏节点的估计值来完成/更新数据库。

(5) 使用更新的数据重新估计隐藏节点的参数。

(6) 重复(3)～(5)，直到收敛(参数没有明显变化)。

EM 算法优化未知参数并给出一个局部最大值(最终的估计值取决于初始化)。

2. 示例

现在我们用高尔夫示例中的数据来说明如何处理缺失值和隐藏变量(见表 8.1)。在此数据集中，温度变量存在一定的缺失值(记录 1 和记录 9)，而且没有关于多风的信息，这是一个隐藏节点。首先我们将说明如何填补温度的缺失值，然后说明如何管理隐藏节点。

表 8.1　高尔夫示例的数据，其中温度和一个隐藏变量"多风"的值缺失

天气	温度	湿度	多风	比赛
晴天	xxx	高	—	N
晴天	高	高	—	N
阴天	高	高	—	P
下雨	中	高	—	P
下雨	低	正常	—	P
下雨	低	正常	—	N
阴天	低	正常	—	P
晴天	中	高	—	N
晴天	xxx	正常	—	P
下雨	中	正常	—	P

(续表)

天气	温度	湿度	多风	比赛
晴天	中	正常	—	P
阴天	中	高	—	P
阴天	高		—	P
下雨	中	高	—	N

假设我们根据现有数据(12 个不含多风变量的完整记录)学习朴素贝叶斯分类器(NBC 是 BN 的一个特殊类型)，将"比赛"视为类变量，其他变量为属性。然后，基于这个模型，可将对应记录中其他变量的值作为证据，通过概率推理来估计那些记录中缺少温度的记录概率。注意，尽管该模型是"比赛"的 NBC，但给定类和其他属性，也可以应用概率推理来估计属性的值。

记录 1：P(温度 | 晴天,高,N)

记录 9：P(温度 | 晴天,正常,P)

然后可以选择后验概率最高的温度值，并填入缺失的数值，如表 8.2 所示。

表 8.2　在填写温度的缺失值后用 EM 程序的一次迭代来估计多风的数值，高尔夫示例的数据如下所示

天气	温度	湿度	多风	比赛
晴天	中	高	否	N
晴天	高	高	否	N
阴天	高	高	否	P
下雨	中	高	否	P
下雨	低	正常	是	P
下雨	低	正常	是	N
阴天	低	正常	是	P
晴天	中	高	否	N
晴天	中	正常	否	P
下雨	中	正常	否	P
晴天	中	正常	是	P
阴天	中	高	是	P
阴天	高	正常	是	P
下雨	中	高	是	N

对于隐藏节点"多风"的情况，我们无法从 NBC 中获得相应的 CPT, P(多风 | "比赛")，因为缺"多风"的值。然而，我们可以应用 EM 程序，首先为 CPT 设定初始随机参数，例如，可能是一个均匀分布：

$$P(多风|比赛) = \begin{matrix} 0.5 & 0.5 \\ 0.5 & 0.5 \end{matrix}$$

给定此 CPT，我们有一个完整的初始 NBC 模型，并且可以根据记录中其他变量的值来估计多风的概率。通过选择每个记录中最高的概率值，可填入表格，如表 8.2 所示。根据新的数据表，我们重新估计参数，并得到一个新的 CPT：

$$P(多风|比赛) = \begin{matrix} 0.60 & 0.44 \\ 0.40 & 0.56 \end{matrix}$$

这就完成了 EM 算法的一个循环；然后重复该过程，直到 CPT 中的所有参数与上次迭代相比几乎没有变化。此时，EM 程序已经收敛，我们对 BN 缺失参数进行估计。

8.2.4　离散化

贝叶斯网络通常研究离散变量或可变变量。尽管连续变量已有一些进展，但仅限于特定分布，特别是高斯变量和线性关系。在 BN 中另一个包含连续变量的选择是将其离散化；也就是将它们转换为可变变量。具体离散化方法是无监督离散化和有监督离散化。

1. 无监督离散化

无监督技术不考虑模型将要执行的任务(如分类)，因此每个变量的区间是一定独立的。两种主要的无监督离散化方法是：等宽和等量数据。

等宽是将一个变量的范围[$Xmin$: $Xmax$]划分在 k 个等宽的箱子中；每个箱子的大小为[$Xmax - Xmin$]/k。通常由用户设定区间数 k。

等量数据将变量的范围划分为 k 个区间，这样每个区间包括训练数据中相同数量的数据点。即若有 n 个数据点，每个区间将包含 n/k 个数据点；这意味着区间的宽度不一定相同。

有一种确定区间数量的方法，这对贝叶斯分类器特别实用，那就是比例 k-区间离散化(PKID)[14]。根据训练实例的数量，通过调整参数估计值的数量，该策略寻求参数估计值的偏差和方差之间的平衡。给定一个具有 N 个训练实例的连续变量，将其离散为 $\sqrt{N}$ 个区间，每个区间中有 $\sqrt{N}$ 个实例。将该方法与其他实现朴素贝叶斯分类器的离散化方法进行实验比较；发现该方法的平均误差最低[14]。

2. 监督离散化

监督离散化是将任务与模型一起执行，将变量离散化进而优化该任务，如分类精度。若我们考虑一个用于分类的 BN，即贝叶斯分类器，那么可以直接使用监督方法。假设属性变量是连续的，根据类值将其离散化。这可以作为一个优化问题。

考虑具有范围[$Xmin$；$Xmax$]的属性变量 X 和具有 m 个值 $c_1, c_2, ..., c_m$ 的类变量 C。给定 n 个训练样本，使每个样本都有一个 C 值和 X 值，问题在于要确定 X 的最优划分，使分类器的精度最大化。这是一个计算很复杂的组合问题，可用以下搜索过程来解决：

(1) 生成 X 中所有对应于[$Xmin$: $Xmax$]中类值所发生变化的潜在分项。

(2) 基于潜在分隔点，生成初始的 n 个区间集。

(3) 根据当前的离散化情况，测试贝叶斯分类器的分类精度(通常在一组称为验证集的不同数据集上)。

(4) 通过分割一个区间或连接两个区间来修改离散化。

(5) 重复(3)和(4)，直到分类器的准确性无法再提高或出现其他终止条件为止。

可使用不同的搜索方法，包括基本的搜索方法(如爬坡法)，或更复杂的方法(如遗传算法)。

前面的算法不适用于贝叶斯网络的一般情况，贝叶斯网络可根据不同的证据变量用预测不同的变量。这种情况下，有一种监督方法[8]，在学习 BN 结构的同时将连续属性离散化。该方法基于最小描述长度(MDL)的原则——在 8.3.3 节中有所描述。对于每个连续变量，根据其在网络中的相邻量来确定间隔数量。目的是使用类似于贝叶斯分类器过程的搜索和测试方法来最小化 MDL(模型的精确性和复杂性之间的折中)。对网络中所有的连续变量反复执行上述操作。

8.3 结构学习

结构学习包括从数据中获得 BN 的拓扑结构。这是一个复杂问题，因为：①即使只有几个变量，结构数量也可能是庞大的(它是变量数量的超指数；例如，对于 10 个变量，DAG 数量可能在 4×10^{18} 左右)，②需要一个庞大的数据库来获得所有方法所依赖的统计测量的良好估计。

对于树状结构的特殊情况，有一种方法可以保证得到最优树。对于一般情况，我们将提出几种方法，分为以下两类。

(1) 全局方法：这些方法[3, 5]对网络结构空间进行启发式搜索，从一些初始结构开始，每一步生成一个结构变量。根据评分来选择最优结构，这个评分衡量模型表示数据的好坏。常见的评分是 BIC[3]和 MDL[5]。

(2) 局部方法：这些方法是基于评估给定数据的变量子集之间的独立关系形成的，依次获得网络的结构。这种方法最著名的变体是 PC 算法[12]。

在有足够数据的情况下，这两类方法都能获得相似的结果。当数据样本很少时，局部方法往往更敏感，而全局方法往往在计算上更复杂。

接下来我们回顾一下 Chow 和 Liu[2]开发的树状学习算法及其对多重树的扩展。

8.3.1 树状学习

Chow 和 Liu[2]开发了一种方法，可将任意多变量概率分布近似于二阶分布乘积，这是学习树状结构 BN 的基础。n 个随机变量的联合概率近似为：

$$P(X_1, X_2, \ldots, X_n) = \prod_{i=1}^{n} P(X_i \mid X_{j(i)}) \tag{8.5}$$

其中 $X_j(i)$ 是 X_i 在树中的父节点。

问题在于如何获得最优树，即最接近真实分布的树状结构。根据真实分布(P)和树状近似(P^*)之间的信息差异，对近似程度的衡量如下。

$$DI(P, P^*) = \sum_X P(X) \log(P(X) / P^*(X)) \tag{8.6}$$

因此，现在的问题在于找到使 DI 最小化的树。然而，要对所有可能的树进行评估，代价是非常昂贵的。Chow 和 Liu 提出了一种基于成对变量之间互信息的替代方法。

任意一对变量之间的互信息被定义为：

$$I(X_i, X_j) = \sum_{X_i, X_j} P(X_i, X_j) \log(P(X_i, X_j) / P(X_i) P(X_j)) \tag{8.7}$$

给定一个带有变量 X_1, X_2, ..., X_n 树状结构的 BN，我们将其权重 W 定义为构成该树的弧(变量对)的互信息之和。

$$W(X_1, X_2, \ldots, X_n) = \sum_{i=1}^{n-1} I(X_i, X_j) \tag{8.8}$$

其中 X_j 是 X_i 在树中的父节点(一棵有 n 个节点的树，有 $n-1$ 条弧)。

可以证明[2]，最小化 DI 等同于最大化 W。因此，使用以下算法，发现最优树等同于找到最大权重生成树。

(1) 获得所有成对变量之间的互信息(I)；对于 n 个变量，有 $n(n-1)/2$ 对。

(2) 将互信息值按降序排列。

(3) 选择一对具有最大 I 值并用弧线连接的两个变量，这就构成了初始树。

(4) 将一对具有第二大 I 值的变量添加到树上，但它们并不形成一个环；否则跳过这对值，继续下一对。

(5) 重复过程(4)，直到所有变量都在树上($n-1$ 个弧)。

该算法得到的是树的骨架；也就是说，此过程没有给出 BN 中弧的方向。要获得链接方向，必须使用外部语义学或使用高阶依赖性测试。

为说明树状学习方法，考虑一个具有 5 个变量的经典高尔夫例子：比赛、天气、湿度、温度、多风。给定一些数据，得到表 8.3 所示的互信息。

表8.3　高尔夫示例中的互信息按降序排列

编号	变化 1	变化 2	互信息
1	温度	天气	0.2856
2	比赛	天气	0.0743
3	比赛	湿度	0.0456
4	比赛	多风	0.0074
5	湿度	天气	0.0060
6	多风	温度	0.0052
7	多风	天气	0.0017
8	比赛	温度	0.0003
9	湿度	温度	0
10	多风	湿度	0

这种情况下，我们选择前 4 对弧得到图 8.1 中的树，方向任意分配。

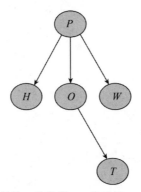

图 8.1　以高尔夫为例得到的树状结构(P 为比赛，O 为天气，H 为湿度，T 为温度，W 为多风)。
　　　　弧形方向任意设定

8.3.2 多重树学习

Rebane 和 Pearl[11]开发了一种方法,用来指示骨架中的弧线,即多重树 BN 学习。该算法基于变量三联体的独立性检验形成,通过这种方式可以区分收敛的子结构;一旦在骨架中检测到一个或多个这种类型的子结构,它就可通过对相邻节点应用独立性检验来指示额外的弧线。然而,不能保证获得树中所有弧的方向。在学习普通结构的 PC 算法中也可应用此种方法。

该算法首先使用 Chow 和 Liu 算法得到的骨架(无有向结构)。随后,使用变量三联体的独立性检验来学习弧的方向。给定三个变量,有以下三种可能。

(1) 连续弧:$X \to Y \to Z$。

(2) 发散弧:$X \leftarrow Y \to Z$。

(3) 收敛弧:$X \to Y \leftarrow Z$。

无法对前两种情况在统计学上的独立性检验进行区分;也就是说,它们是等价的。在这两种情况下,给定 Y 时,X 和 Z 是独立的。然而第三种情况不同,因为给定 Y 时,X 和 Z 不是独立的。因此,这种情况可用来确定连接这三个变量的两条弧的方向;此外,我们还可以运用这一方法,应用独立性检验来获得其他弧的方向。考虑到这一点,学习多重树有以下算法:

(1) 使用 Chow 和 Liu 算法获取骨架。

(2) 在网络上迭代,直至找到一个收敛的变量三联体。我们把弧收敛到的变量称为一个多父节点。

(3) 从一个多父节点开始,使用变量三联体的独立性检验来确定其他弧的方向。继续这个过程,直至不再可能进行下去(因果基础)。

(4) 重复(2)~(3),直到无法确定其他方向。

(5) 若有任一弧无方向,则使用外部语义来推测其方向。

为解释这个算法,我们再次回顾一下高尔夫的例子,以及得到的骨架(无向结构)。假设变量三联体 H、P、W 是收敛的。然后,使 H 指向 P,W 指向 P。随后,H 和 W 之间的相关性是相对于给定 P 的 O 而测量的。如果给定 P,H 和 W 独立于 O,那么弧就会从 P 指向 O。最后,对给定 O 的 P 和 T 之间的依赖关系进行检验,若再次发现它们是独立的,弧就会从 O 指向 T。图 8.2 表示所生成的结构。

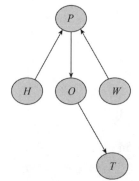

图 8.2 使用 Rebane 和 Pearl 算法得到的高尔夫示例的多重树

8.3.3　搜索和评分技术

前面的方法仅限于树和多重树结构；在本节和下一节中，我们将介绍通用结构学习技术，首先是全局方法。

全局方法以全局度量搜索最佳结构作为基础。也就是说，生成不同的结构，并使用某些评分方法评估出这些结构的数据。这些方法有不同的变体，所有这些方法基本上取决于两个方面：①结构和数据之间的适应度测量，②寻找最佳结构的方法。

1. 评分函数

有几种可能的适应度测量方法或评分函数。评分函数的两个理想特性如下[1]。

可分解性：若分配给每个结构的值可以表示为(在对数空间中)只取决于每个节点及其父节点的局部值的总和，则评分函数是可分解的。这对于搜索过程中的效率来说很重要；考虑到这一属性，对结构进行局部更改时，只需要重新评估一部分评分。

评分等价：若一个评分函数 S 对所有由相同的基本图表示的 DAG 赋予相同值，则称评分等价。这样，无论从该类中选择何种 DAG，评估一个等价类的结果都将相同。若两个 BN 的结构在它们所表示的独立性关系方面是等价的，则它们就对应于相同的本质图。例如，以下结构：

$X \to Y \to Z$ 和 $X \leftarrow Y \to Z$ 对应于相同的本质图($I(X, Y, Z)$)。

接下来介绍一些常见的评分函数，包括最大似然(ML)、贝叶斯信息准则(BIC)、贝叶斯评分(BD)和最小描述长度(MDL)准则。

给定结构 G，最大似然分值选择最大化数据概率 D 的结构：

$$G^* = \text{ArgMax}_G \left[P(D \mid \Theta_G, G_i) \right] \tag{8.9}$$

其中 G_i 是候选结构，Θ_G 是对应的参数向量(根据结构给定父节点的每个变量的概率)。

直接应用 ML 评分可能导致网络变得高度复杂，这通常意味着过拟合数据(泛化不良)，也使推理变得更复杂。因此，需要一种避免复杂模型的方法。

通常使用的评分函数包括惩罚术语，即贝叶斯信息准则或 BIC，定义为：

$$\text{BIC} = \log P(D \mid \Theta_G, G_i) - \frac{d}{2} \log N \tag{8.10}$$

其中 d 是 BN 中参数个数，N 是数据中的案例数。此指标的优点是，它不需要先验概率规范，而且与 MDL 指标有关，在模型的精确性和复杂性之间进行折中。然而，给定模型复杂性的高度惩罚，它倾向于选择过于简单的结构。

贝叶斯评分

另一种衡量指标是通过遵循贝叶斯方法得到的，用贝叶斯方法获得给定数据的结构的后验概率。

$$P(G_i \mid D) = P(G_i)P(D \mid G_i) / P(D) \tag{8.11}$$

假定 $P(D)$ 是一个不依赖于结构的常数，它可以从度量中舍弃，以获得贝叶斯或 BD 评分。

$$\text{BD} = P(G_i)P(D \mid G_i) \tag{8.12}$$

$P(G_i)$ 是模型的先验概率。这可以由专家指定或定义为更简单的结构；或者只是设置为均匀分布。

BDe 评分是 BD 评分的一个变体，做出了以下假设：①参数是独立的且具有先验的 Dirichlet 分布，②等价结构具有相同评分，③数据样本独立且相同分布(iid)。在这些假设下，计算评分所需的虚拟计数可以估计为：

$$N_{ijk} = P(X_i = k, Pa(X_i) = j \mid G_i, \Theta_G) \times N' \tag{8.13}$$

这是某种配置的估计计数：给定 $Pa(X_i) = j$，$X_i = k$；N' 是等效的样本量。

假设先验的超参数为，我们可以进一步简化贝叶斯评分的计算，得到所谓的 $K2$ 度量[1]。这个评分数是可分解的，它是在给定父变量 $Pa(X_i)$ 的情况下对每个变量 X_i 进行计算得到的：

$$S_i = \prod_{j=1}^{q_i} \frac{(r_i - 1)!}{(N_{ij} + r_i - 1)!} \prod_{k=1}^{r_i} \alpha_{ijk}! \tag{8.14}$$

其中，r_i 是 X_i 的值的数量，q_i 是 X_i 的父节点的可能配置的数量，α_{ijk} 是数据库(其中 $X_i = k$，$Pa(X_i) = j$)的案例数，N_{ij} 是数据库(其中 $Pa(X_i) = j$)的案例数。

该指标为评估 BN 提供了一个实用的替代方法。下面将介绍另一种基于 MDL 原则的常见替代方案。

MDL

MDL 度量在准确性和模型复杂性之间进行折中。准确度是通过测量每个变量与其父节点变量之间的互信息来估计得到的(树状学习算法的延伸)。模型的复杂度是通过计算参数的数量来评估的。在[0, 1]范围内的一个常数 α，用于调解各方面的权重，即准确度与复杂度。可用以下式子测量适应性：

$$\text{MC} = \alpha(W / W_{\max}) + (1 - \alpha)(1 - L / L_{\max}) \tag{8.15}$$

---

1 $K2$ 是一种学习 BN 的算法，如下所述。

其中 W 代表模型的准确度，L 代表复杂度。W_{max} 和 L_{max} 分别代表最大准确度和复杂度。为了确定最大值，通常会对每个节点允许拥有的父节点的数量设定一个上限值。$\alpha=0.5$ 的值对模型的复杂度和准确度同等重要，接近 0 的值对复杂度更重要，而接近 1 的值则对准确度更重要。

复杂度由表示模型所需的参数数量给出，可用下式来衡量：

$$L = S\left[k \log_2 n + d(S-1)F\right] \tag{8.16}$$

其中 n 是 BN 中的变量数，k 是每个变量的父节点的平均数量，S 是每个变量的平均值数，F 是每个父节点变量的平均值数，d 是每个参数的位数。例如，考虑一个有 16 个变量的 BN，所有变量都是二进制，平均有 3 个父节点，每个参数用 16 位表示。那么：

$$L = 2 \times [3 \times log_2(16) + 16 \times (2-1) \times 2] = 2 \times [12+32] = 88$$

可根据每个节点的"权重"来估计准确度；这与学习树方法中的权重相似。这种情况下，每个节点 X_i 的权重是根据其与父节点的互信息 $Pa(X_i)$ 来估计得出的：

$$w(X_i, Pa(X_i)) = \sum_{xi} P(X_i, Pa(X_i))log\left[P(X_i, Pa(X_i)) / P(X_i)P(Pa(X_i))\right] \tag{8.17}$$

而权重(准确度)的总和由每个节点的权重之和给出：

$$W = \sum_i w(X_i, Pa(X_i)) \tag{8.18}$$

2. 搜索算法

一旦确定了结构的适应度度量，我们就需要建立一种方法，以便在可能的选项中选择"最佳"结构。由于可能结构的数量与变量数量呈指数关系，因此不可能评估每种结构。为了限制评估的结构数量，需要进行启发式搜索。可采用几种不同的搜索方法。常见的策略是爬坡法，即从一个简单的树状结构开始，不断改进直到获得"最佳"结构。一个搜索最佳结构的基本贪婪算法如下：

(1) 生成一个初始结构——树。

(2) 计算初始结构的适应度。

(3) 从当前结构中添加/插入一个弧。

(4) 计算新结构的适应度。

(5) 如果适应度提高，保持变化；如果没有，返回之前的结构。

(6) 重复(3)~(5)，直到没有进一步的改进。

前面所述的算法不能保证能找到最佳结构，因为可能获得的只是局部最大值。图 8.3 表示高尔夫示例的搜索过程，从一个树状结构开始，经过改进，直到获得最终结构。

也可以应用其他搜索方法获得最佳结构，如遗传算法、模拟退火、双向搜索等。

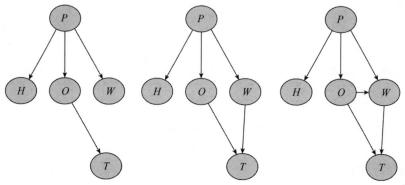

图 8.3　学习"高尔夫"示例结构的几个步骤，从树状结构(左)开始直到获得最终结构(右)

为了减少需要评估的潜在结构的数量，另一种替代方法是对变量设置排序，称为因果排序。给定此排序，限制网络中的弧使其遵循此顺序；也就是说，若按照这个排序，$j > i$，就不可能有从 V_j 到 V_i 的弧。$K2$ 算法[3]利用了这一优点，为学习 BN 提供了高效的方法。

3. $K2$ 算法

给定所有变量的因果排序，学习最优结构等同于为每个节点独立选择最佳的父节点集。最初，每个变量都没有父节点变量。然后，$K2$ 算法逐步递增地为每个节点添加父节点，只要它能增加全局得分，便一直进行搜索。当向任何节点添加父节点都不能增加分数时，搜索停止。另外，给定一个因果排序，它可以确保图中不存在环。

算法 8.1 总结了 $K2$ 算法过程。该算法的输入是具有因果排序的 n 个变量的集合 $X_1, X_2, ..., X_n$，包含 m 个案例的数据库 D，以及通常对每个变量的最大父节点变量的限制 u。输出是每个变量的父节点集合，$Pa(X_i)$，它定义了网络的结构。根据排序，从第一个变量开始，该算法测试所有可能的、尚未添加的父节点变量，并包括使网络得分增量最大的一个父节点变量。重复此操作，直到没有额外的父节点增加分数为止；对于网络上的每个节点也是如此。

算法 8.1　$K2$ 算法

Require: Set of variables X with a causal ordering, scoring function S, and maximum parents u

Ensure: Set of parents for each variable, $Pa(X_i)$

　for $i = 1$ **to** n **do**

　　old Score $= S(i, Pa(X_i))$

（续表）

---

increment Score = true

$Pa(X_i) = \emptyset$

while *increment Score* and $|Pa(X_i)| < u$ **do**

 let *Z* be the node in *Predecessors*$(X_i) - Pa(X_i)$ that maximizes *S*

 newScore = S$(i, Pa(X_i) \cup Z)$

 if *newScore > old Score* **then**

  old Score = newScore

  $Pa(X_i) = Pa(X_i) \cup Z$

 else

  increment Score = false

 end if

end while

end for

return $Pa(X_1), Pa(X_2)...Pa(X_n)$

8.3.4　独立性检验技术

另一类结构学习技术使用的是局部方法，而不是评分和搜索技术所使用的全局方法。其基本思想是将独立性检验应用于变量集，以恢复 BN 的结构。这类技术的一个示例是 Chow 和 Liu 的树状算法。接下来介绍一种学习通用结构的方法，即 PC 算法。

PC 算法

首先，PC 算法[12]恢复 BN 的骨架(在无向图下)，然后确定边的方向。

为确定骨架，它以一个完全连接的无向图作为起点，并在给定其他变量的一些子集的情况下，确定每对变量的条件独立性。为此，它假设有一个过程可以确定两个变量 *X*、*Y* 是否在给定变量子集 *S* 的情况下独立，即 *I*(*X*, *Y* | *S*)。此过程的替代方法是条件交叉熵测量。若该测量值低于根据一定置信水平设定的阈值，则消除这对变量之间的边际。这些测试对图中的所有变量对进行迭代。

在第二阶段，根据变量三联体之间的条件独立检验来设定边的方向。其做法是，在 *X* − *Z* − *Y* 形式的图中寻找子结构。这样就不存在边 *X* − *Y*。若给定 *Z* 时，*X*、*Y* 不是独立的，则它使边际定向，创建一个 *V* 型结构 *X* → *Z* ← *Y*。一旦找到所有 *V* 型结构，它会尝试根据独立检验和避免环来确定其他边的方向。算法 8.2 概述了基本过程。[1]

算法 8.2　PC 算法

Require: Set of variables **X**, Independence test I

Ensure: Directed Acyclic Graph G

1: Initialize a complete undirected graph G'

2: $i = 0$

3: **repeat**

4:　　**for** $X \in X$ **do**

5:　　　**for** $Y \in ADJ(X)$ **do**

6:　　　　**for** $S \subseteq ADJ(X) - \{Y\}, |S| = i$ **do**

7:　　　　　**if** $I(X, Y | S)$ **then**

8:　　　　　　Remove the edge $X - Y$ from G'

9:　　　　　**end if**

10:　　　　**end for**

11:　　　**end for**

12:　　**end for**

13:　　$i = i + 1$

14: **until** $|ADJ(X)| \leqslant i, \ \forall X$

15: Orient edges in G'

16: Return G

若独立性集合忠实于图[2]，并且独立性检验结果完美，则该算法会生成一个与原始图等同的图，即生成数据的 BN 结构。

独立性检验技术依赖于数量足够的数据，以便从独立性检验中获得良好的评估。搜索和评分算法在数据集的大小方面比较可靠，然而它们的性能也会受到可用数据的大小和质量的影响。当数据不够时，另一种方法是结合专家知识和数据。

8.4　结合专家知识和数据

领域性的专业知识可用时，可结合学习算法来改进模型。在参数学习的情况下，

1　*ADJ(X)* 是图中与 *X* 相邻的节点集合。

2　忠实条件可以被认为条件独立关系是由因果结构(而不是参数值的意外)造成的[12]。

基于 β 或 Dirichlet 分布，可将数据和专家估计结合起来，如第 8.2 节所述。

对于结构学习，结合专家知识和数据，有两种基本方法：

- 利用专家知识作为限制条件，减少学习算法的搜索空间。
- 从专家提出的结构开始，使用数据来验证和改进该结构。

可通过几种方式使用专家知识来帮助结构学习算法，例如：

(1) 定义变量的顺序(因果排序)，这样，只有当 X_j 按照指定的排序位于在 X_i 之后时，才会有一个从 X_i 到 X_j 的弧。

(2) 根据两个变量之间必须存在有向弧来定义限制，即 $X_i \rightarrow X_j$。

(3) 根据两个变量之间的弧来定义限制，该弧可以按任何方式定向。

(4) 根据不直接相关的变量对定义限制条件，即，X_i 和 X_j 之间不能有弧线。

(5) 前述限制的组合。

搜索和评分以及独立检验的几个变体都包含先前的限制。

就第(2)种方式而言，在第 4 章中列举了一个例子来应用结构改进算法。该技术从一个朴素贝叶斯结构开始，通过消除、连接或插入变量进行改进。这个想法可以扩展到一般的 BN 结构，特别是树状结构的 BN。

8.5　迁移学习

当某些应用没有足够多的数据时，另一种选择是迁移相关领域的知识和/或数据，即所谓的迁移学习。接下来描述一种基于贝叶斯网络的迁移学习的方法。

Luis 等人[7]提出一种迁移学习方法，该方法从该任务和其他相关辅助任务的数据中学习目标任务的 BN、结构和参数。结构学习方法以 PC 算法为基础，将从目标任务的数据中获得的依赖度量与从辅助任务的数据中获得的依赖度量相结合。组合函数考虑了这些度量之间的一致性。

对于结构学习，该方法通过将目标任务中的独立性度量与最近的辅助任务的独立性度量结合起来，修改了 PC 算法的独立性检验。相似度量标准同时考虑了全局和局部的相似性。全局相似性考虑模型中所有成对的条件独立性，而局部相似性只考虑特定变量的条件独立性。因此，综合独立性度量 $I(X, S, Y)$ 是目标任务和辅助任务中独立性度量的线性加权组合，考虑了置信度和相似度度量。基于组合的独立性度量，定义了一种替代的 PC 算法。

参数学习技术使用聚合过程，将从目标任务估计的参数与从辅助任务估计的参数相结合。在线性组合技术的基础上，提出了两种变体：①基于距离的线性池，考虑了辅助参数与目标参数的距离；②局部线性池，只包括与目标参数接近的辅助参数，按每个辅助任务的数据量进行加权。

为了结合辅助任务中的变量 X 的 CPT，该变量必须在目标任务中具有相同的父节点。如果它们没有相同的父节点本，辅助任务中的子结构将转换为匹配目标结构。

基于距离的线性池(DBPL)从目标任务的数据中估计的参数进行加权线性组合，并对辅助任务的参数进行平均：

$$P'_{target} = C_i P_{target} + (1 - C_i) P_{auxiliary} \qquad (8.19)$$

其中，根据该目标任务的参数估计和辅助任务的参数估计之间的相似性，确定 C_i 定义为一个系数。

局部线性池(LoLP)只考虑辅助任务中最相似的参数，并基于数据量的置信度对其进行加权。它也基于式 8.19，但只考虑最近的辅助任务的参数，即与目标任务的参数差异在一定阈值下的参数。

有关该方法的更多细节请参阅[7]。

8.6 应用

许多领域已经应用学习贝叶斯网络，以更好地了解该领域或基于部分观察进行预测；例如医药、金融、工业和环境等。接下来介绍两个应用示例：模拟建模墨西哥城的空气污染和咖啡生产的农业规划。

8.6.1 墨西哥城的空气污染模型

墨西哥城的空气质量是一个重大问题。那里是世界上空气污染是最严重的地区之一，氮氧化物、一氧化碳等几种主要污染物的日平均排放量很高。污染主要来自交通运输和工业排放。原生污染物暴露在阳光下会发生化学反应，产生各种二次污染物，其中臭氧最严重。臭氧除了可能引起健康问题外，还被认为是城市地区空气质量的一个指标。

墨西哥城内有 25 个监测站对空气质量进行监测,其中有 5 个监测站建设得最完备。在 5 个主要站点中，每个站点都测量了 9 个变量，包括风向、风速、温度、相对湿度、二氧化硫、一氧化碳、二氧化氮和臭氧。一天 24 小时中，每分钟对这些数据进行一次测量，并且取每小时平均值。

由于以下几个原因，能够提前几小时(甚至提前一天)预测污染水平至关重要，包括：
(1) 如果污染程度将超过某个阈值，则能采取紧急措施。
(2) 帮助行业提前制定应急预案，以便将应急措施的成本降至最低。

(3) 评估未测量地区的污染情况。

(4) 在一些地方(如学校)采取预防措施，以减少高污染水平对健康产生的危害。

在墨西哥城，臭氧水平被用作衡量城市不同地区内空气质量的全球指标。臭氧的浓度由 IMECA(墨西哥空气质量指数)给出。预测每天的臭氧至关重要，或者至少使用在不同站点测量的其他变量，提前几小时预测。

了解测量的不同变量之间的相关性，特别是它们对臭氧浓度的影响是很有用的。这将使我们更好地了解这个问题，并具有以下几个潜在好处：

- 确定哪些因素对墨西哥城的臭氧浓度影响更大。
- 只考虑相关信息，从而简化评估问题。
- 寻找墨西哥城污染的最关键原因；这些可能有助于未来减少污染。

首先我们应用一种学习算法来获得现象的初始结构[13]。为此，我们考虑了 47 个变量：5 个站点中每个站点的 9 个测量值，以及记录相应的时刻和月份。我们使用了近 400 个随机样本，并应用 Chow 和 Liu 算法来获得最接近数据分布的树状结构。这个树状结构的贝叶斯网络如图 8.4 所示。

然后，将一个站点(Pedregal)的臭氧视为未知，并提前一小时使用其他测量值进行评估。因此，将 Ozone-Pedregal 作为假设变量，并将其视为概率树中的根，如图 8.4 所示。从这个最初的结构中，可了解其他变量对估计 Ozone-Pedregal 的相关性或影响。离根"最近"的节点是最重要的节点，而"远"的节点则相对不重要。

这种情况下，我们观察到有 3 个变量(Ozone-Merced、Ozone-Xalostoc 以及 Pedregal 的风速)对 Ozone-Pedregal 的影响最大。此外，如果树状结构是对"真实"结构的良好近似，这 3 个节点使 Ozone-Pedregal 独立于其他变量(见图 8.4)。因此，对这一结构的第一次测试中，我们仅使用这 3 个变量来估计 Ozone-Pedregal。我们做了两个实验：①使用从训练数据中抽取的 100 个随机样本估计 Ozone-Pedregal；②使用从单独数据中抽取的另外 100 个样本估计 Ozone-Pedregal，但不用于训练。我们观察到，即使只有三个参数，估计结果也相当不错。对于训练数据，平均误差(真实和估计的臭氧浓度之间的绝对差异)为 11 IMECA 或 12%；而对于非训练数据，则为 26 IMECA 或 22%。

从得到的结构中发现了一个有趣的观察结果，Ozone-Pedregal(位于城市南部)基本上与三个变量有关：Ozone-Merced(位于城市中心)、Ozone-Xalostoc(位于城市北部)以及 Pedregal 的风速。此外，南部的污染基本上取决于城市中心和北部的污染(那里的交通和工业更发达)和风速——风将污染从北部带到南部。这一现象早已为人所知，但它是通过学习一个 BN 自动发现的。也可以发现其他一些不太为人所知的影响因素，并帮助做出控制污染和采取应急措施的决策。

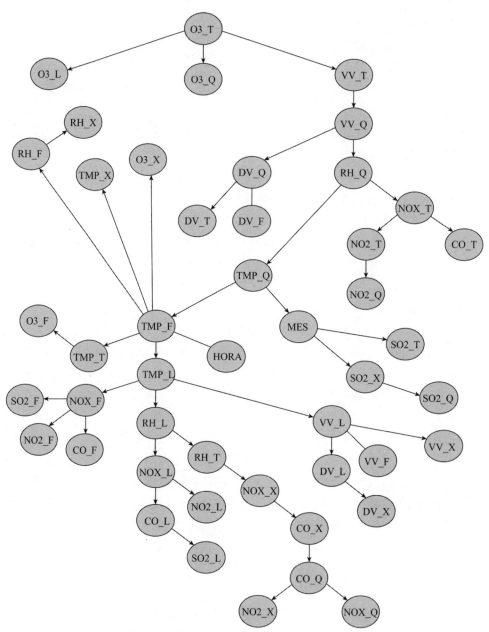

图 8.4 墨西哥城 5 个监测站点的臭氧现象的贝叶斯树。根据以下命名法，这些节点表示 47 个变量。对于测量的变量，每个名称由两部分组成，"测量值_站点"，使用以下缩写。测量值：O3-臭氧、SO2-二氧化硫、CO-一氧化碳、NO2-二氧化氮、NOX-氮氧化物、VV-风速、DV-风向、TMP-温度、RH-相对湿度。站点：T-Pedregal、F-Tlalnepantla、Q-Merced、L-Xalostoc、X-Cerro de la Estrella。其他两个变量对应于测量时间：HORA-小时、MES-月

8.6.2　使用贝叶斯网络进行农业规划

气候数据在农业部门的规划中发挥着关键作用。然而，往往缺乏所需的空间或时间分辨率数据，或缺少某些数值。另一种方法是，从现有数据中学习贝叶斯网络，然后用它生成缺失变量的数据。这项工作用于中美洲和墨西哥南部的咖啡生产领域[6]。考虑的变量有：总降水量、最高温度、最低温度、风速和太阳辐射；用于推断月度相对湿度和最干燥月份相对湿度的缺失值。

数据来自地表再分析数据集，即气候预测系统再分析(CFSR)，其中包括总降水量(毫米)、温度(摄氏度，2 米处的最低和最高温度)、风速(米/秒，10 米处)、地表太阳辐射(兆焦耳/平方米)和相对湿度(%，2 米处)等变量的每日值。空间分辨率为每像素 38 千米×38 千米，数据来自 1979 年至 2014 年的记录。

BN 模型是用 Netica 软件包 6.04 版开发的。对于每个选定的变量，创建并离散化节点。连续变量被离散化为等长的区间；根据数据分布来选择每个变量的间隔数。

一旦变量被离散化，图模型就从数据集的 80%案例(n=180 530)中学习。将相对湿度节点设定为目标变量，将 BN 拓扑结构限制为树增广朴素贝叶斯(TAN)分类器，将相对湿度视为类别。由此得到的 BN 结构如图 8.5 所示。该模型的参数是使用拉普拉斯平滑法从同一数据集中学习得到的。

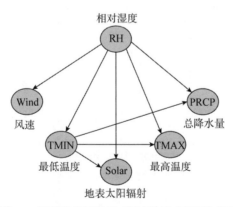

图 8.5　用于推理月度相对湿度的贝叶斯网络模型

通过两种方式对该模型进行验证。首先，探索了该模型根据其他变量推理一年中所有月份的相对湿度的能力，以及最干燥月份的相对湿度。其次，在缺少地表太阳辐射和风速变量的情况下，估计了相对湿度，因为研究地区的气象站几乎没有记录这些变量。使用其余未用于训练的数据(45 190 例)来评估前两种情况下的模型。通常，在比较推理值和实际值时，度量偏差(小于单位)和 RMSE≤4.1%表明两者非常接近。正如预期的那样，当其他所有变量的信息都可用时，模型性能最佳；然而，即使缺失变量(地表太阳辐射和风速)，结果也非常理想(RMSE≤5%)。

8.7　补充阅读

[9]是关于学习贝叶斯网络的全面书籍；Heckerman[4]给出了有关学习 BN 的综合教程。[10]中描述了树状和多重树学习算法。[12]从统计学角度全面介绍了学习 BN。[1]中分析了不同评分函数。

8.8　练习

1. 下表给出了高尔夫示例的原始数据，其中一些变量使用了数字值。用每个变量的 3 个区间对这些变量进行离散化处理。①使用等宽离散化，②使用等量数据。

天气	温度	湿度	多风	比赛
晴天	19	高	5	N
晴天	25	高	3	N
阴天	26	高	3	P
下雨	17	高	6	P
下雨	11	正常	15	P
下雨	7	正常	17	N
阴天	8	正常	11	P
晴天	20	高	7	N
晴天	19	正常	1	P
下雨	22	正常	5	P
晴天	21	正常	20	P
阴天	22	高	18	P
阴天	28	正常	16	P
下雨	18	高	3	N

2. 基于前一个问题的离散化数据，求图 8.2 中给出的贝叶斯网络结构的 CPT。

3. 考虑朴素贝叶斯分类器，对问题 1 表中的连续变量进行离散化处理，最大限度地提高预测的准确性。使用离散属性构建初始分类器，然后将监督离散化应用于温度，再应用于风速。

4. 根据表 8.1 中的数据(仅完整的记录)，求朴素贝叶斯分类器的 CPT。

5. 估算表 8.1 中的温度缺失值。重新估计包含这些值的 CPT。

6. 继续第 8.2.3 节中的示例所采用的 EM 算法，直到收敛。求最终的 CPT, P(风速 | 比赛)，以及最终的数据表。

7. 根据表 8.2 中高尔夫示例的数据，使用 Chow 和 Liu 的算法学习树状 BN 的骨架。

8. 通过应用多重树学习技术，获得前一个问题中的骨架弧的方向。

9. 在表 8.2 中，基于前一个问题的同一数据集，使用 PC 算法学习 BN。使用条件互信息度量(见第 2 章)来测试条件独立性。

10. 给出高尔夫示例的数据集(表 8.2)，用 $K2$ 算法分析 BN。为变量确定一个因果排序，并使用 Chow 和 Liu 算法得到的树状初始结构。将得到的结构与前一个问题的结构进行比较。

11. 给定下表中的数据集，①学习一个以 C 为类别的朴素贝叶斯分类器，②学习一个树状结构的 BN 并以 C 为根节点固定弧的方向，③比较两个模型的结构。

$A1$	$A2$	$A3$	C
0	0	0	0
0	1	1	1
0	1	0	1
0	0	1	1
0	0	0	0
0	1	1	0
1	1	0	1
0	0	0	1
0	1	0	0
0	1	1	0

12. 对于上一个问题中的数据集，使用拉普拉斯平滑技术获得 NBC 和树状 BN 的条件概率表。将这些表格与未经平滑处理的表格进行比较。

13. ***开发一个完成多重树学习算法的程序。将其应用于高尔夫数据，并与练习 2 的结果进行比较。

14. ***使用基于 MDL 评分函数的评分和搜索技术，以及另一个基于独立性检验的算法，完成从数据中学习 BN 的程序(PC 算法)。将二者应用于不同的数据集并比较其结果。

15. ***为 BN 制定一个完成迁移学习方法的方案。对其进行评估,选择一个 BN 作为目标任务,通过修改原始结构,增加、消除或颠倒弧线来建立几个辅助任务。为目标任务生成少量数据样本(使用逻辑采样),为辅助任务生成更多数据。

第9章 动态和时态贝叶斯网络

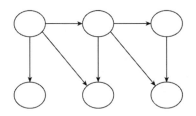

9.1 引言

贝叶斯网络通常表示某些现象在某一瞬间的状态。然而，在许多应用中，我们希望用其来表示某个过程的时间演变，即不同的变量如何随时间演变，也称为时间序列。

动态过程贝叶斯网络模型有两种基本类型：基于状态模型和基于事件模型。基于状态模型以离散时间间隔表示每个变量状态，因此，网络由一系列时间片组成，其中每个时间片表示每个变量在时间 t 的值；这些模型被称为动态贝叶斯网络。基于事件模型表示每个状态变量的状态变化；然后每个时间变量将对应于状态变化的时间。这些类型的模型被称为事件网络或时间网络。

在本章中，我们将从表征、推理和学习方面介绍动态贝叶斯网络和时间网络。

9.2 动态贝叶斯网络

动态贝叶斯网络(DBN)是贝叶斯网络的扩展，用于模拟动态过程。DBN 由一系列时间片组成，这些时间片代表了所有变量在某一特定时间 t 的状态；这是一种对时间演变过程的快照。对于每个时间片，在该时间段的变量之间定义一个依赖结构，称为基础网络。通常假设该结构对所有时间片都进行复制(第一个切片除外，它有所不同)。除此之外，不同片区的变量之间也存在边缘，其方向与时间方向一致，由此定义了转移网络。通常，对 DBN 进行限制，使其在连续时间片之间包含有向链接，被称为一阶马尔可夫模型；尽管一般情况下这没有必要。图 9.1 中描述了一个具有 3 个变量和 4 个时间片的 DBN 的示例。

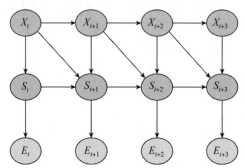

图 9.1　具有 3 个变量和 4 个时间片的 DBN 的一个示例。这种情况下，基础结构是
$X \rightarrow S \rightarrow E$，在 4 个时间片中重复

实践中的大多数 DBN 满足以下条件：

- 一阶马尔可夫模型。时间 t 的状态变量只取决于时间 $t-1$ 的状态变量(以及时间 t 的其他变量)。
- 静态过程。模型的结构和参数不随时间的变化而变化。

DBN 可以看作马尔可夫链和隐马尔可夫模型(HMM)的泛化。马尔可夫链是最简单的 DBN，其中每个时间片只有一个变量 X_t，直接受前一个时间段的变量影响。这种情况下，联合分布可以写成：

$$P(X_1, X_2, \ldots, X_T) = P(X_1)P(X_2 \mid X_1)\ldots P(X_T \mid X_{T-1}) \tag{9.1}$$

隐马尔可夫模型在每个时间阶段有两个变量，分别为状态变量 S 和另一个观察变量 Y。通常假设 S_t 仅取决于 S_{t-1}，Y_t 仅取决于 S_t。因此，联合概率可分解如下：

$$P(\{S_{1:T}, Y_{1:T}\}) = P(S_1)P(Y_1 \mid S_1)\prod_{t=2}^{T} P(S_t \mid S_{t-1})P(Y_t \mid S_t) \tag{9.2}$$

马尔可夫链和 HMM 是 DBN 的特殊情况，通常只要具有任何基础和转移结构，每个时间步长都可以有 N 个变量。DBN 的另一个特殊变体是卡尔曼滤波器，它也有一个状态变量和一个观察变量，但两个变量都是连续的。基本的卡尔曼滤波器假设转换模型和观察模型采用高斯分布和线性函数。

9.2.1　推理

有几类可以用 DBN 进行的推理。在下文中，我们将提及几种主要推理方法，其

中 X 是未观察到(隐藏)的变量，Y 是观察到的变量[9]。

- 筛选。根据过去的观察，预测下一个状态：$P(X_{t+1}|Y_{1:t})$。
- 预测。根据过去的观察，预测未来的状态：$P(X_{t+n}|Y_{1:t})$。
- 平滑化。根据过去和未来的观察估计当前状态(对学习有所帮助)：$P(X_t|Y_{1:T})$。
- 解码。根据观察结果，找出最可能的隐藏变量序列：$\text{ArgMax}(X_{1:T})P(X_{1:T}|Y_{1:T})$。

贝叶斯网络的推理方法(见第 7 章)可以直接应用于 DBN。对于特定类型的模型，如 HMM[10]，已经开发出了高效的推理方法(见第 5 章)。然而，对于更复杂的模型，推理可能变得难以计算。这些情况下，可应用基于抽样的近似方法，如马尔可夫链蒙特卡洛[6]。粒子滤波器是一种流行的近似方法，用一组加权粒子或样本来近似得到状态预测分布(置信状态)[9]。接下来回顾 DBN 的一些采样方法。

9.2.2　抽样

第 7 章中介绍的逻辑抽样方法也可应用于 DBN。为此，根据基础网络的结构为第一个时间片 $t=1$ 生成样本，并根据这些样本为第二个时间片生成样本，以此类推。

因为这些类型的抽样方法与 BN 和 DBN 的情况一样，都是根据有向无环图中变量的排序生成样本，所以被称为祖先抽样。这些方法足以应付没有证据或没有预测的情况。但对于其他类型推理，当有证据时，它们的效果可能差强人意。若舍弃那些与证据不一致的样本，那么样本被保留的概率为 $1/\prod_i|X_i|$，其中 X_i 是证据变量，概率将是 1/125；也就是说，生成的样本中，有用的只有不到 1%。

鉴于祖先抽样的局限性，替代抽样技术更常见，对于 DBN 而言尤其如此。

1. 吉布斯抽样

吉布斯抽样是在难以直接抽样的情况下，获取一系列样本以近似得到一个多元概率分布的算法。它可以用于近似得到联合分布、变量之一，或一些变量的子集的边际分布。我们认为，从条件分布中取样比在联合分布上边际化更容易。该算法如下：

给定一组变量 $X=(X_1,X_2,\ldots,X_n)$ 的联合概率分布 $P(X_1,X_2,\ldots,X_n)$，我们想要生成 k 个样本。

(1) 为所有变量设定一个初始随机值 X^1。

(2) 根据前一个样本 X^i 的值生成下一个样本 X^{i+1}，根据变量的顺序，为每个变量生成一个以其他变量为条件的样本：$X_1^{i+1}|(X_2^i,\ldots,X_n^i), X_2^{i+1}|(X_1^i,X_3^i,\ldots,X_n^i)$ 等。根据条件概率分布生成样本：$P(X_i|X_1,\ldots,X_{i-1},X_{i+1},\ldots,X_n)$。

(3) 重复上一个步骤 k 次。

这实质上是一种逼近联合分布的马尔可夫链蒙特卡洛算法(即 X^{i+1} 只取决于 X^i);如果马尔可夫链不可还原,则随着 k 的增加,样本分布逼近真实分布。若初始值是任意的,通常一开始会忽略一些样本,称为周期老化。

对于 BN 和 DBN 来说,每个变量的条件分布只取决于变量的马尔可夫毯。在有证据的情况下,将证据变量设置为其值,以同样的方式执行算法,不需要丢弃样本。

考虑两个具有以下条件概率分布的二元变量,将其考虑为一个简单例子:

$$P(X|Y) = \begin{array}{c|cc} & Y=0 & Y=1 \\ \hline X=0 & 0.80 & 0.40 \\ X=1 & 0.20 & 0.60 \end{array}$$

$$P(Y|X) = \begin{array}{c|cc} & X=0 & X=1 \\ \hline Y=0 & 0.85 & 0.50 \\ Y=1 & 0.15 & 0.50 \end{array}$$

假设第一个样本是 $(X^1=1, Y^1=1)$。基于这些值并根据条件分布,生成第二个样本:$(X^2=1, Y^2=0)$;以此类推。假设 20 个样本后,有 13 次(1, 1),4 次(1, 0),2 次(0, 1)和 1 次(0, 0);那么联合估计结果将是:

$$P(X,Y) = \begin{array}{c|cc} & X=0 & X=1 \\ \hline Y=0 & 0.05 & 0.20 \\ Y=1 & 0.10 & 0.65 \end{array}$$

2. 重要性抽样

蒙特卡洛抽样假设可从实际概率分布中抽取样本;但这几乎不可能实现。重要性抽样用于估计概率分布的期望值 $p(X)$。然而,直接对 $p(X)$ 进行抽样非常困难,因此我们对另一个分布 $q(X)$ 进行抽样,并使用这些样本通过以下转换估计 $p(X)$:

$$E[f(x)] = \int f(X)p(X)\mathrm{d}x = \int f(X)\frac{p(X)}{q(X)}q(X)\mathrm{d}x \approx 1/n\sum_i f(X_i)\frac{p(X_i)}{q(X_i)} \qquad (9.3)$$

因此,为了估计期望值,我们可从另一个分布 $q(X)$ 中抽样,称其为提议分布;$\frac{p(X)}{q(X)} = w(X)$ 为抽样率或抽样权重,由于我们是从不同的分布中抽样,因此它起到了修正权重的作用。可以把近似值写成:

$$[Ef(x)] \approx 1/n\sum_i f(X_i)w(X_i) \qquad (9.4)$$

从原则上讲,$q(X)$ 可以是任何满足 $q(X)=0 \Rightarrow p(X)=0$ 的分布。随着样本数 n

的增加，而且若两个分布都比较接近，估算结果也会改善。

对于 DBN 来说，重要性抽样被应用于时间分布，$p(x_1, x_2, \ldots x_t) = p(x_{1:t})$，即所谓的顺序重要性抽样。这种情况下，样本是来自 $q(x_{1:t})$ 的路径。给定一组样本路径 $x_{1:t-1}^k$ 以及其重要性权重 w_{t-1}^k，可通过从转移分布 $q(x_t | x_{1:t-1})$ 中抽样，得到 t 中新的重要性权重 w_t^k。

可以证明，这种情况下，权重可递归定义为：

$$w_t^k = w_{t-1}^k \alpha_t^k \tag{9.5}$$

其中 $\alpha_t^k = \dfrac{p(x_t^k | x_{1:t-1}^k)}{q(x_t^k | x_{1:t-1}^k)}$。顺序重要性抽样也称为粒子滤波。

3. 粒子滤波器

粒子滤波器是贝叶斯滤波的一种抽样技术，即根据过去的观察和控制来预测下一个状态，$P(X_{t+1} | Z_{1:t}, U_{1:t})$；其中 X 是状态变量，U 是输入，Z 是观察值。其优点是，它不对状态变量的概率分布做出任何假设(例如，卡尔曼滤波器假设为高斯分布)。粒子滤波器的图模型如图 9.2 所示。

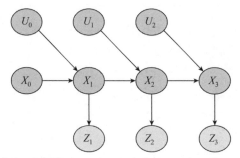

图 9.2　粒子滤波器的图模型。X_t 表示状态变量，U_t 表示输入，Z_t 表示观察值

粒子滤波器的基本思想是，概率分布可以表示为一组样本(粒子)。该算法涉及一个初始化，然后是一个有三个基本阶段的循环：

(1) 初始化集合 $P(X_0)$，即粒子的初始分布(可以是均匀的)。

(2) 重复 $t = 1$ 至 $t = T$。

　　a. 预测——对于每个粒子，估计下一个状态。$X_t = \int P(X_t | X_{t-1}, U_{t-1}) P(X_{t-1}) \mathrm{d}x_{t-1}$。

　　b. 更新——给定粒子假设，估计每个粒子的权重，将其作为观察结果的可能性。$w(X_t) = P(Z_t | X_t)$；归一化后，所有权重之和为 1。

　　c. 重新抽样——选择一组新粒子，使粒子存活的概率与其权重成正比。淘汰低概率粒子，复制高概率粒子。

粒子滤波器的一个关键方面是粒子数量 N；一般来说，N 越大，$P(X_t)$ 的估计值越好。粒子滤波器可应用于物体跟踪、机器人定位等。

9.2.3 学习

与 BN 一样，学习动态贝叶斯网络涉及两个方面：①学习结构或图的拓扑结构；②学习每个变量的参数或 CPT。此外，在变量的可观察性方面，我们考虑两种情况：①完全可观察性，此时所有变量都有数据；②部分可观察性，此时一些变量未被观察或被隐藏，或有数据缺失。学习 DBN 有 4 种基本情况，见表 9.1。

表 9.1 学习动态贝叶斯网络：4 个基本案例

结构	可观察性	方法
已知	完全	最大似然估计
已知	部分	预期最大化(EM)
未知	完全	搜索(全局)或测试(局部)
未知	部分	EM 和全局或局部

对于所有情况，我们可应用第 8 章中介绍的贝叶斯网络参数和结构学习方法的扩展。下面描述其中一个扩展，用于处理未知结构和完全可观察的情况。

假设 DBN 是稳定的(时间不变)，我们认为该模型由两个结构定义：基础结构和转移结构。因此，可将 DBN 的学习分为两部分，首先学习基础结构，然后在给定基础结构的情况下学习转移结构，见图 9.3。

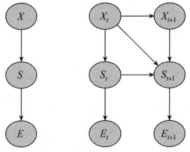

图 9.3 学习 DBN：首先得到基础结构(左)，然后得到转移结构(右)

为学习基础结构，可使用每个变量的所有可用数据，而忽略时间信息。这等同于学习一个 BN，因此可使用任何用于学习 BN 的方法(见第 8 章)。

为学习转移结构，我们需要考虑时间信息，特别是两个连续时间片 X_t 和 X_{t+1} 中所有变量的数据。考虑到基础结构，可学习时间 t 和 $t+1$ 的变量之间的依赖关系(假设是一阶马尔可夫模型)，并限制从过去到未来的边缘方向。

这里，我们以一种简单通用的方式描述了学习 DBN 的两个阶段，然而，现在已开发出基于该思想的几个变体(见"补充阅读"一节)。

9.2.4　动态贝叶斯网络分类器

在本节中，我们将考虑一种特殊类型的 DBN，称为动态贝叶斯网络分类器(DBNC)[2]。与 HMM 类似，DBNC 在每个时刻都有一个隐藏的状态变量 S_t；然而，观察变量被分解为 m 个属性，$A_t^1, \dots A_t^m$，假设给定 S_t，它们有条件独立。因此，DBNC 的基础结构具有星状结构，具有从 S_t 到每个属性 A_t^i 的定向链接(见图9.4)。

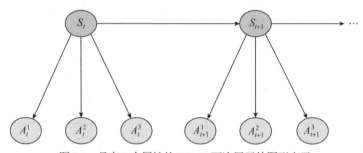

图 9.4　具有 3 个属性的 DBNC 两次展开的图形表示

一个 DBNC 的联合概率可分解如下：

$$P(\{S_{1:T}, A_{1:T}\}) = P(S_1)\left[\prod_{m=1}^{M} P(A_1^m \mid S_1)\right]\left[\prod_{t=2}^{T} P(S_t \mid S_{t-1})\prod_{m=1}^{M} P(A_t^m \mid S_t)\right] \tag{9.6}$$

其中 $A = A^1, \dots, A^m$。

与 HMM 的联合概率的不同之处在于，DBNC 不给出 $P(A_t \mid S_t)$，而是给定状态的每个属性的乘积，$\prod_{m=1}^{M} P(A_t^m \mid S_t)$。

DBNC 的参数学习和分类方式与 HMM 类似，分别使用 Baum-Welch 和 Forward 算法的衍生版本。

在 9.4.1 节中，我们将介绍 DBNC 在手势识别中的应用。

9.3　时间事件网络

除了 DBN 之外，还有一些用于描述已经开发的时间过程的替代性 BN 表示。不同类型的时态贝叶斯网络的一个示例是时间事件网络[1, 5]。

时间事件网络(TEN)是 DBN 的替代方法,对动态过程进行建模。在时间事件网络中,节点表示事件的发生时间或某些变量的状态变化,而 DBN 中的一个节点代表一个变量在某个时间的状态值。对于某些引发关注的、时间范围内没有状态变化的问题,事件网络提供了更简单、更有效的表示;然而,对于诸如监测或滤波的应用来说,DBN 更合适。

现已提出了几个 TEN 的变体,如时间网络和时间节点贝叶斯网络(TNBN)。在本节的其余部分,我们将重点讨论 TNBN。

时间节点贝叶斯网络

时间节点贝叶斯网络(TNBN)[1, 5]由一组时间节点(TN)组成。TN 由边连接,其中每条边代表 TN 之间的因果–时间关系。在关注的时间范围内,每个变量(TN)至多有一个状态变化。变量所取的值表示事件发生的时间间隔。以有限的间隔数对时间进行离散化,允许每个节点有不同数量和持续时间的间隔数(多粒度)。为子节点定义的每个时间间隔代表了其父节点事件之一(原因)和对应的子节点事件(结果)之间的可能延迟。一些时间节点没有时间间隔,对应于瞬时节点。根据定义,根节点是瞬时的[1]。

定义一个 TNBN 为一对 $B = (G, \Theta)$。G 是一个有向无环图,$G = (V, E)$。G 由一组时态和瞬态节点 V 以及一组节点之间的边 E 组成。Θ 分量对应于量化网络的参数集。Θ 包含每个 $v_i \in V$ 的值 $\Theta_{v_i} = P(v_i | Pa(v_i))$;其中 $Pa(v_i)$ 表示 G 中 v_i 的父节点集。

时间节点 v_i 由一组状态 S 定义,由一对有序的 $S = (\lambda, \tau)$ 定义每个状态,其中 λ 是一个随机变量的值,$\tau = [a, b]$ 是关联的区间,具有一个初始值 a 和一个最终值 b,这些值对应于状态变化的时间区间。此外,每个时间节点都包含一个额外的默认状态 $s_d =$ ("无变化", $[t_i, t_f]$),它与该变量的整个时间范围 $[t_i, t_f]$ 相关联作为间隔。若一个节点没有为其任何状态定义间隔,则为瞬时节点。

以下是基于[1]的一个例子。

例 9.1　假设在时间 $t = 0$ 发生了一起碰撞交通事故。此类事故可分为重度、中度或轻度。为简化模型,将只考虑碰撞中涉及人员的两个直接后果:头部受伤和内出血。头受伤会使大脑淤血,胸部受伤会导致内出血。这些都是可能产生后续变化的瞬时事件;例如,头部受伤事件可能导致产生瞳孔放大和生命体征不稳定的情况。假设我们收集了有关发生在特定城市的事故信息。这些信息表明,事故的严重程度与病人状态的直接影响之间存在很强的因果关系。此外,一位医学专家提供了一些重要的时间信息:若头部受伤,大脑将开始肿胀;若不加以控制,肿胀将导致瞳孔在 0~5 分钟内放大。若开始内出血,血容量会开始下降,导致生命体征不稳定。使生命体征不稳定所需的时间取决于出血的严重程度。若是大出血，则需要 10~30 分钟；若是轻微出血，则需要 30~60 分钟。头部受伤也会使生命体征不稳定，时间是 0~10 分钟。

事故示例中的 TNBN 如图 9.5 所示，该模型呈现出三个瞬时节点：碰撞、头部受伤和内出血。这些事件将产生非即时的后续变化：瞳孔放大和生命体征不稳定的状况取决于事故的严重程度，因此存在与之相关的时间间隔。该 TNBN 仅包含 5 个节点(而等效 DBN 需要 30 个节点；6 个时间片，每个时间片有 5 个变量)。

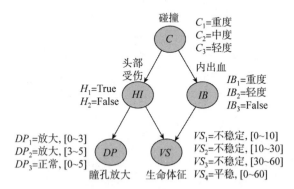

图 9.5　TNBN 的事故示例

在 TNBN 中，每个变量代表一个事件或状态变化。因此，假设在感兴趣的时间范围内变量状态有一个或多个变化，则只需要一个或多个实例。不需要模型副本，也不需要对过程的马尔可夫性质进行假设。因为每个节点的间隔数量和大小可能不同，所以 TNBN 可处理多种粒度。

1. 推理

TNBN 允许对某些事件发生的概率进行推理、诊断(即找到时间事件最可能的原因)或预测(即确定某一给定事件可能发生的未来事件)。为此，可应用 BN 的标准概率传播技术(参见第 7 章)。然而，鉴于 TNBN 表示事件之间的相对时间，必须将预测和诊断的情况分开，才能进行概率推理。

预测　在 TNBN 的根(瞬时)节点中至少有一个是证据的一部分的情况下，模型的参考时间是固定的，可直接进行概率传播，得到后续事件的后验概率(每个非实例化时间节点的每个时间间隔的概率)。例如，考虑图 9.5 中的示例，如果我们知道碰撞的严重程度(例如中度)，那么通过概率传播，可得到在每个时间间隔内发生瞳孔放大事件(但根本不发生)的后验概率(假)。以类似方式，可得到其他时间节点和瞬时节点的后验概率。注意，TN 的时间间隔将与碰撞的发生有关，这将对应于 $t = 0$。

诊断　在不知道任何瞬时节点并且仅针对时间节点给出证据的情况下，需要考虑几种情况，这是因为鉴于没有参考时间，我们不知道该把证据分配到哪个区间。这种情况下，必须考虑 TN 的所有 n 个可能区间，在每个区间内一次进行 n 次推理。必须保持每个场景的结果，直到有额外的证据(如另一个事件的发生)允许排除某些场景。考虑到图 9.5 的事故例子，假设救护人员到达后发现该病人的瞳孔放大。由于事故发生的时间未知，必须给该变量的前两个时间区间提供证据，生成两个场景(最后一个区间对应默认值不变)。若后来确定了事故发生的时间，则保留适当的场景，排除其他场景。

2. 学习

学习 TNBN 涉及 3 个方面：①学习时间节点的时间间隔；②学习模型的结构；③学习模型的参数。由于这三个部分相互关联，因此需要一个迭代过程，该过程学习对这些方面的一个(或多个)的初始估计，然后迭代地改进这些初始估计。接下来介绍一种学习 TNBN 三个组成部分的算法[7]。

该算法假设根节点是瞬时节点，并在每个时间节点获得有限数量的非重叠区间。它将父节点事件和当前节点之间的延迟时间作为学习间隔的输入。通过这种自上而下的方法，该算法可以保证在预测分数方面达到局部最大值。

TNBN 学习算法(称为 LIPS)[7]总结如下。

(1) 首先，对时间变量进行初始离散化，例如，使用等宽离散化。由此，它获得了所有时间节点的初始近似区间。

(2) 之后，进行标准 BN 结构学习。具体来说，使用 $K2$ 学习算法[3](见第 8 章)获得初始结构和相应的参数。

(3) 通过聚类方式，区间学习算法细化每个时间节点(TN)的区间。为此，使用父节点的配置信息。使用高斯混合模型作为时间数据的聚类算法来获得一组区间。原则上，每个聚类对应于一个时间区间。区间是根据聚类的平均值和标准差定义的。该算法获得不同的区间集，并将其合并和组合；此过程生成不同的区间集并根据预测精度进行评估。该算法应用了两种修剪技术来去除可能无用的区间集，保持 TNBN 低复杂度。根据预测准确性，为每个 TN 选择最佳的区间集(可能不是在第一步中获得的区间)。当 TN 将其他时间节点作为父节点时，父节点的配置最初是未知的。为了解决这个问题，根据 TNBN 结构，以自上而下的方式依次选择区间。

(4) 最后，根据每个 TN 的新间隔集更新参数(CPT)。

然后，该算法在结构学习和区间学习之间进行迭代。

我们举例说明图 9.5 中 TN 瞳孔放大(DP)的获得过程(本例中的间隔与图中所示的间隔不同)。可以看到它的父节点(头部受伤)有两种配置，即 True 和 False。因此，瞳孔放大的时间数据分为两个分区，其中一个用于父节点的每个配置。然后，为每个分区使用前一算法的区间学习步骤的第一个近似值。应用期望最大化算法得到以参数 1、2、3 为聚类数量的高斯混合模型。可得到六组不同的区间,如表 9.2 所示。然后,根据预测性能评估每组区间以衡量其质量,并选择具有最佳分数的区间集。

表 9.2　节点瞳孔放大所获得的初始区间集。每个分区有三组区间

分区	区间
头部受伤 = True	[11~35]
	[11~27][32~53]
	[8~21][25~32][45~59]
头部受伤 = False	[3~48]
	[0~19][39~62]
	[0~14][28~40][47~65]

考虑到图 9.5 所示事故例子的数据,现在列举一个完整的 TNBN 学习算法示例。首先,假设有其他事故的数据,该数据与表 9.3 上部的数据相似。前三列是名义数据,最后两列是时间数据,代表碰撞后这些事件的发生时间。这两列对应于 TNBN 的时间节点。首先将等宽离散化应用于数值数据,因此会产生类似于表 9.3 下部所示的结果。

表 9.3　为学习图 9.5 的 TNBN 收集的数据。上部:原始数据显示时间性事件的发生时间。下部:初始离散化后的时间数据。时间数据表示碰撞发生几分钟后的瞳孔放大和生命体征

碰撞	头部受伤	内出血	瞳孔放大	生命体征
重度	True	重度	14	20
中度	True	重度	25	25
轻度	False	False	—	—
…	…	…	…	…
碰撞	头部受伤	内出血	瞳孔放大	生命体征
重度	True	重度	[10~20]	[15~30]
中度	True	重度	[20~30]	[15~30]
轻度	False	False	—	—
…	…	…	…	…

使用离散化的数据,我们可以使用时间事件的偏序,应用结构学习算法(如 K2):{碰撞}, {头部受伤,内出血}, {瞳孔放大,生命体征}。现在我们有了一个初始的 TNBN,但是获得的时间间隔有些简单,因此可以应用算法的时间间隔学习步骤来改进初始时间间隔。此过程将学习一个如图 9.5 所示的 TNBN。

9.4 应用

举例说明动态 BN 模型在两个领域的应用。首先，动态贝叶斯网络用于动态手势识别。其次，时间事件网络用于预测 HIV 的突变途径。

9.4.1　DBN：手势识别

动态贝叶斯网络提供了 HMM 的替代方案，用于进行动态手势识别。该网络在模型结构方面具有更大的灵活性。接下来介绍动态贝叶斯网络分类器在手势识别中的应用。

1. 使用 DBNC 进行手势识别

DBNC 已经用于识别不同的手势，以指挥移动机器人。考虑一组 9 种不同的手势；每种手势的关键帧如图 9.6 所示。最初，使用相机和专用视觉软件检测和跟踪执行手势的人的手。序列中每张图像中手的位置近似于一个矩形，并从这些矩形中提取一组特征，这些特征便是 DBNC 的观察结果。

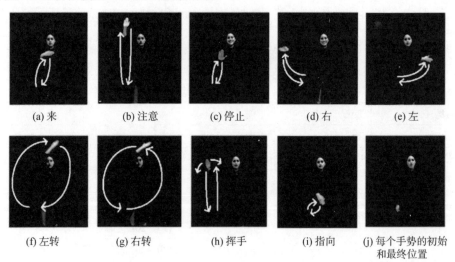

(a) 来　　　　(b) 注意　　　　(c) 停止　　　　(d) 右　　　　(e) 左

(f) 左转　　　　(g) 右转　　　　(h) 挥手　　　　(i) 指向　　　　(j) 每个手势的初始
和最终位置

图 9.6　实验中考虑的手势类型

特征包括运动和姿势信息，共有 7 个属性：3 个描述运动的特征，4 个描述姿势的特征。运动特征是 $\Delta area$(或手部面积的变化)、ΔX 和 ΔY(或图像 XY 面上手部位置的变化)。结合这三个属性，我们便能估计笛卡儿空间(XYZ)中的手部运动。这些特征中的每一个只取三个可能值之一：$+$、$-$、0，分别表示增量、减量或无变化，取哪个值取决于手在序列的前一个图像中的区域和位置。

名为 form(形状)、right(右)、above(上)和 torso(躯干)的姿势特征描述了手的方向以及手与其他身体部位之间的空间关系。手的方向由 form 表示。该特征离散为三个数值之一：手垂直为+，手水平为−，手在 *XY* 平面上向左或向右倾斜为 0。right 表示手在头部右侧，above 表示手在头部上方，torso 则表示手在躯干前方。后三个属性采取二进制值，即 True 或 False，表示相应条件是否得到满足。图 9.7 描述了一个用这些变量进行姿势提取的例子。

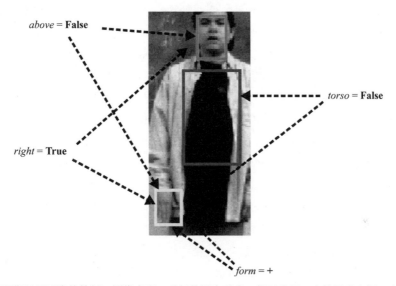

图 9.7 图像显示了姿势特征。图像表明，手部位置为垂直、低于头部、在使用者右侧、未遮躯干

与 HMM 一样，每一种手势训练一个 DBNC；为了便于分类，对每个模型的概率进行评估，并选择概率最高的模型作为识别手势。

2. 实验

我们做了三个实验来比较 DBNC 和 HMM 的分类和学习性能。在第一个实验中，使用来自同一个人的手势进行识别。在第二个实验中，通过对不同人的手势进行训练和测试，评估分类器的泛化能力。第三个实验考虑了有距离和旋转变化的手势。此外，比较了仅使用运动信息以及使用运动信息和姿势信息的 DBNC 和 HMM 模型。每个模型中隐藏状态的数量在 3 到 18 之间变化。

在第一个实验中，记录了一个人对每种手势的 50 次执行；20 个样本用于训练，30 个用于测试。在第二个实验中，用其他 14 个人的手势来评估为一个人学习的模型；对于每个手势类别，采用每人的 2 个样本。对于距离变化的实验，在 2~4 米处进行的每个手势都随机提取 15 个样本，给出每个手势的测试集有 30 个样本。同样，对于旋转变化，在+45°和–45°处使用每个手势中的 15 个随机样本。

　　DBNC 和 HMM 之间的一个重大区别在于每个模型所需的参数数量。指定具有姿势–运动特征的 HMM 状态观察分布的参数数量为 648，仅具有运动信息的参数数量为 27。对于 DBNC，前者的参数是 21，后者是 12。DBNC 参数数量的大幅减少会较大程度地影响训练时间以及训练实例数量较少时的分类精度。

　　在同一个人使用运动属性和姿势属性的实验中，HMM 和 DBNC 都表现出较优性能，识别率为 96%～99%，具体识别率取决于状态的数量(12～15 个状态的结果最佳)。DBNC 获得的识别结果略好，但训练时间大大减少，比 HMM 快十倍左右。

　　对于多人实验，正如预测的那样，HMM 和 DBNC 的性能都有所下降，具有运动–姿势属性的识别率约为 86%。如果只使用运动属性，性能在 65%左右，比合并姿势时低约 20 个百分点！与大多数分类问题一样，选择适当的属性集至关重要。

　　在第三个实验中，距离和方向的变化也会对识别率产生影响，其中后者的影响更大。摄像头到用户的距离在 2 到 4 米之间变化时，识别率降到 90%左右(单个用户)；如果方向变化在+45°和–45°之间，则性能下降到大约 70%。这两种情况下，使用 HMM 和 DBNC 结果的性能相似。

　　实验结果表明，在手势识别的各种问题上，DBNC 与标准 HMM 相比，在识别率方面具有优势。与等效的 HMM 相比，属性分解化使 DBNC 的训练时间大大减少，这使得在线学习手势成为可能。此外，尤其是在属性数量增加时，DBNC 需要较少的训练实例来达到与相应 HMM 相似的性能。

9.4.2　TNBN：预测 HIV 病毒的突变途径

　　在本节中，我们将探索 TNBN 的应用，以揭示 HIV 病毒的耐药性突变与抗逆转录病毒(ARV)药物之间的时间关系，揭示可能的突变途径并建立其出现的概率时间顺序[8]。

　　HIV(人类免疫缺陷病毒)是地球上进化最快的生物体之一。其显著的变异能力使病毒能够通过适应性突变进行发展和选择，从自然或人为地作用于它的多种进化力量中逃脱。这就是抗逆转录病毒疗法(ART)情况，一种作用于 HIV 的强大选择压力；在次优条件下，即使在高度有效的 ARV 药物组合的情况下，也很容易实现突变，复制病毒。特别的一点是，我们解决了在接受 ART 的个体中寻找突变-突变和药物-突变关联的问题。我们专注于蛋白酶抑制剂(PI)，这是现代 ART 中广泛使用的药物家族。耐药性病毒的发展破坏了对 HIV 的控制，进一步削弱了病人的免疫系统。因此，人们有兴趣深入了解耐药性突变的动态。

　　根据 HIV 患者的历史数据学习 TNBN，然后根据领域专家的意见及其预测能力对该模型的发现关系进行评估。

1. 数据

从 HIV 斯坦福数据库(HIVDB)[11]中检索了 2373 名 HIV B 亚型患者的临床数据。HIVDB 中的分离物是从纵向治疗档案中获得的, 报告了个体序列的突变演变情况。该数据包括对每位患者进行的初始治疗(一种药物组合)和不同时间(以周为单位)的实验室耐药性测试清单。每项测试清单都罗列在开始治疗后的特定时间内, 宿主体内病毒群体中最常见的突变列表。表 9.4 中列举了数据示例。可用的研究数量从每位患者病史 1 到 10 项研究不等。

表 9.4　数据示例: 患者 Pat1 有 3 项时间研究, 患者 Pat2 有两项时间研究

患者	初步治疗	突变清单	时间/周
Pat1	LPV, FPV, RTV	L63P, L10I	15
		V77I	25
		I62V	50
Pat 2	NFV, RTV, SQV	L10I	25
		V77I	45

通常根据 ARV 药物所针对的酶对它们进行分类。我们把重点放在病毒蛋白酶上, 因为就氨基酸的数量而言, 这是最小的病毒酶。在本研究进行时, 有九种蛋白酶抑制剂可用, 即 APV、ATV、DRV、LPV、IDV、NFV、RTV、TPV 和 SQV。

为测试该模型预测临床相关数据的能力, 从原始数据集中选择了一个患者子集, 包括接受 ART 方案(LPV、IDV 和 SQV)的个体。也涵盖与所选药物相关的主要耐药性突变。选定的突变是 V32I、M46I、M46L、I47V、G48V、I54V、V82A、I84V 和 L90M。由于我们使用了一个药物子集, 最终数据集中的患者人数减少到 300 人。

2. 模式和评估

使用第 9.3 节中描述的学习算法, 从简化的 HIVDB 中学习 TNBN。对原始算法进行两处改动, 一处是测量时间-概率关系的强度, 另一处是改变结构学习算法($K2$)的变量顺序, 因此, 结果不会因特定的预定顺序而产生偏差。

为评估模型并测量边缘强度的统计显著性, 使用了非参数引导法(获得多个模型)。为考虑一个关系是否重要, 我们定义了两个阈值。占图至少 90%为强关系, 占图 70%～90%为暗示关系。由于选择药物和突变的方法是根据专家的意见进行的, 我们使用一种更精细的方法来获得 $K2$ 算法的顺序。在这个实验中, 考虑了 $K2$ 算法的不同排序, 并选择了预测精度最高的排序。

图 9.8 描述了获得的 TNBN。深灰色节点表示 ARV 药物, 浅灰色节点表示突变。

对于每个突变(时间节点)，显示与该区间中突变发生概率相关的时间区间。用*标记强关系的弧线。

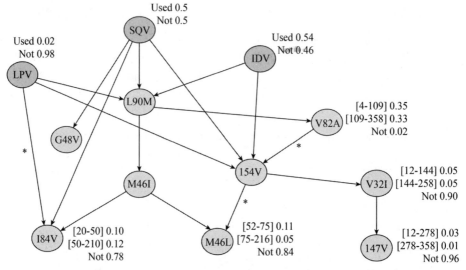

图 9.8　学习的 TNBN 模型描述了一组 ARV 药物(上面的 3 个节点)和相关的 HIV 突变(其他节点)之间的时间-概率关系。仅显示了与各自的时间节点相关的几组区间

该模型能预测所选药物和突变之间的临床关联。事实上，尽管没有观察到这两个突变之间的时间关联，在模型中也很容易预测到 SQV、G48V 和 I84V 之间的强烈关联。这三种药物都与 L90M 直接关联，反映了这一突变对 PI 家族许多成员造成交叉耐药性的事实。需要注意预测 LPV 抗性的两种可能的突变途径[8]：

- I54V → V32I → I47V
- L90M → M46IL → I84L

突变的时间顺序是否相关，仍有待进一步评估。此外，观察到 IDV 和 LPV 之间共有的突变途径，涉及 L90M、M46IL、I54V、V82A 和 I84V 等突变。

9.5　补充阅读

关于动态贝叶斯网络的全面回顾请参见[9]。参考文献[4, 6]包括学习 DBN 的技术。关于采样技术的更多信息，请参见[6]中的马尔可夫链蒙特卡洛方法和[9]中的粒子滤波器方法。[1]中介绍了时间节点贝叶斯网络，并在[5]中使用规范时间模型对其进行扩展。[7]中描述了用于学习 TNBN 的算法。

9.6　练习

1. 我们认为图 9.1 中的 DBN 是一个稳定模型。完整的模型规范需要哪些参数？

2. 假设所有变量都是二进制的(True，False)，为前面的练习指定 CPT(任意定义概率，只要满足概率公理即可)。

3. 参照图 9.1 中的 DBN，以及之前练习的 CPT。①给定 $X_t = S_t =$ True，得到 X_{t+1} 的后验概率(滤波)；②给定 $X_t = S_t =$ True，得到 X_{t+2} 和 X_{t+3} 的后验概率(预测)；③给定 $E_t = E_{t+1} = E_{t+2} =$ False，得到 X_{t+1} 的后验概率(平滑化)。

4. 使用不同数量的样本(10, 20, ...)进行逻辑抽样，重复前面的问题。

5. 给出一个包含四个二进制变量的动态过程的数据集，如下：

时间	X_1	X_2	X_3	X_4
1	0	0	0	0
2	0	1	1	1
3	0	1	0	1
4	0	0	1	1
5	0	0	0	0
6	0	1	1	0
7	1	1	0	1
8	0	0	0	1
9	0	1	0	0
10	0	1	1	0
11	0	1	0	0
12	0	0	0	1
13	0	1	0	1
14	0	0	1	0
15	0	1	0	0
16	0	0	1	0
17	0	1	0	0
18	0	1	0	1
19	1	1	1	0
20	0	1	1	1

根据该数据集学习一个 DBN，包括结构和参数。首先获得具有树状结构的基础结构，然后应用 PC 算法获得转移网络。

6. 假设一个机器人在 $X = 0$ 至 $X = 10$ 的一维走廊中移动，则有三种可能的行动：向左移动、向右移动和不移动。左右移动使机器人通过高斯噪声(零平均值，0.1 米 S.D.)向左或向右移动半米。在走廊里，每隔一米就有一个不同的标记，机器人可以用摄像头检测到这些标记，并通过高斯噪声(零平均值，0.2 米 S.D.)获得其位置。根据动作和观察，包括你的假设，为机器人的定位(X)指定一个模型。

7. 给定前一个问题的模型，估计机器人的位置，假设最初 $X = 5$，然后机器人采取以下动作：①向右移动；②向右移动；③向左移动。使用带有 10 个样本的粒子滤波器，这些样本最初均匀分布在 $X = [4.5, 5.5]$。指出每个周期后粒子的位置，以及机器人的估计(平均)位置。

8. 重复上述问题，假设机器人最初是迷路的，所以粒子均匀分布在 $X = [0, 10]$。

9. 考虑图 9.5 中的 TNBN。根据图中所示的数值/时间间隔，定义所有变量的 CPT。根据直觉(主观估计)指定参数。

10. 考虑到上述练习中 TNBN 的结构和参数，给定证据 $C =$ 中度，使用概率推理(可以对 BN 应用任何推理技术)得到所有变量的后验概率。

11. 重复上述问题，此处证据 DP=放大。由于此事件发生的相对时间未知，请考虑可能出现的不同情况。如果后来发现事故发生后瞳孔放大了 4 个时间单位，将适用于哪种情况？

12. 修改 HMM 的推理(正向)和学习(Baum-Welch)算法(见第 5 章)，使它们可以应用于动态贝叶斯网络分类器。

13. *** 在不同的动态领域中，搜索数据集以学习动态贝叶斯模型(见下一个练习)。例如，股票交易数据、天气数据、医学纵向研究等。根据每个应用，确定更合适的模型(基于状态或基于事件的模型)。

14. *** 开发一个学习 DBN 的程序，考虑两个阶段的过程：首先学习初始结构和参数(对于 $t = 0$)；然后学习转移结构和参数(对于给定 $t = k$ 的 $t = k + 1$)。

15. *** 开发一个实现 LIPS 算法的程序，用于学习 TNBN。

第III部分 决策模型

本部分介绍了包含决策在内的概率图模型。除了随机变量外，这些模型还涉及决策变量和效用；目的是帮助决策者在不确定的情况下做出最佳决策。第 1 章专门讨论具有一个或几个决策的模型，包括决策树和影响图。另外两章侧重于惯序决策问题，其中许多决策必须在某段时间内做出：马尔可夫决策过程和部分可观察马尔可夫决策过程。

第 10 章　决策图

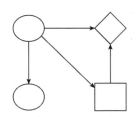

10.1　引言

第Ⅱ部分中涉及的模型只有随机变量，因此可用于在给定一些证据的情况下估计一组变量的后验概率，如用于分类、诊断或预测。它们还可以提供一个变量子集的最可能值组合(最可能的解释)，或者在给定一些观察值的情况下的模型全局概率。然而，不能直接用于决策。

在本章以及接下来的两章中，我们将介绍决策模型，目的是帮助决策者在不确定性下选择最佳决策。我们将在决策理论框架下，给定当前知识(证据)和目标，将能实现智能体预期效用最大化的决策作为最佳决策。这些类型的智能体称为理性智能体。

简要介绍决策理论后，本章将描述两种类型的建模技术，用于解决一个或几个决策问题：决策树和影响图。与概率模型的情况一样，这些技术利用问题的依赖结构，使其获得更紧凑的表示和更有效的评估。

10.2　决策理论

决策理论为不确定情况下的决策提供了一个规范框架。这一理论以理性的概念为基础，即智能体应该努力使效用最大化或成本最小化。假定有某种方法可以将效用(通常是一个数字，对应于货币价值或任何其他尺度)分配给每个替代行动的结果，使得最佳决策的效用最高。一般而言，智能体不确定每个可能决策的结果，因此在估计每个替代方案的价值时，该智能体需要考虑到这一点。在决策理论中，我们考虑预期效用，对一个决策的所有可能结果进行平均化处理，并按其概率加权。因此，简而言之，一个理性智能体必须选择能够将其预期效用最大化的决策。

决策理论最初用于经济学和运筹学中[14]，但近年来吸引了人工智能(AI)研究人员的关注，这些研究人员对理解和建立智能体感兴趣。这些智能体(如机器人、财务顾问、智能导师等)必须处理类似于经济学和运筹学中遇到的问题，但有两个主要区别。其中一个区别与问题的规模有关，一般来说，人工智能中的问题范围往往比传统经济学中的应用范围大得多。另一个主要区别与问题领域的知识有关。在许多人工智能应用中，模型事先不可知，而且可能很难获得。

10.2.1　基础原理

决策理论的原理最初是在 Von Neuman 和 Morgensten 的经典著作 *Theory of Games and Economic Behavior* 中提出的[14]。他们建立了一套直观的约束来指导理性智能体的偏好，这称为效用理论公理。在一个决策场景中，有四个要素。

替代品：是智能体所拥有并受其控制的选择。每个决策至少有两个备选方案(例如，做或不做某事)。

事件：由环境或其他智能体产生；不受控于智能体。每个随机事件至少有两种可能结果，虽然我们事先不知道哪种结果会发生，但可以给每种结果分配一个概率。

结果：是智能体决策和随机事件组合的结果。每个可能结果对智能体来说都有一个偏好(效用)。

偏好：根据智能体的目标建立，并由智能体分配给每个可能的结果。为智能体的每个可能决策的结果建立一个值。

在效用理论中，称不同的情景为彩票。在彩票中，每个可能的结果或状态 A 都有一定的概率 p，以及对智能体的相关偏好，该偏好由一个实数 U 量化。例如，彩票 L 有两种可能的结果，A 的概率为 p，B 的概率为 $1-p$，表示为：

$$L = [p, A; 1-p, B]$$

若智能体倾向于 A 而不是 B，则记为 $A \succ B$，如果觉得两种结果都无关紧要，就表示为 $A \sim B$。一般而言，彩票可有任意数量的结果；结果可以是原子状态也可以是另一种彩票。

基于这些概念，我们可用类似于概率论的方式来定义效用理论，即建立一套对理性智能体偏好的合理约束；以下是效用理论公理。

惯序性：给定两种状态，智能体倾向于其中一种或另一种，或者对这些无动于衷。

传递性：若一个智能体相对于 B 倾向于结果 A，相对于 C 倾向于 B，则一定相对于 C 倾向于 A。

连续性：若 $A \succ B \succ C$，那么有一定概率 p，使智能体以概率 1 得到 B，或在彩票 $L=[p, A; 1-p, C]$ 之间无动于衷。

可替代性：若智能体在两个彩票 A 和 B 之间无动于衷，那么智能体在两个更复杂的彩票之间也无动于衷，这两个彩票除了用 B 代替其中一个的 A 之外，其他都是相同的。

单调性：有两个结果相同的彩票，即 A 和 B。若智能体倾向于 A，那么它一定倾向于 A 具有更大概率的彩票。

分解性：可以利用概率法则将复合彩票分解成简单的彩票。

然后，效用函数的定义遵循效用公理。

效用原则：若智能体的偏好遵循效用公理，那么存在一个实值效用函数 U 使得：

(1) $U(A) \succ U(B)$，当且仅当智能体倾向于 A 而不是 B。

(2) $U(A) = U(B)$，当且仅当智能体对 A 和 B 无差异。

最大期望效用原则：彩票的效用是每个结果的效用之和乘以其概率：

$$U[P_1, S_1; P_2, S_2; P_3, S_3; \ldots] = \sum_j P_j U_j$$

基于效用函数概念，我们可以对一个智能体所做的某个决策 D 的预期效用(EU)做出定义，考虑到该决策有 N 个可能的结果，每个结果的概率是 P：

$$EU(D) = \sum_{j=1}^{N} P(result_j(D)) \, U(result_j(D))$$

最大期望效用原则指出，一个理性的智能体应该选择最大化其期望效用的行动。

货币的效用

许多情况下，用货币来衡量效用似乎是件自然而然的事；我们靠自己努力赚的钱当然越多越好。因此，可以考虑应用最大预期效用原则，以货币价值来衡量效用。但这并不像看起来那样简单。

假设你正在参加一个游戏，例如那些典型的电视节目，而且你已经赢得了 100 万美元。游戏主持人问你是想保留已经赢得的东西并结束游戏，还是继续进入下一个阶段并获得 300 万美元。主持人不会问一些困难的问题，而是直接抛出一枚硬币，若正面朝上，你将得到 300 万，但若是反面，你将失去所有已经赢得的钱。你必须在两个选择中做出决定：($D1$)保留你已经赢得的钱，($D2$)进入下一个阶段，有可能赢得 300 万(或失去一切)。你的决定是什么？

我们看看如果用美元来衡量效用(称为预期货币价值或 EMV)，最大预期效用原则会给出什么建议。我们计算两种选择的 EMV。

　　D1：EMV(D1) = 1 × 1 000 000 = 1 000 000 美元

　　D2：EMV(D2) = 0.5 × 0 + 0.5 × 3 000 000 = 1 500 000 美元

这样看来，如果我们想使以美元计算的预期效用最大化，就必须打这个赌。然而，我们中大多数人可能会选择保留所拥有的 100 万美元，而不是去冒险。这背后的原因是什么？是我们不理性吗？

　　对大多数人来说，效用和货币价值之间的关系不是线性的；相反，它们存在对数关系，表示风险厌恶(见图 10.1)。对于低价值的货币，其近似线性(例如，如果我们有 10 美元而不是 100 万美元，我们可能会去下注)；但一旦我们有大量的钱(数额取决于个人)，更多的钱所带来的效用增加就不再是线性的。

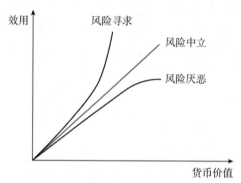

图 10.1　效用(U)和货币价值之间的典型关系

　　效用-货币价值关系因人(和组织)而异，取决于其对风险的看法；存在三种基本类型：风险厌恶、风险中立和风险寻求；图 10.1 描述了这些情况。因此，在计算预期效用之前，我们必须根据这种关系将货币价值转换为效用。

10.3　决策树

　　虽然应用最大期望效用原则来确定最佳决策似乎很简单，但随着决策问题越来越复杂，涉及多个决策、事件和可能的结果，决策就并不像看起来那么容易了，需要一个系统的方法来模拟和解决复杂的决策问题。为解决决策问题而开发的最早的建模工具之一是**决策树**[2]。

　　决策树是决策问题的图形表示，有三种类型的元素或节点，分别代表决策问题的三个基本组成部分：决策、不确定事件和结果。

　　决策节点是一个矩形，具有几个分支，每个分支代表这个决策节点上每个可能的备选方案。在每个分支的末端，可能有另一个决策节点、一个事件或一个结果。

　　事件节点为一个圆，具有几个分支，每个分支代表这个不确定事件的可能结果之一。这些结果对应该事件的所有可能结果，即它们应该是相互排斥、详尽无遗的。每个分支分配得到一个概率值，所有分支的概率之和等于 1。在每个分支的末端，可能有另一个事件节点、决策节点或结果。

　　这些结果用其为智能体表达的效用注释，通常位于树的每个分支(叶子)的末端。

　　决策树通常从左到右绘制，树根节点(决策节点)在最左边，叶节点在右边。图 10.2 展示了假设决策问题的一个示例(基于[1]中的示例)。它代表了具有 3 种选择的投资决策：股票、黄金和无投资。假设投资期限为一年，如果我们投资股票，根据股票市场的表现(不确定事件)，可能获得 1000 美元或损失 300 美元，两者概率相同。如果我们投资黄金，必须做出另一个决定，即是否购买保险。如果我们得到了保险，那么我们肯定会获得 200 美元；否则市场价格的上涨或下跌取决于黄金的价格是上涨、稳定还是下跌；这表示为另一个事件。如图 10.2 所示，每个可能的结果都有特定的值和概率分配。投资者应该如何决定？

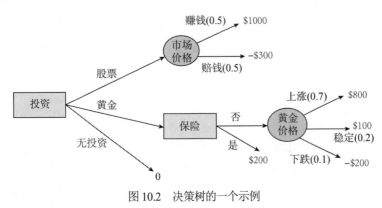

图 10.2　决策树的一个示例

　　为了确定每个决策点的最佳决策，根据最大预期效用原则，我们需要评估决策树。决策树的评估包括确定两种类型的节点，即决策节点和事件节点的价值。从右到左进行，从任何仅包含所有分支结果的节点开始。

- 决策节点 D 值是由其发出的所有分支的最大值：

$$V(D) = \max_j U(\text{result}_j(D))$$

- 事件节点 E 的价值是由其发出的所有分支的预期值，由结果值乘以其概率的加权和获得：

$$V(E) = \sum_j P(result_j(E))U(result_j(E))$$

按照此过程，我们可以评估图 10.2 的决策树：

事件 1-市场价格：$V(E_1) = 1000 \times 0.5 - 300 \times 0.5 = 350$。

事件 2-黄金价格：$V(E_2) = 800 \times 0.7 + 100 \times 0.2 - 200 \times 0.1 = 560$。

决策 2-保险：$V(D_2) = max(200,560) = 560$， 不买保险。

决策 1-投资：$V(D_1) = max(150,560,0) = 560$， 投资于黄金。

因此，对于该例而言，好的决策是投资黄金，不买保险。

决策树是一种用于建模和解决惯序决策问题的工具，因为决策必须按顺序表示，如前一个示例所示。然而，树的大小(分支的数量)随着决策和事件节点的数量呈指数增长，因此这种表示方法仅适用小问题。另一种建模工具是影响图[5, 11]，提供了一个决策问题的紧凑表示。

10.4 影响图

影响图(Influence Diagrams，ID)是一种解决决策问题的工具，由 Howard 和 Matheson[5]提出，作为决策树的替代方案以简化建模和分析。从另一个角度看，可将 ID 视为贝叶斯网络的延伸，其包含决策节点和效用节点。下面将介绍 ID，包括其表示方法和基本推理技术。

10.4.1 建模

影响图 G 是一个有向无环图，包含代表随机变量、决策变量和效用变量的节点。

随机节点(X)：代表 BN 中的随机变量，具有一个相关的 CPT，以椭圆表示。

决策节点(D)：代表要做出的决策。指向决策节点的弧是信息性的；这意味着在做出决策之前，必须知道弧原点的随机节点或决策节点。决策节点以矩形表示。

效用节点(U)：代表与模型相关的成本或效用。与每个效用节点相关的是函数，该函数将父节点的每个排列组合映射为一个效用值。效用节点以菱形表示。效用节点可分为普通效用节点(其父节点是随机和/或决策节点)以及超值效用节点(其父节点是普通效用节点)。通常情况下，超值效用节点是普通效用节点的(加权)总和。

在一个 ID 中，有三种类型的弧。

概率性：表示概率性依赖关系，指向随机节点。

信息性：表示信息的可用性，指向决策节点。即，$X \rightarrow D$ 表示在做出决定 D 之前，X 的值已知。

功能性：表示功能上的依赖性，指向实用节点。

图 10.3 列举了一个 ID 例子，给出一个确定新机场位置的简化模型，将事故概率、噪声水平和估计的建筑成本看作直接影响效用的因素。

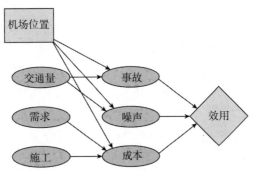

图 10.3 机场位置问题简化模型的简单 ID。决策节点代表选择新机场的不同位置，效用节点代表效用(或成本)，其取决于几个因素，而这些因素又取决于其他随机变量

在一个 ID 中，底层有向图中必须有一条有向路径，该路径包括所有决策节点，并指明决策顺序。这个顺序对 ID 中的随机变量进行划分，这样，若有 n 个决策变量，则将随机变量划分为 $n+1$ 个子集。每个子集 R_i 包含了所有在决策 D_i 之前已知和以前决策未知的随机变量。一些用于评估影响图的算法利用了这些特性，从而提高评估效率。

ID 帮助决策者找到使其预期效用最大化的决策。也就是说，决策分析的目标是找到一个最优策略，$\pi = \{d_1, d_2, \ldots, d_n\}$，为每个决策节点选择最佳决策，使预期效用 $E_\pi(U)$ 最大化。一般来说，如果有多个效用节点，我们认为其具有相加效用，所以将最大化这些单个效用的总和：

$$E_\pi(U) = \sum_{u_i \in U} E_\pi(u_i) \tag{10.1}$$

下一节将介绍对影响图的评估，以找到最佳决策。对于影响图，可以用贝叶斯网络技术获得随机节点的参数和依赖关系。如何定义效用在《效用概述》[4]中有所介绍，并不在本书涉及范围之内。

10.4.2 评估

评估影响图指找到最佳决策的序列或最佳策略的顺序。首先，我们将了解如何仅通过一个决策来处理简单的影响图；然后将介绍解决 ID 的一般技术。

我们将一个简单的影响图定义为具有单个决策节点和单个效用节点的影响图。对于这种情况，可简单地应用 BN 推理技术来获得遵循该算法的最佳策略。

(1) 对于所有 $d_i \in D$：

　　a. 设置 $D = d_i$。

　　b. 实例化所有已知的随机变量。

　　c. 像在 BN 中一样传播概率。

　　d. 获得效用节点 U 的期望值。

(2) 选择使 U 最大化的决策 d_k。

对于具有多个决策节点的更复杂的决策问题，之前的算法不再适用。一般来说，求解 ID 的方法主要有三类：

- 将 ID 转化为决策树，并应用决策树的标准解决技术。
- 通过变量消除法直接求解 ID，对图进行一系列变换。
- 将 ID 转化为贝叶斯网络并使用 BN 推理技术。

接下来描述这三种备选方案。

1. 转化为决策树

求解影响图的一种方法是将其转化成决策树[5]，然后使用上述方法求解决策树。要做到这一点，影响图必须是一个决策树网络，其中任何决策节点的所有祖先都是该节点的父节点。如果 ID 不满足前面的假设，则可以通过一连串的弧反转将其转化为决策树网络。另假设 ID 是一个有向无环图，且决策节点有序。

要反转节点 X 和 Y 之间的弧，前提条件是这些节点之间没有其他迹。然后，反转弧 $X \rightarrow Y$，每个节点都继承了另一个节点的父节点。根据以前的 CPT 应用贝叶斯法则可得到修改后的 CP。

例如，考虑在原始 ID 中存在弧 $X \rightarrow Y$，X 有一个父元素 A，Y 有另一个父元素 B，那么 $Pa(\text{X}) = A$ 和 $Pa(\text{Y}) = (X, B)$。原始结构中的 CPT 是 $P(X|A)$ 和 $P(Y|X, B)$。在弧反转后，$X \leftarrow Y$，X 和 Y 互相继承了对方的父节点，所以现在 $Pa(X) = (A, B, Y)$，$Pa(Y) = (A, B)$。然后我们需要获得新的 CPT：$P(X|A, B, Y)$ 和 $P(Y|A, B)$。这是按照以下步骤完成的。

- 获得联合分布：

$$P(X, Y \mid A, B) = P(X \mid A)P(Y \mid X, B)$$

- 通过边际化计算 $P(Y \mid A, B)$：

$$P(Y \mid A, B) = \sum_X P(X, Y \mid A, B)$$

- 通过条件概率的定义计算 $P(X \mid A, B, Y)$：

$$P(X \mid A,B,Y) = \frac{P(X,Y \mid A,B)}{P(Y \mid A,B)}$$

一旦 ID 是决策树网络，则从决策树网络中构建决策树，如下所示。首先，在集合 $X \cup D \cup U$ 上，定义一个总序<随机节点、决策节点和效用节点，满足以下条件：

(1) 若 Y 为效用节点，则 $X < Y$。

(2) 若存在一条从 X 到 Y 的有向路径，则 $X < Y$。

(3) 若 X 为决策节点，并且没有从 Y 到 X 的有向路径，则 $X < Y$。

然后按顺序逐一考虑变量，构建决策树。决策树中的每一层都对应着一个变量。

例如，考虑用图 10.4 中的影响图表示投资者的决策问题。这种情况下，这个影响图已经是一个决策树网络。从该图中，我们可以推理出投资者 ID 中变量的顺序：

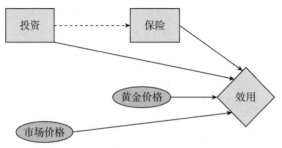

图 10.4　投资者决策问题的影响图

投资 < 市场价格 < 保险 < 黄金价格 < 效用

根据这个顺序，扩展每个变量(为每个值画一条弧线)并加入相应变量，得到图 10.2 的决策树。

这种方法的主要问题是，生成的决策树往往很大。从一个 ID 中得到的决策树的深度等于影响图中的变量数量。因此，决策树的大小与影响图中的变量数量呈指数关系。

2. 变量消除法

变量消除法[11]根据特定顺序逐个评估决策节点。可以从模型中消除已评估的决策节点，直至到所有决策节点都已被评估过，这个过程才会停止。要应用此技术，影响图必须是规范的；即满足以下条件：

(1) ID 的结构是一个有向无环图。

(2) 效用节点没有后继节点。

(3) 底层有向图中有一条有向路径，包括所有决策节点，指示决策的顺序。

一般来说，为了评估决策节点，必须对 ID 进行一系列转化；这些转化可以确保保留最佳决策系列或最优策略。有以下几种可能的转化：

- 消除贫瘠节点、随机节点或决策节点，这些节点是图中的叶节点，不对决策产生影响。

- 消除效用节点的随机父节点以及没有其他子节点的随机节点——效用根据节点的值进行更新(若节点未实体化，则计算预期效用)。

- 消除效用节点父节点的决策节点，其中，其父节点也是效用节点的父节点——评估决策节点并做出使预期效用最大化的决策；相应地修改效用函数。

- 如果前面的操作都无法进行，就在两个随机变量之间反转一个弧线。

我们以图形方式来举例说明变量消除算法。假设最初有图 10.5 中描述的 ID。可以消除左下方的贫瘠随机节点；当这个节点被消除后，其父节点也变成贫瘠节点，接着也对它们进行消除，从而得到图 10.6 所示的 ID。

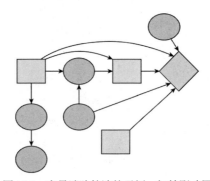

图 10.5　变量消除算法的示例：初始影响图

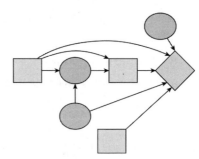

图 10.6　变量消除算法的示例：消除两个贫瘠节点后

接下来消除顶部的随机节点，即将其吸收到效用中的效用节点父节点，然后评估第一个决策，即底部的决策节点，从而产生图 10.7 中的 ID。

然后反转两个剩余随机节点之间的弧线，以便可以消除底部的随机节点，得到图 10.8 所示的模型。从此图中可以评估右边的决策节点，然后消除剩余的随机节点，最后评估左边的决策节点。

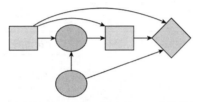

图 10.7　变量消除算法的示例：第一个决策的评估之后

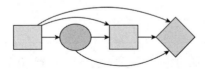

图 10.8　变量消除算法的示例：弧形反转和随机节点消除之后

示例

我们现在介绍一个更详细、更量化的消除过程的示例，考虑投资者的决策问题，即图 10.4。在开始之前，需要明确这个模型的参数，即市场价格的 CPT、黄金价格的 CPT 以及效用表；分别对应于表 10.1、表 10.2、表 10.3。

表 10.1　市场价格的概率表(边际值)

价值	上涨	下跌
概率	0.5	0.5

表 10.2　黄金价格的概率表(边际值)

价值	上涨	稳定	下跌
概率	0.7	0.2	0.1

表 10.3　用于投资者决策问题的效用表(单位：美元)。*表示任何值

投资	保险	市场价格	黄金价格	价值
无	*	*	*	0
黄金	是	*	*	200
股票	*	赚钱	*	1000
股票	*	赔钱	*	−300
黄金	否	*	上涨	800
黄金	否	*	稳定	100
黄金	否	*	下跌	−200

我们现在将变量消除过程应用于此示例。

(1) 消除随机变量“黄金价格”，更新效用表，如表 10.4 所示。

表 10.4　更新效用表 1

投资	保险	市场价格	价值
无	*	*	0
黄金	是	*	200
股票	*	赚钱	1000
股票	*	赔钱	−300
黄金	否	*	560

(2) 消除随机变量"市场价格"，更新效用表，如表 10.5 所示。

表 10.5　更新效用表 2

投资	保险	价值
无	*	0
黄金	是	200
股票	*	200
股票	*	350
黄金	否	560

(3) 通过采取最大效用价值(决定)来评估"保险"决定。从上表看，U(保险=是)=200，U(保险=否)=560，所以最佳决策是保险=否。我们也更新了表格(保留最佳选项)，如表 10.6 所示。

表 10.6　更新效用表 3

投资	价值
无	0
股票	350
黄金	560

(4) 最后对"投资"这一决定进行评估。从最后一个表格可以明显看出，最佳选择是投资=黄金。

当然，所得到的决策与我们在第 11.4 节中评估相应的决策树时得到的决策相同。

接下来，我们将描述一种用于 ID 的替代评估技术，该技术运用了为 BN 开发的高效推理算法。

3. 转化为 BN

最初是由 Cooper[3]提出的将 ID 简化为 BN 的想法。要将 ID 转化为 BN，基本思路是将决策节点和效用节点转化为随机节点，并得到一个相关概率分布。通过将每个决策 d_i 视为该变量的值，并使用均匀分布作为 CPT(因为所有传入的弧都是信息性的，所以决策节点没有父节点)，决策节点转化为离散随机变量。通过对效用函数进行归一化，将效用节点转化为二元随机变量，使其处于 0 到 1 的范围内，即：

$$P(u_i = 1 | Pa(u_i)) = val(Pa(u_i)) / maximum(val(Pa(u_i)))\qquad(10.2)$$

其中 $Pa(u_i)$ 是 ID 中效用节点的父节点，而 val 是分配给父节点的每个数值组合的值。由于其是一个二进制变量，$u_i = 0$ 的概率只是补充：$P(u_i = 0 | Pa(u_i)) = 1 - P(u_i = 1 | Pa(u_i))$。

　　经过前面的转化，考虑到单一的效用节点，寻找最优策略概率的问题就简化为如何寻找最大化效用节点概率的决策节点值：$P(u = 1 | D, R)$，其中 D 是决策节点集合，而 R 是 ID 中其他随机变量的集合。此概率可以用 BN 的标准推理技术来计算；但是，这需要指数级的推理步骤，需要对 D 的每一次排列组合进行推理。

　　给定在常规的 ID 中，决策节点是有顺序的，因此可以通过评估决策的(反)顺序来完成更有效的评估[12]。即我们不是最大化 $P(u = 1 | D, R)$，而是最大化 $P(D_j | u = 1, R)$。可递归优化每个决策节点 D_j，从上个决策开始，继续进行以前的决策，以此类推，直到我们做出第一个决策。这提供了一个更有效的评估程序。在可分解 ID 的基础上，对以前的算法提出了更多改进(见"补充阅读"一节)。

　　解决 ID 的传统技术具有以下两个重要的假设。

　　总排序：所有决策都按照图中的有向路径进行总排序。

　　非遗忘：所有先前的观察都会被记住，用于未来做决策。

　　这些假设限制了 ID 对某些领域的适用性，特别是涉及不同时间多个决策的时间性问题。例如，在医疗决策中，决策的总排序是一个不现实的假设，因为有些情况下，决策者事先不知道应该先做什么决策，以使预期效用最大化。对于一个在很长一段时间内演变的系统，观察值的数量随着时间的流逝而呈线性增长，因此非遗忘的要求意味着策略规模会呈指数级增长。

10.4.3　扩展

1. 有限内存影响图

　　为避免之前 ID 局限性，作为影响图的扩展，Lauritzen 和 Nilsson[7]提出了有限内存影响图(LIMID)。"有限内存"一词反映了这样一个特性，即在做决策时，已知的变量在做后验决策时不一定会被记住。消除一些变量可降低模型的复杂性，因此这一问题可用计算机来解决，尽管得到的只是一个次优策略。

2. 动态决策网络

另一个扩展适用于惯序决策问题，即随着时间推移而涉及多个决策。与 BN 一样，可考虑决策问题，必须在不同时间间隔内做出一系列决策；此类问题称为惯序决策问题。惯序决策问题可以建模为动态决策网络(DDN)，也可称为动态影响图。这可以看作 DBN 的扩展，每个时间步骤都有额外的决策和效用节点，见图 10.9。

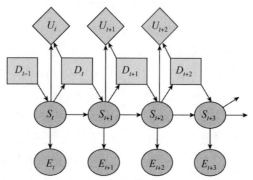

图 10.9　　一个具有 4 个决策期的动态决策网络的示例

原则上，考虑到决策必须及时排序，我们可用与 ID 相同的方式评估 DDN。即每个决策节点 D_t 的信息弧线，具有来自之前所有决策节点 D_{t-1}、D_{t-2} 等的信息弧。然而，随着时间迭代增加，复杂性也增加，因此计算难度也增加。此外，在某些应用中，我们事先并不知道决策迭代的数量，所以从原则上说，可能有无限数量的决策。

DDN 与马尔可夫决策过程密切相关，我们将在下一章中以马尔可夫决策过程为主题进行讲解。

10.5　应用

我们提出两个应用：①治疗非小细胞肺癌的影响图；②协助老年人或残疾人洗手的动态决策网络。

10.5.1　肺癌的决策支持系统

M. Luque 和 J.Diez[8]开发了一个决策支持系统，以确定治疗非小细胞肺癌的最有效测试和疗法选择。

肺癌是世界上非常常见的肿瘤，也是癌症死亡的主要原因。它分为两大类型：小细胞肺癌(SCLC)和非小细胞肺癌(NSCLC)。对于预后不良的非小细胞肺癌患者，在

NSCLC 的早期阶段进行正确评估和合适的手术选择非常必要,避免进行危险和不必要的手术。确定是否存在恶性纵膈淋巴结是为 NSCLC 患者确定治疗策略的最重要预后因素。有不同技术来研究纵膈和潜在恶性淋巴结。由于可用的测试种类繁多,每一种都有优点和缺点,因此很难决定应该使用哪些技术以及按照什么顺序使用。

为帮助选择治疗 NSCLC 的最佳策略,我们构建了一个名为 Mediastined 的影响图,如图 10.10 所示。该模型包括三类变量:随机变量、决策变量和效用变量。

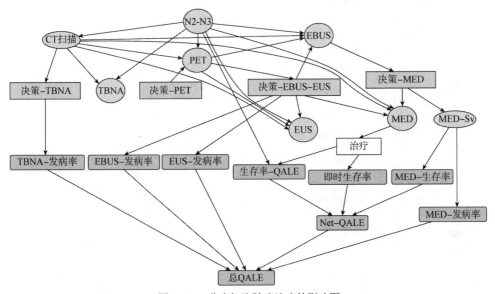

图 10.10 非小细胞肺癌治疗的影响图

随机变量对应于疾病的可能原因和风险因素,也包括实验室测试的结果。

N 因子:表示癌症是否已经到达淋巴结。N0 表示在任何淋巴结中都没有癌症;而 N1、N2 和 N3 则表示不同部位有癌症。在模型中,这些分为两种状态,N0-N1 意味着癌症可以手术,N2-N3 意味着癌症不可手术(这就是 ID 中的变量 N2-N3,其值为存在/不存在)。

CT 扫描:计算机断层扫描的结果(阳性或阴性)。

TBNA:经支气管针吸的结果(阳性、阴性或无结果)。

PET:正电子发射断层扫描的结果(阳性、阴性或无结果)。

EBUS:支气管内超声检查的结果(阳性、阴性或无结果)。

EUS:内窥镜超声检查的结果(阳性、阴性或无结果)。

MED:纵膈镜检查的结果——在颈部做一个小切口的过程(阳性、阴性或无结果)。

MED-Sv:表示患者是否在纵膈镜检查中幸存(是或否)。

注意,代表不同检查的变量具有三个可能的值:如果检测到癌症,则为阳性;如果未检测到癌症，则为阴性；如果没有进行检查，则无结果(始终执行 CT 扫描除外)。鉴于这些检查具有风险，因此该模型的一个重要作用是决定是否进行检查。

决策变量包括是否进行某些检查以及对病人进行哪些可能的治疗。

治疗：表示一组可能的治疗方法，即开胸手术、化疗和保守治疗。

决策-TBNA：决定进行 TBNA 检查(是或否)。

决策-PET：决定进行 PET 检查(是或否)。

决策-MED：决定进行 MED 检查(是或否)。

决策-EBUS-EUS：决定进行 EBUS、进行 EUS、两者都进行或都不进行(四个可能值)。

该模型中有几个效用节点，分为普通效用节点和超值效用节点。普通效用节点代表决策者的偏好(本例中的医学专家)。其中一些效用是用 QALE 衡量的，衡量质量调整后的预期寿命。普通效用节点如下。

生存率-QALE：幸存者接受医疗检查和治疗的 QALE。

TBNA-发病率：由 TBNA 导致的 QALE 发病率。

EBUS-发病率：由 EBUS 导致的 QALE 发病率。

EUS-发病率：由 EUS 导致的 QALE 发病率。

MED-发病率：由纵膈镜检查导致的 QALE 发病率。

MED-生存率：表示患者是否在纵膈镜检查中存活。

即时生存率：治疗的生存概率。

超值效用节点结合了普通效用节点，所以最后得到一个最大化的效用节点(总 QALE)。

Net-QALE：将生存率-QALE、MED-生存率和即时生存率结合起来；该值为检查(除纵膈镜检查)的生存率-QALE 与纵膈镜检查的生存概率和治疗的生存概率之积。

总 QALE：Net-QALE、TBNA-发病率、EBUS-发病率、EUS-发病率和 MED-发病率之和。总和用作疾病率(将取 QALE 的负值)倾向于降低 Net-QALE。

领域专家引出该模型的参数、随机变量 CPT 和效用节点值。其有 61 个独立的参数：1 个参数是转移先验概率(N2-N3)，46 个参数是测试条件概率，1 个是 MED 的存活概率，10 个是以 QALE 衡量的效用，3 个参数是表示治疗后存活概率的效用。

通过求解 ID 可得到效益最大化的策略(总 QALE)。根据该模型，最佳策略如下。

- 决策-TBNA：仅当 CT 扫描为阳性时才执行 TBNA。
- 决策-PET：始终执行 PET。
- 决策-EBUS-EUS：如果 CT 扫描为阴性而 PET 为阳性，或如果 CT 扫描呈阳性而 PET 和 TBNA 的结果相反，则执行 EBUS。建议永远不要执行 EUS 检查。

- 决策-MED：不进行纵膈镜检查。
- 治疗：如果最后进行的检查结果呈阳性，则进行化疗；否则，最好进行胸腔切除术。

先前的战略已提交给专家。专家同意该策略的大部分内容，但关于是否应执行 EBUS、EUS 和 MED 检查，专家并未同意。专家同意在 CT 扫描为阳性的情况下执行；但是，如果 CT 扫描为阴性，将在进行 TBNA 后改变决定为：①如果结果为阳性，不做其他检查；②否则，进行 EBUS 而不是 PET；如果 EBUS 为阴性，则进行纵膈镜检查。专家评论说，该系统没有考虑到执行 PET 会导致延迟，使得病人需要在另一天再去医院(模型中没有体现)。

之前模型没有考虑到诊断检查和治疗的经济成本，而这在医疗决策中是不容忽视的。考虑成本的一种方法是将问题转化为多目标优化问题。另一种方法是将效益(QALE)和成本合并为单一变量进行优化，称为净效益(NE)。NE 可以估计为有效性(总 QALE)减去成本(C)，再乘以净有效性(医疗效益减去经济成本)。考虑到经济成本，开发了第二个 ID，详见[8]。

10.5.2　决策理论看护人

看护人的目标是使用适当的提示选择来指导一个人完成任务。在此考虑清洁双手这一特殊任务。该系统充当护理人员，指导老年人或残疾人正确地执行此任务[9]。

洗手台上的相关物品有：肥皂、水龙头和毛巾。该系统会检测用户与这些物体交互的行为。然后，选择一个动作(我们使用声音提示)来引导用户完成任务，或者如果用户正确地执行了所需的一系列步骤，该系统可能什么也不说(空动作)。

1. 模型

动态决策网络(DDN)对用户行为进行建模，并根据用户行为(观察)和系统目标(效用)在每个时间段做出最佳决策。最佳动作可能涉及提前完成模型的许多步骤，直到完成洗手任务；通过提前分析 k 个步骤(前瞻)，可得到优化和效率之间的折中结果。为此，通过用本章前面介绍的技术之一求解 DDN，可得到 k 个决策节点的最佳决策。这种情况下，DDN 转化为 DBN，并使用 BN 推理解决。

该场景的 DDN 如图 10.11 所示。在这个模型中，状态变量(S)代表用户在每个时间步骤中的活动，这些活动是不可直接观察到的。观察节点(O)代表从视觉系统获得的信息，用于识别用户正在进行的活动。动作节点(A)对应于控制器在每个时间段可以选择的不同动作(提示)。最后，奖励(R)代表取决于当前状态和首选行动的即时奖励。下面将详细介绍该模型的这些要素。

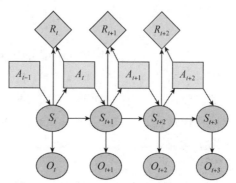

图 10.11 一个四阶段的动态决策网络，模拟护理人员的情景。S_t 代表用户的活动，
O_t 对应于观察到的活动，A_t 是选择的动作，R_t 是即时奖励

状态。状态空间为一个人所进行的活动(手势)。这种情况下，状态变量有 6 个可能的值：S_1=打开水龙头，S_2=关闭水龙头，S_3=使用肥皂，S_4=擦干双手，S_5=拿起毛巾，S_6=洗手。

观察值。对应于视觉手势识别系统[9]获得的信息，该系统试图识别人在洗手时所做的活动。观察值与状态值相同。

动作。动作是帮助人们完成任务的声音提示。有 8 个动作与系统考虑的可能提示相对应：A_1=打开水龙头，A_2=关闭水龙头，A_3=在手上抹肥皂，A_4=洗手，A_5=拿毛巾，A_6=擦干手，A_7=无效，A_8=呼救。

奖励。奖励与系统选择不同动作的偏好相关。在护理人员设置中，我们必须考虑提示、提示的清晰度和使用者的反应。其中使用了三种不同的奖励值：+3 表示偏爱，−3 表示惩罚，−6 用于选择请求帮助的动作。该想法认为寻求帮助是最后的选择。

此外，该模型需要两个条件概率表：转换函数 $P(S_{t+1}|S_t)$ 和观察函数 $P(O_t|S_t)$。

转移函数。转移函数定义了给定当前状态和动作的下一个状态(下一个手势)的概率。这种情况下，这是可以预测的，但存在一定程度的不确定性。转移函数是由主观定义的。

观察函数。这种情况下，观察函数包括给定状态下观察到的手势概率，即实际手势。可以很容易地从手势识别系统的置信度(混淆矩阵)中得到。

假设该模型是时间不变的，即以前的 CPT 不随时间而变化。

2. 评价

根据以下几个方面评估模型：①相对于阶段数或前瞻的敏感性；②解决选择下一个动作的模型所需时间的效率；③性能，比较系统选择的动作与人类护理人员的动作。

用 2～11 个时间阶段求解 DDN，并比较不同情况下对不同模型规模所选择的动作。预期效用随着前瞻期增加而增加，在 6 或 7 个阶段后趋于稳定。然而，所选择的动作在 4 的前瞻后没有发生变化，因此选择了此值。

对具有 4 个时间阶段(4 个决策节点)的模型响应时间进行评估，用一台标准个人电脑可以在大约 3 秒内完成评估。因此，这一阶段的数量在性能和效率之间进行了很好的平衡。

为评估系统所选择行动的最优性(或接近最优性)，将该决策与执行相同任务的人类的决策进行比较。对正常人进行了初步评估，模拟他们在洗手时遇到问题。10 名成年人参加了实验，分为两组，每组 5 人(测试和对照)。第一组通过系统给出的口头提示来完成洗手任务，对照组则通过护理人员给出的口头指示来完成。在发给每个参与者的调查问卷中，评估的方面有：①提示的清晰度；②提示的细节；③系统的有效性。提示的细节是指具体程度，清晰度是指用户对信息的理解程度，有效性评估系统对成功完成任务的指导。

表 10.7 中总结了获得的结果。结果表明，当人类选择最佳提示时，有一个小的优势，然而系统和人类控制器之间的差异并不显著。两个方面显示出较小差异(0.6 或更小)，一个方面显示出更大差异(提示的细节)。最后一个方面与记录与每个提示相关的口头短语有关，这一点很容易改进；而与系统的决策关系不大。

表 10.7 在护理人员设置中得到的结果，引导模拟记忆问题的人完成双手的清洁。表格比较护理人员的决策和基于 DDN 的决策理论系统。评估等级从 1(最差)到 5(最佳)

	人类	系统
清晰度	4.4	3.9
细节	4.6	3.6
有效性	4.2	3.6

10.6 补充阅读

Martin Peterson 的 *Decision Theory* 是一本很好的决策理论入门书[10]。Howard 和 Matheson 所著的[5]是关于影响图的原始参考资料。Jensen 书中涵盖决策网络[6]。决策树描述见于[2]。[11]中提出评估影响图消除算法；[3]介绍基于转化为 BN 的替代评估技术。[7]中提出有限内存影响图，[13]提到扩展动态模型。

10.7　练习

1. 考虑到风险规避，根据货币价值定义一个效用函数，以便对第 10.2.1 节第 1 部分的示例做出最佳决策，目的是在计算两种可能决策的预期效用时保留货币(D1)。

2. 假设你有 100 000 美元储蓄，并有机会将其中一半投资股票，有 0.5 的概率获得 50%的回报(获得 25 000 美元)，有 0.5 的概率损失 50%(损失 25 000 美元)。如果你是①风险厌恶者，②寻求风险者，③中立者，那么投资或不投资之间的最佳决策是什么？

3. 考虑图 10.2 中的决策树。股票市场的期货已经发生变化，现在潜在收益已经增加到 3000 美元。另外，黄金保险价格已上涨至 600 美元。将这些变化应用于决策树后，重新评估。与原始示例相比，决策是否发生变化？

4. 基于 ID 表示，应用变量消除法重复前面的问题。

5. 为图 10.3 的影响图定义所需的 CPT。假设两个可能的机场位置，LocA 和 LocB，并且所有的随机变量都是二进制的：交通量={低，高}，需求={无，有}，施工={简单，复杂}，事故={严重，轻微}，噪声={低，中}，成本={中，高}。根据你的直觉并遵循概率的公理来定义参数。

6. 对于图 10.3 中的 ID，根据事故、噪声和成本定义效用函数，使用与之前练习中相同的值。①将其定义为一个数学函数，即 U= f(事故、噪声、成本)。②将其定义为一个表格。

7. 基于前两个练习的参数和效用，假设没有证据，通过计算每个可能位置的效用函数来评估图 10.3 的 ID。根据模型，哪个位置最佳？

8. 针对不同场景重复前面练习，交通量=低，需求=无，施工=简单；交通量=高，需求=有，施工=复杂。在不同的情况下，最佳位置是否发生变化？

9. 将图 10.3 的影响图转化成决策树。

10. 使用与问题 5 和 6 相同的参数，获得前一个问题的 DT 最佳决策。(a)没有证据。(b)有证据。

11. 根据天气预报决定是否打伞。这个问题有两个决策：看天气预报(否,是)和打伞(否,是)；以及一个随机变量。天气={晴天,小雨,大雨}。将此问题建模成决策树，为不同的方案确定成本/效用。

12. 为上一练习的打伞决策问题定义一个影响图。

13. *** 开发一个将 ID 转化为 BN 的程序。然后使用概率推理评估 BN。使用前面练习中定义的参数和效用，用其确定机场选址模型。

14. *** 开发一个将 ID 转化为 DT 的程序。用其确定机场选址模型。

15. *** 研究如何实施 LIMID，用于处理复杂的决策问题。

第11章 马尔可夫决策过程

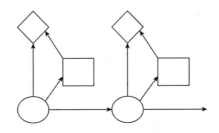

11.1 引言

在本章中，我们将了解如何解决惯序决策问题；即随着时间推移涉及一系列决策问题。假设决策智能体是理智的，那么目的便是长期使预期效用最大化。由于结果因智能体决策存在不确定性，则这类问题可建模为马尔可夫决策过程(MDP)。通过求解MDP模型，我们得到了所谓策略，根据其当前状态，向智能体指出在每次时间步中选择哪种动作；选择的动作能使预期值最大化即为最佳策略。

首先，我们将确立 MDP 模型，并提供两种标准解决方法：基于值迭代和基于策略迭代。尽管解决MDP问题的复杂度与状态-动作的数量成二次关系，但当状态-动作数量过大时，内存和时间限制仍可使其不适用。因子化 MDP 提供了一种基于图模型表示方法来解决非常大的MDP。解决复杂问题的其他替代方法有：通过对类似状态进行分组来减少状态数量抽象法；以及把一个大问题分解成几个小问题的分解法。

POMDP(部分可观察 MDP)不仅代表动作结果的不确定性，也代表状态的不确定性；这些内容是下一章重点讨论的主题。

11.2 建模

MDP(马尔可夫决策过程)[16]构建了一个惯序决策问题，其中系统随着时间演变，且受智能体控制。系统动态受概率转移函数 Φ 支配，该函数将状态 s 和动作 a 映射到新的状态 s'。在每个时间段内，智能体收到的奖励 R 取决于当前的状态 s 和应用的动作 a。通过解出该问题 MDP 表示，我们能得到一段时间内使预期奖励最大化，同时能处理行动效果中不确定性的最佳策略。

例如，设想一个生活在网格世界中的智能体(模拟机器人)，其状态是由它所在单元决定；见图 11.1。机器人想去目的地(有笑脸的单元格)，并要避免障碍和危险(填充的单元格和禁止标志)。机器人可能的动作是移到邻近单元(上、下、左、右)。我们假设机器人在通过每个单元时都会得到一定的即时奖励，例如，当它到达目标时为+100，如果它去了禁区(这可能代表一个危险地方)则为-100，而去了所有其他单元则为-1(这将促使机器人找到通往目标的最短路线)。

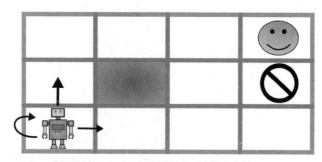

图 11.1　网格世界中的机器人。每个单元格代表机器人的可能状态，用笑脸表示目标，用禁止标志表示危险。机器人显示在一个单元中，箭头的宽度说明了在动作向上的情况下出现下一个状态的概率

考虑到机器人采取每个动作的结果都存在不确定性。例如，如果选择的动作是向上，机器人有 0.8 的概率去上层单元，0.2 的概率去其他单元(在图 11.1 的例子中，它将有 0.1 的概率停留在同一单元，0.1 的概率向右移动)。这可以用图 11.1 中箭头宽度来说明。定义了状态、动作、奖励和转移函数后，便可将这个问题建模为一个MDP。

机器人的目标是尽快到达目标单元并在途中避免危险。这将通过解出代表这个问题的MDP 来实现，并使预期奖励最大化[1]。该解决方案为智能体提供了一项策略，也就是在每个状态下执行的最佳动作是什么。图 11.2 是这个例子的图形说明(通过箭头)。

形式上，MDP 是一个元组 $M = <s, a, \Phi, R>$，其中 s 是一个有限的状态集 $\{s_1, \ldots, s_n\}$。a 是一个有限的动作集合 $\{a_1, \ldots, a_m\}$。$\Phi : a \times s \times s \to [0,1]$ 是指定为概率分布的状态转移函数。在状态 s 中执行动作 a 到达状态 s' 的概率写为 $\Phi(a, s, s')$。$R : s \times a \to \Re$ 是奖励函数。$R(s, a)$ 是智能体状态 s 下采取动作 a 时得到的奖励。

---

1 假设定义的奖励函数正确地模拟了预期目标。

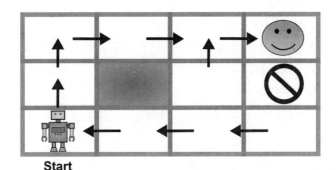

图 11.2 解决 MDP 模型所产生的策略，每个单元的箭头表示最佳动作

图 11.3 显示了一个 MDP 的图模型。如图所示，一般情况下，假设该过程是马尔可夫的(未来状态只取决于现在状态)和稳定的(参数在一段时间内保持不变)。

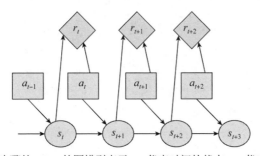

图 11.3 四个时间步骤的 MDP 的图模型表示。s_t 代表时间的状态，a_t 代表行动，r_t 代表奖励

马尔可夫属性：

$$P(s_{t+1}|s_t,a_t,s_{t-1},a_{t-1},\ldots) = P(s_{t+1}|s_t,a_t), \forall s,a \tag{11.1}$$

$$P(r_t|s_t,a_t,s_{t-1},a_{t-1},\ldots) = P(r_t|s_t,a_t), \forall R,s,a \tag{11.2}$$

稳定属性：

$$P(s_{t+1}|s_t,a_t) = P(s_{t+2}|s_{t+1},a_{t+1}), \forall t \tag{11.3}$$

$$P(r_t|s_t,a_t) = P(r_{t+1}|s_{t+1},a_{t+1}), \forall t \tag{11.4}$$

出于对未来的考虑(视界)，主要有两种类型的 MDP，即有限视界和无限视界。有限视界问题认为存在固定的、预先确定的时间步骤数，在此期间，我们要使预期奖励最大化(或成本最小化)。例如，考虑一个投资者，每天买入或卖出动作(时间步骤)，并希望获得最大化年利润(视界)。无限视界问题不存在固定的、预先确定的时间步骤数，这些步骤数量是可以变化的，且原则上是无限的。一般来说，机器人规划问题就是如此，因为最初机器人为达到其目标所需的运动(动作)数量是未知的。

在本章其余部分，我们将集中讨论无限视界问题，因为这些问题在实践中更常见。它们还有一个优点，就是在某些条件下，最优策略是固定的；也就是说，它只取决于状态，而不取决于时间步骤。

一个 MDP 的策略 π 是一个函数 $\pi, s \rightarrow a$，它规定了每个状态 s_i 要执行的动作 a_i。给定一个策略，某个状态的预期累积奖励被称为策略对状态 s 的值，即 $V^\pi(s)$；它可以用以下递归方程计算：

$$V^\pi(s) = R(s, a) + \sum_{s \in S} \Phi(a, s, s') V^\pi(s') \tag{11.5}$$

其中，$R(s, a)$ 代表给定动作 a 的瞬时奖励，而 $\sum_{s \in S} \Phi(a, s, s') V^\pi(s')$ 是基于所选策略的下一个状态预期值。

对于无限视界情况，一个折扣因子参数被包括在内($0 \leqslant \gamma < 1$)，以便使总和收敛。这个参数可以表示目前所获回报比未来多出的值。[1]

包括折扣因子，值函数写为：

$$V^\pi(s) = R(s, a) + \gamma \sum_{s \in S} \Phi(a, s, s') V^\pi(s') \tag{11.6}$$

我们希望找到使预期奖励最大化的策略；也就是对所有状态都能给予最高值的策略。无限视界问题中给定的任何折扣因子 γ 都有一个最优策略 π^*，且无论起始状态如何，都满足所谓的贝尔曼方程[2]。

$$V^\pi(s) = \max_a \left\{ R(s, a) + \gamma \sum_{s \in S} \Phi(a, s, s') V^\pi(s') \right\} \tag{11.7}$$

那么，使上述公式最大化的策略就是最优策略，即 π^*。

$$\pi^*(s) = \operatorname{argmax}_a \left\{ R(s, a) + \gamma \sum_{s \in S} \Phi(a, s, s') V^\pi(s') \right\} \tag{11.8}$$

贝尔曼方程是一个递归方程，不能直接求解。然而可以用几种方法有效地求解它；这些方法将在下一节中介绍。

11.3　评估

有三种解决 MDP 和寻找最优策略的基本方法，即值迭代、策略迭代和线性规划[16]。前两种技术以迭代方式解决问题，分别改进初始值函数或策略。第三种是将问题转化为线性规划，然后使用标准优化技术(如单纯形法)来解决问题。我们将介绍前两种方法；关于第三种方法的更多信息，请参见"补充阅读"一节。

---

1 在金融投资中有明确的解释，且与通货膨胀或利率有关。对于其他应用，通常没有一个简单的方法来确定折扣系数，而会使用一个接近 1 的值，如 0.9。

11.3.1 值迭代

值迭代在贝尔曼方程基础上迭代估计每个状态值 s。注意，这实际上是 N 个方程的集合，每个状态都有一个方程式，即 $s_1, s_2, \ldots, s_N$。它首先为每个状态分配一个初始值；通常这个值是该状态的瞬时奖励。也就是说，在迭代为 0 时，$V_0(s) = R(a, s)$。然后在每次迭代中，使用贝尔曼方程最大化这些估计值。这个过程终止的条件是：所有状态值都收敛，即前一次与当前迭代的值之间的差异小于预定阈值。在最后一次迭代中选择的动作就相当于最优策略。算法 11.1 展示了该方法。

在每一次迭代中，该算法时间复杂度都是以状态-动作数量为单位的二次方程。

算法 11.1 值迭代算法

1: $\forall s V_0(s) = R(s, a)$ {Initialization}

2: $t = 1$

3: **repeat**

4: $\quad \forall_s V_t(s) = max_a \{R(s, a) + \gamma \sum_{s' \in S} \Phi(a, s, s') V_{t-1}(s')\}$ {Iterative improvement}

5: **until** $\forall_s |V_t(s) - V_{t-1}(s)| < \epsilon$

6: $\pi^*(s) = argmax_a \{R(s, a) + \gamma \sum_{s' \in S} \Phi(a, s, s') V_t(s')\}$ {Obtain optimal policy}

通常情况下，策略会比数值先收敛；这意味着即使数值尚未收敛，策略也不会有任何变化。这就产生了第二个方法，即策略迭代。

11.3.2 策略迭代

首先，策略迭代选择一个随机的初始策略(若我们有一定领域知识，就可以将其用作初始策略)。然后，为每个状态选择最能增加预期值的动作，从而反复改进策略。该算法在策略收敛时终止，即在策略与前一次迭代相比没有变化时终止。算法 11.2 展示了该方法。

算法 11.2 策略迭代算法

1: $\pi_0 : \forall_s a_0(s) = a_k$ {Initialize the policy}

2: $\forall_s V_0(s) = R(s, a)$ {Initialize the values}

3: $t = 1$

4: **repeat**

5: $\quad$ {Iterative improvement}

6: $\quad \forall_s V_t^{\pi_{t-1}}(s) = \{R(s, a) + \gamma \sum_{s' \in S} \Phi(a, s, s') V_{t-1}(s')\}$ {Calculate values for the current policy}

（续表）

7:　　$\forall_s \pi_t(s) = argmax_a \{R(s,a) + \gamma \sum_{s' \in S} \Phi(a,s,s')V_t(s')\}$ {Iterative improvement}

8: **until** $\pi_t = \pi_{t-1}$

策略迭代的次数往往比数值迭代收敛的次数少，但因为数值必须更新，所以每次迭代的计算成本更高。

11.3.3　复杂性分析

值迭代和策略迭代已被证明在固定 γ 下以多项式时间执行，但值迭代在最坏情况下可能达到与 $1/(1-\gamma)\log(1/(1-\gamma))$ 成比例的迭代次数[10]。

用以前的算法解决小型 MDP 效果不错；但是当状态-动作空间非常大时就会变得很困难。例如，机器人导航等应用中很常见的问题，包括 10 000 个状态和 10 个动作。这种情况下，存储转移表所需的空间为 10 000×10 000×10=10^9；而在每次迭代中更新值函数需要进行 10^8 次操作。因此，即使在目前的计算机技术下，解决非常大的 MDP 也困难重重。另一种方法是对状态空间进行分解，利用独立性关系来减少记忆需求和计算需求，并使用基于图模型的 MDP 表示，称为分解 MDP。

11.4　分解 MDP

在分解 MDP 中，状态集为一组随机变量 $X = \{X_1,\dots,X_n\}$，其中每个 X_i 在某个有限域 $\mathrm{Dom}(X_i)$ 中取值。一个状态 s 为每个变量 X_i 定义了一个值 $x_i \in \mathrm{Dom}(X_i)$。如果将转移模型和奖励函数明确表示为矩阵，其大小可能会变为指数级别。然而，动态贝叶斯网络框架(见第 7 章)和决策树[13]简明地提供了描述转移模型和奖励函数的工具。

设 X_i 表示当前时间的变量，X_i' 表示下一步的变量。每个动作转移函数 a 被表示为一个两阶段的动态贝叶斯网络，即一个两层的有向无环图 G_T，其节点为 $\{X_1,\dots,X_n,X_1',\dots,X_n'\}$；见图 11.4(a)。每个节点 X_i' 都有一个条件概率分布 $P_\Phi(X' \mid Parents(X_i'))$，这通常用矩阵(条件概率表)或更紧凑的决策树来表示。然后，将转移概率 $\Phi(a,s_i,s_i')$ 定义为 $\Pi_i P_\Phi(X_i' \mid u_i)$，其中 u_i 代表 Parents(X_i')的变量值。[1]

与状态相关的奖励往往只取决于某些状态的特点。奖励和状态变量之间的关系可用影响图中节点的值来表示，如图 11.4(b)所示。这种节点条件奖励(CRT)是一个表，它能将奖励与图中其父节点每一个数值联系起来。该表在相关变量的数量上是指数级

---

1 这种情况下，同步弧(连接同一时间步长变量)在时间 t 内不被考虑，在时间 $t+1$ 时可以被包括或不被包括。

的。尽管在最坏情况下 CRT 需要指数级空间来存储奖励函数，但多数情况下，奖励函数的结构允许使用决策树或图来紧凑表示，如图 11.4(c)所示。

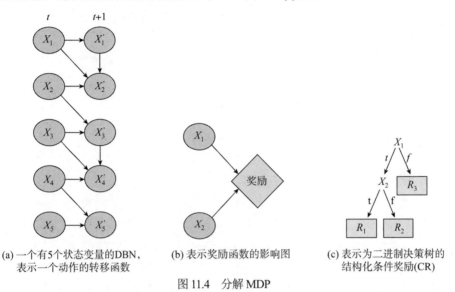

(a) 一个有5个状态变量的DBN，　　　(b) 表示奖励函数的影响图　　　(c) 表示为二进制决策树的
　　表示一个动作的转移函数　　　　　　　　　　　　　　　　　　　　　结构化条件奖励(CR)

图 11.4　分解 MDP

多数情况下，DBN 中条件概率表(CPT)拥有一个特定结构；特别是一些重复多次的概率值(如零概率)。利用这些特性，可以通过将 CPT 表示为树状图或图，使得重复概率值在这些图的叶子中只出现一次，从而使表示更加紧凑。代数决策图或 ADD 是一种非常有效的特殊表现形式。图 11.5 中给出一个表示为 ADD 的 CPT 例子。

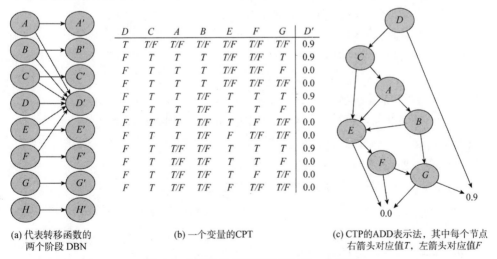

D	C	A	B	E	F	G	D'
T	T/F	T/F	T/F	T/F	T/F	T/F	0.9
F	T	T	T	T/F	T/F	T	0.9
F	T	T	T	T/F	T/F	F	0.0
F	T	T	T	T/F	T/F	T/F	0.0
F	T	T	T/F	T	T	T	0.9
F	T	T	T/F	T	T	F	0.0
F	T	T	T/F	T	F	T/F	0.0
F	T	T	T/F	F	T/F	T/F	0.0
F	T	T/F	T/F	T	T	T	0.9
F	T	T/F	T/F	T	T	F	0.0
F	T	T/F	T/F	T	F	T/F	0.0
F	T	T/F	T/F	F	T/F	T/F	0.0

(a) 代表转移函数的　　　　　　　(b) 一个变量的CPT　　　　　　(c) CTP的ADD表示法，其中每个节点
　　两个阶段 DBN　　　　　　　　　　　　　　　　　　　　　　　右箭头对应值T，左箭头对应值F

图 11.5　以代数决策图表示 CPT 的一个例子

将 MDP 中的转移函数表示为两阶段 DBN，将奖励函数表示为 DT，并在树或 ADD

基础上进一步减少。多数情况下，这意味着在存储非常大 MDP 时可以节省大量内存。在本章"应用"一节将展示这方面的例子。

此外，基于这种紧凑的表示方法，已经开发了非常有效的值和策略迭代算法，也减少了解决复杂 MDP 模型所需的计算时间。SPUDD 算法[8]便是一个例子。

使用其他技术(如抽象和分解法)，可以进一步降低计算的复杂性，总结如下。

11.4.1 抽象法

抽象法是通过创建一个抽象模型来减少状态空间，在这个模型中，具有相似特征的状态被归为一组[9]。

等价状态是指那些具有相同转移和奖励函数的状态；这些状态可以在不改变原始模型情况下被组合在一起，因此对于缩小模型来说，最优策略将是相同的。然而仅通过连接等价状态来减少状态空间，一般来说效果并不显著；但通过对类似状态进行分组可以进一步减少；这就要求近似的模型需要在精确性(所产生的策略)和其复杂性之间做出权衡。

有不同策略用来创建缩小、近似模型。一种是将状态空间划分为一整块，且每块都是稳定的；也就是说，该模型保留了与原始模型相同的转移概率[5]。另一种方法是将状态空间划分为具有类似奖励函数的定性状态[17]；下面将介绍这种方法。

定性 MDP[18]的基本思想是将状态空间划分为几个共享类似奖励的定性状态。这个方案适用于具有较大状态空间的离散型 MDP 和连续状态空间。例如在机器人导航中，状态代表移动机器人的位置(X, Y)，它可以被编码为大量提供环境的分区(离散)，或作为 X, Y 坐标实际位置(连续)的各种单元。

基于专家知识或数据，可以估计状态空间不同部分的奖励，并将其集中在奖励相似的区域。这可以用奖励决策树(RDT)表示，它根据不同状态变量的分区对奖励函数进行编码。其叶节点对应于具有相同奖励的状态区域，所以这是通过将 RDT 转化为 q-tree 得到的初始抽象状态(q-state)，见图 11.6。

因为该策略以即时奖励作为基础，所以它提供了一个粗略的初始分区，而理想状态下是以值函数作为基础得到的。因此在第二阶段，根据以下程序对初始分区进行完善。

(1) 解出抽象的 MDP 并获得每个 q 状态值。

(2) 估计每个状态值相对于其相邻状态的方差。

(3) 将具有最高方差的状态(未标记)划分为两个新的状态 q，在这个维度上与其邻居的值差异最大。

(4) 解出包括新分区的新 MDP。

(5) 如果新 MDP 的策略与之前的相同，则返回到之前的 MDP 并标记 q 状态，这样它就不会再被划分；否则就保留新分区。

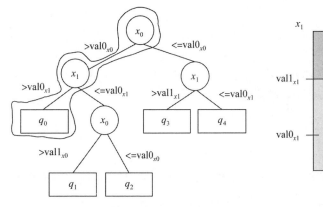
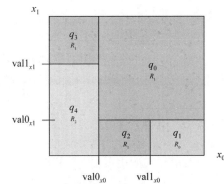

(a) 根据两个状态变量x_0和x_1，对应于奖励决策树的q状态；该树的叶节点对应于MDP的q状态

(b) 根据 q-tree，将状态空间划分为 5 个定性状态。在树状图中突出显示状态 q_0

图 11.6　初始抽象状态

(6) 如果所有状态的维度都等于或低于预设超容量极限；如若不然，则返回到步骤 2。

虽然这个程序意味着要多次处理同一个 MDP，但如果原始问题有一个非常大的或连续的状态空间，那么它仍然可以大大节省存储和计算时间。如今它已被应用于发电厂运行并取得了良好效果[18]。

11.4.2　分解法

分解法着重于将全局问题划分为更小子问题。独立解决这些子问题后，合并它们的解决方案[4, 11]。有两种主要分解类型：①连续或分层；②并行或并发。

分层 MDP 提供了一个顺序分解，不同子目标被依次解决以达到最终目标。也就是说，在给定的执行阶段时间内，只有一个任务处于活跃状态。通过定义对应中间目标的不同子任务，分层 MDP 对每个子目标进行求解，然后结合这些子过程来解决整体问题，从而加速复杂问题的解决；分层方法的例子有 HAM[14]和 MAXQ[6]。

在并发或并行 MDP 中，并行执行子任务以解决全局任务。一般来说，这些方法认为任务可以分为几个相对独立的子任务；可以独立解决这些子任务，然后将这些解决方案结合起来，解决全局问题。当子任务不完全独立的时候，需要考虑其他因素。例如，松散耦合 MDP[11]中一些独立的子过程，由于共同资源约束而被耦合起来。为了解决这些问题，使用了一个基于启发式资源分配给每个任务的迭代程序。另一种方法是由[4]最初采取独立解决每个子任务的方式，而当解决方案被合并时，考虑到部分策略之间的潜在冲突，该方法通过解决这些冲突以获得一个全局的、近似最优的策略。第 11.5 节给出了最后一项技术在机器人领域的应用示例。

11.5　应用

在两个不同的领域中展现 MDP 的应用：一个是协助电厂操作人员在困难情况下进行操作，另一个是协调一组模块来完成服务机器人的复杂任务。

11.5.1　发电厂运营

MDP 已被应用于发电厂和电力系统中的一些问题处理[19]，包括水电站的大坝管理、变电站检查和联合循环电厂蒸汽发电优化。此处介绍最后一项。

联合循环电厂蒸汽发电系统由蒸汽轮机提供超热蒸汽。该系统由回收蒸汽发生器、再循环泵、控制阀和互连管道组成。热回收蒸汽发生器(HRSG)是一种能够从燃气轮机的废气中回收剩余能量的机械，并在一个特殊罐子(蒸汽桶)中产生高压(Pd)蒸汽。循环泵是从蒸汽桶中抽取残余水的一种装置，用于保持 HRSG(Ffw)中的水供应。这个过程的结果是：高压蒸汽流(Fms)使蒸汽涡轮机持续运转并在发电机中产生电能(g)。给水阀(fwv)和主蒸汽阀(msv)与相关主要控制元件相连。图 11.7 给出了蒸汽发电系统简化图。

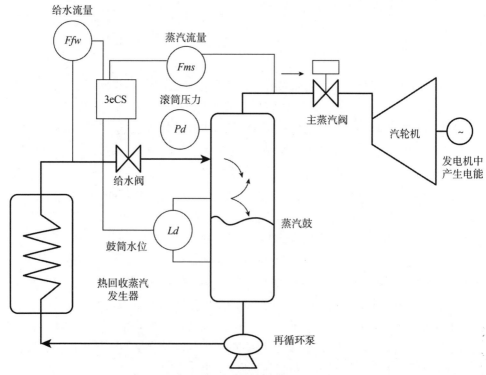

图 11.7　联合循环电厂的蒸汽发电系统的主要元器件[19]

在正常运行期间，三元供水控制系统通过给水阀来调节水桶中的水位(Ld)和压力。然而，这种传统控制器没有考虑控制回路(阀门、仪表或任何其他过程设备)可能出现故障的情况。

此外，它忽略了执行结果是否有助于在未来增加蒸汽鼓的寿命、安全性和生产力的问题。问题在于获得一个将电厂状态反应给操作人员的函数；而这个函数应该考虑所有因素。

将这个问题建模为 MDP，并将其作为开发电厂操作员培训和辅助工具的基础。

1. 电厂操作员助手

AsistO[18]是能为电厂领域的培训和在线协助提供建议的一种智能助手。该助手与一个能够部分重现联合循环电厂运行的模拟器相联。

AsistO 是基于决策理论建成的模型，代表了联合循环电厂蒸汽发电系统的主要元素。蒸汽发电系统中的主要变量以因子的形式表示状态。其中一些变量是连续的，所以它们被离散成有限区间。这些动作对应于电厂子系统中主要阀门控制，特别是那些与控制汽包(电厂一个关键元素)水平有关的阀门，如给水阀(fwv)和主蒸汽阀(msv)。奖励函数是根据滚筒压力和蒸汽流量关系的推荐运行曲线定义出来的(见图 11.8)。该做法能够保证工厂效率和安全之间的平衡。因此控制行动应尽量使工厂保持在建议的运行曲线范围内，若它偏离了轨道，应使其回到安全点范围；图 11.8 中用箭头示意了这一点。

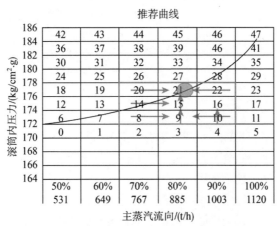

图 11.8　联合循环电厂汽包推荐运行曲线，定义了汽包压力和蒸汽流量之间的理想关系。箭头示意了推荐系统的方法——当工厂偏离推荐操作曲线时，需要将操作返回到安全范围(圆圈)

为了完成 MDP 模型，还需要定义最后一个元素：转移函数。在该应用中，它可以使用电厂模拟器，并通过对状态和动作空间进行采样来学习。一旦建立了 MDP，就可以通过求解来获得最优策略。由此，系统可以在不同工厂条件下向操作者提出建议。

2. 实验结果

我们考虑了一个相对简单的例子,包含五个状态变量: Fms, Ffw, Pd, g, d; 以及四个动作: 打开/关闭给水阀和主蒸汽阀一定量。奖励函数是根据推荐的操作曲线来定义的。通过模拟法收集系统的动态样本来学习转移函数。

在此,我们比较了平面 MDP 表示法和因子表示法的内存需求。平面 MDP 需要589 824 个参数(概率值),而因子 MDP 只需要 758 个。在一台标准个人电脑上不到两分钟的时间内便可得到因子化 MDP 最优解。

使用电厂模拟器比较了 MDP 控制器和传统自动控制的建议行动。两者所采取的动作虽有相似之处,但当干扰发生,需要将工厂恢复到安全运行点时,基于 MDP 的控制器花费的时间更少。

11.5.2　机器人任务协调

一般来说,服务机器人是为协助人类进行不同活动而开发的移动机器人,如帮助人打扫房间,协助养老院老人或在医院为病人送药。为执行这类任务,服务机器人需结合多种能力,如定位和导航、避障、人员检测和识别、物体识别和操纵等。为了简化服务机器人的开发并促进其再利用,可以通过独立的软件模块来实现这些不同能力,然后把它们组合起来以完成特定的任务,就像在办公室里人与人之间传递信息或物品一样。在这种情况下,有必要协调不同模块,以最佳方式来执行一项任务。

马尔可夫决策过程为实现服务机器人的任务协同提供了一个合适框架。状态空间可以用一些变量来定义,而这些变量明确了任务的总体情况。这些动作对应于不同软件模块的命令(调用)。例如,指示导航仪将机器人移到环境中的某个位置。奖励函数可以根据任务目标来决定,例如,对于信息传递机器人来说,当它从发送者那里收到信息时便可获得一定奖励,而当它将信息传递给接收者时,则可获得另一个更高奖励。一旦一个任务被建模为 MDP,它便可被解出以获得执行任务的策略。一般来说,这优于传统计划,这是因为它为任何初始状态提供了一个计划(一种通用方法),而且它对不同动作结果的不确定性都适用。

在这个基于一般软件模块和 MDP 的协调器的框架下,原则上服务机器人解决不同任务相对更加轻松。我们只需要根据新的任务目标修改 MDP 奖励函数,并解出修改后的 MDP,就能获得其他任务的策略。

此外,机器人最好能同时执行多个动作,如导航到某一地点,同时避开障碍物并寻找某人;然而,如果我们将机器人任务协调问题表示为单一的 MDP,我们必须考虑同时进行的动作的所有组合。这也意味着动作状态空间超载,从而大大增加解决 MDP 的复杂性,也将加剧学习该模型的难度。

另一种方法是将每个子任务建模为独立的 MDP，然后求解每个 MDP 以获得其最佳策略，然后同时执行这些策略。这种方法被称为并发 MDP [4]。

1. 并发马尔可夫决策过程

基于功能分解，复杂任务被分成多个子任务。每个子任务表示为一个 MDP，能够被独立解出。策略是并行执行的，假设为互不冲突。所有子任务有同一目标，且可以共享部分以因子形式表示的状态空间。即便如此，子任务之间也仍会出现冲突。

有两类主要的冲突类型，即资源冲突和行为冲突。当两个动作需要相同的物理资源(例如，控制机器人的车轮)且不能同时执行时，则会发生资源冲突。该类型冲突通过两个阶段过程离线来解决[3]。在第一阶段，我们为每个子任务(MDP)取得一个最佳策略。本地策略组合起来形成最初的全局策略，这使得当每个 MDP 为某一状态选择的动作存在冲突时，考虑具有最大值的动作，并且将该状态标记为冲突状态。在第二阶段使用策略迭代时，对该初始解决方案进行改进。通过将以前的策略作为其初始策略，且只考虑被标记为冲突的状态，我们在大幅降低时间复杂度的同时还能得到一个近似的最优全局策略。

行为冲突往往出现在同时执行两个或更多动作的情况下，但这在实际应用中是不可取的。例如，为人导航时，移动机器人无法同时搬运物体(这种任务对人来说也很难)。行为冲突是在线上根据用户指定的限制条件来解决的。如果没有限制，所有动作都是同时执行的；反之，约束满足模块会选择执行具有最高预期效用的动作。

2. 实验

考虑到行为冲突，我们用服务机器人 Markovito 进行了一项送货实验；Markovito 是 ActivMedia PeopleBot 机器人平台的服务机器人，它有激光、声纳、红外传感器、摄像头、抓手和两台电脑(见图 11.9)[1]。

在为 Markovito 所设任务中，其目标是根据用户的要求接收和传递信息和物体，或同时完成以上两件事情。用户下达了发出信息/物品的命令，机器人便会询问发送者和接收者的姓名。机器人会记录信息或用手握住物体交给接收者。该任务被分解为五个子任务，每个子任务表示为一个 MDP。

图 11.9　Markovito 服务机器人

(1) 导航，机器人能在不同情况下安全地进行导航。

(2) 视觉，用于观察和辨认人和物。

(3) 交互，用于聆听和与用户交谈。

(4) 操纵，安全地接收和交付物体。

(5) 表情，用动画表现情绪。

每个子任务表示为因子 MDP。

导航——状态：256 项被分解成 6 个状态变量(坐标、占地位置、有路、方向、看到用户、聆听用户)。动作：4 个(去、停、转、移)。

视觉——状态：24 项分解为 3 个状态变量(用户位置、用户已知、用户在数据库)。动作：3 个(找人、识别用户、注册用户)。

交互——状态：9216 项分解为 10 个状态变量(用户位置、用户已知、听取、提供服务、请求、消息、对象、用户 ID、接收者 ID、问候)。动作：8 个(聆听、提供服务、获取信息、传递信息、询问接收者姓名、询问用户姓名、你好、再见)。

操纵——状态：32 项分解为 3 个状态变量(请求、见用户、对象)。动作：3 个(获取对象、交付对象、移动夹持器)。

表情——状态：192 项分解为 5 个状态变量(定位、请求、看到用户、看到接收者、问候)。动作：4 个(正常、快乐、悲伤、愤怒)。

注意其中有几个状态变量是两个或多个 MDP 所共有的。如果我们把这个任务表示为单个平面 MDP，会有 1 179 648 个状态(包括所有不重复的状态变量)和 1 536 个动作组合，共有近 20 亿个状态动作。因此，即使是最先进的 MDP 求解器，也很难将这项任务作为单个 MDP 来解决。

每个子任务的 MDP 模型都是用结构化表示来定义的[8]。转移转移和奖励函数由用户对任务的认知和直觉所指定。假定每个子任务的 MDP 相对简单，对其进行人工规范也并不难。在这个任务中，不同子任务之间可能会出现冲突，所以其中需要涵盖解决冲突的策略。考虑到其为行为冲突，所以从各项限制条件出发来解决问题。见表 11.1。

表 11.1　信使机器人的限制集

动作	限制性条款	行动
获取信息	不在…期间	转向或前进
询问用户名称	不在…之前	识别用户
识别用户	不是…的开始	避开障碍
获取对象 或 交付对象	不在…期间	朝向 转向 移动

为了比较,将在两种条件(无限制和有限制)下完成交付任务。

在无限制的情况下,可以同时执行所有动作,但机器人会做出奇怪的行为。例如在一个典型的实验中,机器人在很长一段时间内都无法识别想要发送消息的人。这是因为视觉 MDP 在移动过程中无法获得清晰图像来分析和识别用户,并且试图避开用户。也正因为如此,用户必须跟随机器人,不断向麦克风输入指令。

而在使用限制条件的情况下,能够得到更流畅和高效的解决方案。例如,在类似没有限制的实验中,有限制视觉 MDP 能够更早地检测和识别用户。当互动 MDP 被激活时,导航 MDP 不执行动作,从而达到有效的互动和识别。

综合对比下,有限制 MDP 完成任务所需的时间约为无限制 MDP 的 50%。结论是通过限制条件来解决冲突,机器人不仅能完成预期的行为,而且性能更加稳定,更好地避免了冲突,且完成任务所需时间明显减少了。

11.6 补充阅读

Puterman[16]是一本极佳的 MDP 参考书,包括 MDP 定义和各种解决技术。决策理论模型及其应用概述见[20]。参考文献[15]回顾了 MDP 和 POMDP。使用 ADD 和 SPUDD 表示 MDP,方法见[8]。

11.7 练习

1. 对于图 11.1 的网格,其每个单元格为一个状态,有四个可能的动作:上、下、左、右。构建一个包括转移和奖励函数的 MDP 模型。

2. 通过数值迭代求解上述练习的 MDP。将每个状态的值初始化为瞬时奖励,并得出值如何随每次迭代而变化。

3. 使用策略迭代求解网格 MDP。将所有状态的策略初始化为向上移动。得出策略如何随每次迭代而变化。

4. 用行和列来表示状态的两个变量,为网格例子定义因子表示法。将转移函数指定为两阶段 DBN,将奖励函数指定为一个决策树。

5. 考虑网格世界的真实场景,网格分为几个房间和连接房间的走廊。为该场景制定一个机器人导航的分层解决方案。假设从房间的任何单元到连接走廊的门为一个 MDP;第二个 MDP 为导航,导航路径为从一个门通过走廊到另一个门;第三个 MDP 导航路径为从进入房间的门到房间内的具体位置。设立这些 MDP 并指定一个协调低级策略的高级控制器。

6. 提出一个基于两个并发 MDP 的网格导航问题解决方案，其中一个 MDP 是向目标导航(不考虑障碍物)，另一个是避开障碍物。确定这两个子任务的模型，并思考如何结合所产生的策略，使得导航到达目标的同时避免障碍。解决方案总能达到目标吗？是否无法超出本地策略的最大值？

7. 给定一个 10 米×10 米的平面，并分为数个 10 厘米×10 厘米的单元格。有两个目标均为 1 平方米的单元格；其一奖励为+100，坐标为 $X=1$，$Y=1$，另一个奖励为+50，坐标为 $X=5$，$Y=5$。所有其他单元的奖励为–1。机器人在该场景下导航，状态为单元格位置，有四个可执行的行动：上、下、左、右；以 0.7 的概率到达下一个单元，以 0.1 的概率到达网格中另一个相邻的单元。①为这种情况定义一个平面 MDP 模型。②状态-动作数量有多少？

8. 对于上述问题，思考两个状态变量 X 和 Y，并将奖励函数改为奖励决策树。

9. 根据上述问题 RDT，鉴于最小抽象状态大小为 1 米×1 米，使用抽象 MDP 方法解决问题(7)。①状态空间的初始分区和最终分区是什么？②最终策略是什么？

10. 思考一下发电厂运作示例。给出图 11.8 中的推荐操作曲线，设立一个奖励函数(如表)，使其对超过推荐曲线状态(单元格)有一个正面奖励，并使其他单元格对应一个负面奖励。根据滚筒压力和蒸汽流量这两个变量，将奖励函数转化为 RDT。比较两种表现形式的复杂性和存储要求。

11. 证明使用值迭代法的贝尔曼方程解总是收敛的。

12. *** 开发一个实现值迭代算法的通用程序。

13. *** 开发一个程序来解决网格机器人导航问题，需要用图形界面来表示网格的大小、障碍物和目标的位置。基于为目标单元设立的高额正面奖励、到达障碍物的高额负面奖励以及其他单元的小额负面奖励，将该问题建模为 MDP，并通过值迭代获得最佳策略。

14. ***研究如何将 MDP 转化为线性优化问题，以便通过简单方法解决。

15. *** 若 MDP 模型未知，另一种方法则是通过强化学习和试错来学习最佳策略。研究强化学习基本算法，如 Q 学习，并应用程序来学习策略，以解决图 11.1 的网格机器人导航问题(使用与例子中相同的奖励)。得到的策略是否与 MDP 模型的解决方案相同？

第12章 部分可观察的马尔可夫决策过程

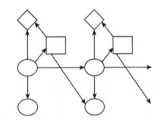

12.1 引言

上一章介绍了惯序决策问题，以及在状态可完全观察的情况下，解决这类问题的技术：马尔可夫决策过程。然而，在许多实际应用中，如机器人、金融、健康等，不能完全观察到所有状态，且只有系统状态的部分信息。这类问题被称为部分可观察马尔可夫决策过程(POMDP)。这种情况下，从某些观察结果中可以大概率估测出状态。例如，网格世界中机器人例子。机器人可能无法准确地确定自身所在单元(自身状态)，但可以通过观察周围的环境来估计在每个单元中的概率。在实际环境中移动也是如此，机器人不能精确地知道所处环境中的位置，只能通过传感器和特定的地标进行概率性定位。图 12.1 展示了网格世界中的 POMDP；机器人并不确定当前状态，且有不同的概率(根据机器人的大小来描述)处于任意单元中。

在 POMDP 中，当前状态是不确定的，已知的只有状态的概率分布，这便称为信念状态。因此，若不可直接观察状态，必须基于过去的观察进行动作选择。这使得解决 POMDP、获得最优策略，比解决 MDP 要困难得多。

图 12.1　网格世界中的机器人。每个单元格代表机器人可能处于的状态，笑脸表示目标，禁止标志表示危险。机器人被显示在不同的单元中，每个单元的概率与机器人的大小成正比。这相当于一个存在对状态不确定的 POMDP

12.2　表示

形式上，POMDP 是一个元组 $M = <S, A, \Phi, R, O, \Omega, \Pi>$。前四个元素与 MDP 中的元素相同。$S$ 是一个由状态 $\{s_1, \ldots, s_n\}$ 组成的有限集合。A 是一个有限的行动集合 $\{a_1, \ldots, a_m\}$。$\Phi: A \times S \times S \to [0, 1]$ 是指定为概率分布的状态转移函数。$R: S \times A \to \Re$ 是奖励函数。$R(s, a)$ 是智能体在状态 s 下采取行动 a 时得到的奖励。

这三个新元素是观察值、观察函数和初始状态分布。O 是一个有限的观察集合 $\{o_1, \ldots, o_l\}$。$\Omega: S \times O \to [0, 1]$ 是指定为概率分布的观察函数，它给出了当过程处于状态 s 并且执行了动作 a 时观察 o 的概率，$P(o \mid s, a)$。Π 是初始状态分布，规定了 $t = 0$ 时处于状态 s 的概率。

注意，观察值不一定与状态值相同。在实践中，观察是智能体，可以从环境中获得信息来估计其状态。例如，在网格世界中的机器人的情况下，智能体可能是一个可以估计到墙壁的距离的范围传感器，机器人可从测量结果中估测它目前位于哪个单元(状态)。

图 12.2 显示了一个 POMDP 图模型。该模型与 MDP 类似，但增加了观察变量，这些变量取决于当前状态和以前的动作。

与 MDP 的情况一样，该过程被假定为马尔可夫性质和固定性质。适用于转移、奖励和观察函数。

马尔可夫性质：

$$P(s_{t+1} \mid s_t, a_t, s_{t-1}, a_{t-1}, \ldots) = P(s_{t+1} \mid s_t, a_t), \forall S, A \tag{12.1}$$

$$P(o_t \mid s_t, a_{t-1}, s_{t-1}, a_{t-2}, \ldots) = P(o_t \mid s_t, a_{t-1}), \forall O, S, A \tag{12.2}$$

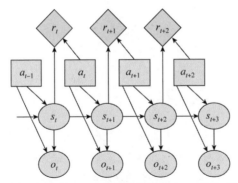

图 12.2　有四个时间步的 POMDP 的图模型表示。s_t 代表时间 t 的状态。

动作为 a_t，观察为 o_t，奖励为 r_t

稳定属性：

$$P(s_{t+1} \mid s_t, a_t) = P(s_{t+2} \mid s_{t+1}, a_{t+1}), \forall t \tag{12.3}$$

$$P(o_t \mid s_t, a_{t-1}) = P(o_{t+1} \mid s_{t+1} a_t), \forall t \tag{12.4}$$

一旦一个惯序决策问题被建模为 POMDP，我们便会解出 POMDP 以获得最佳策略；这将在下一节中讲到。

12.3　解决方案技术

在 POMDP 中，当前状态是不确定的，所以我们不能把策略指定为从状态到动作的映射。假定已知过去的动作和观察结果，我们便可据此指定一个策略。也就是说可以根据历史 H 来选择一个动作。

$$H : a_0, o_1, a_1, o_2, \dots a_t, o_{t+1} \to a_{t+1}$$

这可以用策略树来表示，它描述了作为树根节点的初始动作的替代动作和观察结果，见图 12.3。图中的策略树展示出具有两个观察结果和两个动作的简易例子；在每次动作之后，可能的观察都以箭头表示，然后根据之前的动作-观察选择动作。也就是说第二层的动作需要考虑之前的动作和观察结果，第三层的动作需要考虑之前的两个动作和观察结果，以此类推。

就状态而言，这个过程是马尔可夫式的，但仅就动作和观察结果而言，它并非如此；所以一个最佳策略需要考虑以往所有的动作和观察结果。由于策略随着历史进程呈指数增长，所以计算成本和内存需求都非常巨大，特别是针对一些历史结果极多的情况而言。

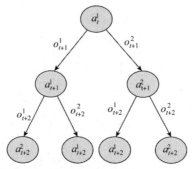

图 12.3　有两个动作和两个观察的 POMDP 的策略树示例；其中包含三个步骤

另一种方法处理整个历史中动作和观察结果，使用状态概率分布，也就是所谓的信念状态(B)。信念状态是在所有可能状态上的概率分布(给定以前历史中的动作-观察结果或初始分布)。例如，图 12.1 网格世界中的机器人有 12 种状态(单元)。如果我们把左上角的状态按行编号，那么图中描述的信念可以是：

$$0, 0, 0, 0, 0.7, 0, 0, 0, 0.2, 0.1, 0, 0$$

因此，要解决 POMDP，需要找到一个从信念空间到动作空间的映射，从而选择最佳动作。

$$\pi : B \rightarrow A$$

考虑到信念状态为马尔可夫式，也就是说，它提供的信息量与整个动作和观察结果的历史一样多。虽然不能直接观察到状态，但仍可以根据以前的动作和观察估计信念状态。特别是在知道时间 t 的信念状态 b_t(可能是初始信念)，在执行行动 a_t 和观察结果 o_t+1 之后，可以通过应用贝叶斯法则(s 是时间 t 的状态，s'是时间 $t+1$ 的状态)来估计时间 $t+1$ 的信念状态。

$$b_{t+1}(s') = P(s'|b_t, a_t, o_{t+1}) = \frac{P(s', b_t, a_t, o_{t+1})}{P(b_t, a_t, o_{t+1})}$$

$$b_{t+1}(s') = \frac{P(o_{t+1}|b_t, a_t, s')P(s'|b_t, a_t)P(b_t, a_t)}{P(o_{t+1}|b_t, a_t,)P(b_t, a_t)}$$

$$b_{t+1}(s') = \frac{P(o_{t+1}|s', a_t)\sum_s P(s'|b_t, a_t, s)P(s|b_t, a_t)}{P(o_{t+1}|b_t, a_t)}$$

$$b_{t+1}(s') = \frac{P(o_{t+1}|s', a_t)\sum_s P(s'|a_t, s)b_t(s)}{P(o_{t+1}|b_t, a_t)}$$

分母可以视为一个标准化因素：

$$b_{t+1}(s') \propto P(o_{t+1}|s',a_t)\sum_s P(s'|a_t,s)b_t(s) \tag{12.5}$$

因此，可以通过当前信念、转移概率和观察概率来计算下一个信念状态。

考虑到信念状态可被视为普通状态，原始 POMDP 便可等同于连续状态空间 MDP 或信念空间 MDP。如此一来，因为信念空间原则上是无限的，所以解决 POMDP 比解决 MDP 更困难。然而，由于信念 MDP 是一个完全可观察的 MDP，并且有一个具有马尔可夫性质和稳定性质的最优策略，所以解决信念 MDP 比解决 POMDP 要容易。解决 POMDP 的几种技术都基于等价信念 MDP 形成。

12.3.1　值函数

回顾一下，值函数规定相关策略中 π 的预期奖励的预期总和。可以用类似于 MDP 的方式来写基于信念状态 POMDP(或信念 MDP)的值函数：

$$V^\pi(b) = R(b,a) + \gamma\sum P(o|b,a)V^\pi(b_o^a), \forall b \tag{12.6}$$

其中 a 是根据策略 $\pi(b)$ 为当前信念状态选择的动作；b_0^a 是例 12.5 在执行行动 a 和观察 o 之后的下一个信念状态。

与 MDP 一样，最优策略使所有信念的值函数达到最大化，因此满足贝尔曼方程：

$$V^{\pi^*}(b)| = max_a\left[R(b,a) + \gamma\sum_o P(o|b,a)V^{\pi^*}(b_o^a)\right], \forall b \tag{12.7}$$

虽然这在理论上行得通，但在实践中，由于信念空间的连续性，我们并不清楚如何解出贝尔曼方程，所以原则上它代表无数个方程！但好在我们可以证明有限阶段值函数是分段式线性和凸的[9]，这也是其中的关键。

值函数表示

由有限的策略树归纳出的值函数在信念状态 b 中是线性的；所以可以将一些备选的策略树表示为线性函数集合。这个线性函数集合的上层将代表最优值函数 V^*，且具有分段线性和凸的。接下来我们用一个简单例子来说明。

例如有两个状态 s_1，s_2，两个动作 a_1，a_2，和三个观察点 o_1，o_2，o_3 的 POMPD。由于只有两种状态，因此可以用一个值来表示概率分布(信念状态)，例如对 s_1 来说，考虑它们必须加 1(即 $P(s_1)= 0.4$，$P(s_2)= 0.6$)。所以可以用线段[0, 1]来表示信念空间，见图 12.4。假设一个初始信念 b_1，那么根据动作和观察，下一个信念状态 b_2 的可能性就是有限的。如上一节所示，我们可以估测这些信念状态。在这个例子中，如果选择了动作 a_1，b_2 将有三个可能的值，分别对应每个观察值(这些值必须加到 1)；同理，如果选择了动作 a_2，则有另外三个可能值。图 12.4 对此进行了说明。

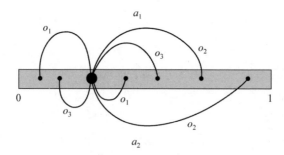

图 12.4　信念空间图示例。条形图代表 s_1 的概率($P(s_2) = 1-P(s_1)$)。我们用图形表示从 b_1 到 b_2 每个动作-观察可能发生的转变：大黑点代表初始信念状态，小黑点代表得出的信念状态

现在我们来了解如何表示不同规划范围的值函数。对于水平线 1，值将与奖励相同；由于该例中有两个状态和两个动作，我们便得到四个值。

$$V_1(a_1, s_1) = 2,\ V_1(a_1, s_2) = 1,\ V_1(a_2, s_1) = 0,\ V_1(a_1, s_2) = 3$$

例如，对于动作 a_1 信念状态的值：

$$b = [1, 0],\ V_1(a_1) = 1 \times 2 + 0 \times 1 = 2$$
$$b = [0.2, 0.8],\ V_1(a_1) = 0.2 \times 2 + 0.8 \times 1 = 1.2$$
$$b = [0, 1],\ V_1(a_1) = 0 \times 2 + 1 \times 1 = 1$$

这个值是在相应的信念加权下，不同状态下奖励的线性组合，因此在该例中可以用一条由两个状态组成的线来表示(或一般说成超平面)。我们同样可得到 a_2 值以及另一条线。图 12.5 描述了线段 1 的结果值函数。我们可以看到，值函数是分段线性和凸的，且根据当前的信念状态选择出值最大化的动作。$b(s_1) < 0.5 \Rightarrow a_1$，$b(s_1) > 0.5 \Rightarrow a_2$；若 $b(s_1) = 0.5$，则可选择任何动作。

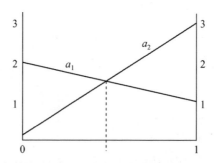

图 12.5　两个状态示例的线段 1 的值函数。考虑到要使值最大化，我们将选择 a_1 作为虚线左边的信念状态，a_2 作为右边的信念状态

下一步是得到线段 2 的值函数；也就是给定的初始信念，在执行动作 a 和观察 o 之后，其值是瞬时动作的值加上下一个动作的值。鉴于当前的信念状态 b，根据动作

和观察结果,我们可以估计出下一个信念状态 b'。由于事先不知道观察到的情况,我们需要评估每个动作的期望值,考虑每个可能观察结果在给定 b 的情况下的概率。例如,如果代入其中一个动作 a_1,将得到三个值函数,且每个潜在观察结果都与其对应。每个值函数都是分段线性的(类似于线段 1,见图 12.5),并将信念状态分成两部分,在每个部分中首选的下一动作将是 a_1 或 a_2。通过结合这三个函数,可以根据观察结果选择下一个最佳动作,见图 12.6。

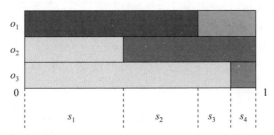

图 12.6　用图形表示基于信念状态的下一个最佳动作 $a(t=2)$,取决于观察结果 o_1、o_2、o_3。浅色区域代表优先考虑 a_1,而深色区域代表优先考虑 a_2。虽然原则上有 8 种不同的策略结合动作和观察,但在本例中,可将信念空间划分为四个策略,如图下方所示的 $s_1,...,s_4$。其中 s_1 的策略是:$o_1 \Rightarrow a_2, o_2 \Rightarrow a_1, o_3 \Rightarrow a_1$

　　以此类推,可以得到另一个动作值函数 a_2,根据观察,它将给出下一个最佳动作。最后,将两个动作的值函数结合起来,每个都是一组线性函数,如图 12.7。为了选择最佳动作,将每个信念状态的值函数最大化,并得到其上表面,如图 12.7 所示。可以重复进行这个过程,以获得第 3、4 个线段值函数和最佳动作直至线段 H。

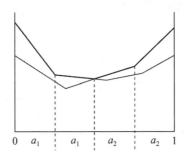

图 12.7　两个状态示例线段 2 的值函数。图中显示了两个初始动作组合值函数;将其最大化便得到用粗线绘制的上部区域。根据上方值,选择下一个动作的区域则显示在底部

　　将数值表示为线性函数组合适用于更高的维度(更多状态),通常它们以向量 α 表示。正如我们在例子中看到的,作为信念状态的函数,最优值对应于一组线性函数的上表面,所以是分段线性和凸的。最佳值的凸性具有直观意义,因为它在信念空间的极端(即在两个状态的例子中,当 $P(s_1)=1$ 或 $P(s_2)=1$ 时)具有较高的值时不确定性便较

低(低熵)，智能体采取动作可能更合适。信念状态的"中间"熵值较高，智能体更难选择出最佳动作。

12.3.2　解决方案的算法

解决 POMDP 是计算上的难题，寻找有限线段问题的最优策略是 PSPACE-Complete[4]。目前已经有几种方法可为 POMDP 寻找近似的最优解，主要有以下几种类型：值迭代、策略搜索以及正向搜索。接下来将介绍值迭代算法；其他方法的参考文献请参见"补充阅读"一节。

值迭代

POMDP 值迭代算法是针对长度为 H 的有限线段，计算其增加线段的值函数。该算法以递归方式将值函数构建为线性函数或 α 向量组合。第 n 步的 α 向量是通过增加根部(策略树)动作奖励向量到第 $n-1$ 个 α 向量建立而成的，并用于每个观察结果。该算法回送一组上表面代表每个信念状态最大值的 α 向量。根据贝尔曼方程，通过超前一步的计算，从这些 α 向量中得出从信念状态到动作的最佳策略。

$$\pi^*(b) = \operatorname*{argmax}_a \left[R(b,a) + \gamma \sum_o P(o \mid b,a) \max_\alpha \alpha(b_o^a) \right], \forall b \qquad (12.8)$$

策略执行是通过交替更新信念状态来完成的(式 12.5)，并根据贝尔曼方程选择最佳动作。假设有一个初始信念状态，重复以下步骤。

(1) 为当前信念状态选择最佳动作。

(2) 执行该动作。

(3) 接受观察。

(4) 更新信念状态。

POMDP 值迭代的计算复杂度为 $O(|S|^2 |A|^{|O|^H})$；其中|S|是状态空间的维度，$|A|$是动作空间的维度，$|O|$是观察数，H 是水平线[6]。这种方法只能解决非常小的问题，因为它是|O|指数级，H 双指数级。在实践中，对于许多问题，初始信念 b_0 是已知的，所以算法可以将注意力集中在可从 b_0 到达的信念点。这就产生了一个实用的值迭代变体，即基于点的值迭代[5]；它在每一步中计算一组 α 向量，且边界是固定数量的信念点 B(每个信念有一个最佳 α 向量)。α 向量集合可能不包含代表最优值函数的所有必要向量，但在实践中，拥有合理数量的 α 向量足以得出良好的策略。

基于点的值迭代

基于点的值迭代 (PBVI) 算法解决了一组有限的信念点 $B = \{b_0, b_1, \ldots b_q\}$ 的

POMDP。它为每个选定的点 $\{\alpha_0, \alpha_1, \ldots, \alpha_q\}$ 初始化一个单独的 α 向量。给定一个解集 $\mathscr{P}^n$，每个信念点只保留一个 α 向量。通过为每个信念点保持一个 α 向量，PBVI 保留了值函数的分段线性和凸性，并定义了整个信念简图上的值函数。完整 PBVI 算法被设计成一个随时算法，其交叉存取着数值迭代的步骤和信念集扩展的步骤。

为对有限的信念点进行规划，PBVI 修改了备份运算符，使每个信念点只保留一个 α 向量。当基于信念点执行更新时，备份会像在精确值迭代中一样创建投影。然而最终的解决方案 V^* 被限制在只包含 $|B|$ 的组件中(在时间上 $|S||A||V||O||B|$)。因此，更新一个完整的点值只需要多项式时间，而更关键的是解集 V 的大小保持不变。因此，在精确 POMDP 算法中非常关键的向量裁剪(和线性程序求解)现在已经不再必要了。唯一的裁剪步骤是避免添加任何已经包含的向量，这些向量产生于两个附近信念点支持运行同一向量的过程中。

在扩展阶段，它初始化集合 B 以此包含初始信念 b_0，并广泛选择新的可达信念来扩展 B，尽快提高最坏情况下的密度。PBVI 随机模拟了一个独自进行的迹，用每个动作产生新的信念 $B = \{b_{a0}, b_{a1}, \ldots\}$。给定解集 $\mathscr{P}^n$，值函数被修改，因此每个信念点只保留一个 α 向量。修改后的算法现在给出了一个在 b 周围区域内有效的 α 向量，它假定该区域内的其他信念点具有相同的动作选择，并导致与 b 点相同的 V_{t-1} 的方面。

最后，它只保留在 B 中距其他任何点都远的新信念 b_{ai}。PBVI 试图从之前的每一个信念中产生一个新的信念；因此，B 在每一次扩展中都会扩大一倍。一旦完成固定数量的扩展，完整 PBVI 算法就会终止。基本算法随机选择信念点。复杂的信念选择方法是：随机动作的随机模拟，贪婪动作的随机模拟，探索性动作的随机模拟。

算法 12.1[6]对 PBVI 进行了总结。

算法 12.1　基于点的值迭代算法

Require: POMPD, $\in$

1: $n \leftarrow 0$, $\mathscr{P}^0 \leftarrow \{0\}$

2: **repeat**

3:　　$n \leftarrow n+1$

4:　　$\mathscr{P}^n \leftarrow \{\}$

5:　　**for** $b \in B$ **do**

6:　　　　$\alpha_{ao} \leftarrow argmax_\alpha \in \mathscr{P}^{n-1} \alpha(b)$, $\forall a, o$

7:　　　　$a^* = argmax_a\{R(b, a) + \gamma \sum_o P(o|b,a)\alpha_{ao}(b_o^a)\}$

（续表）

8:	$\alpha(b) = R(b,a^*) + \gamma \sum_o P(o\mid b,a^*)\alpha_{a^*o}(b_o^a)\}$

9:       $\mathscr{P}^n \leftarrow \mathscr{P}^n \bigcup \{\alpha\}$

10:   **end for**

11: **until** $\max_{b \in B} \mid \max_{\alpha \in \mathscr{P}_n} \alpha(b) - \max_{\alpha \in \mathscr{P}_{n-1}} \alpha'(b) \mid \leqslant \in$

12: **return** $\mathscr{P}^n$

12.4　应用

我们将介绍 POMDP 两个应用。第一个是在虚拟康复中自适应游戏难度，该应用首先从 POMDP 获得策略，然后经过强化学习后完善每个用户。第二个问题涉及机器人的任务规划问题，特别是通过分层 POMDP 解决较大状态空间的挑战。

12.4.1　虚拟康复中的自适应

中风后遗症使患者机能丧失，通常会影响到上肢(手臂和手)的运动。康复治疗的目的是减轻运动后遗症，使病人恢复以往的能动性。虚拟康复是现有针对身体缺陷的疗法之一；它通过虚拟现实场景来提供具有良好多功能反馈的定制的训练环境。虚拟环境是通过计算机软件模拟的真实世界，用户可通过人机交互界面来体验。

手势治疗[11]是一个用于上肢康复的虚拟平台。包括几项专门为康复设计的游戏和病人需要用患臂握住的抓手，见图 12.8。该抓手上有一个彩球，以便摄像头跟踪病人的手；还有一个压力传感器，用于检测手掌的闭合和打开。

图 12.8　用户使用手势疗法；其中游戏界面显示在计算机屏幕上。手柄有助于跟踪手臂的运动，并包含用于测量握力的传感器

病人通过移动手臂、闭合或张开手掌进行游戏，以这种方式进行康复训练，帮助自身恢复。这些游戏难度等级不同，例如，改变目标出现在屏幕上的距离或速度，或目标的数量。根据病人的初始能力和治疗进展，应调整难度以提供最佳的挑战体验。在医院里，由有经验的治疗师掌控这种调整；但是如果病人在家里，没有治疗师陪同使用该系统时，那么系统应该自动调整游戏难度。

已开发一项用于虚拟康复平台的智能自适应系统"手势疗法"[1]，以控制康复训练期间的游戏难度。这个适应模型是基于 POMDP 建成的，针对的是游戏内的适应性；在每个游戏进行一定时间后，系统会对病人在游戏中表现出的速度和控制力进行评估。根据评估结果，决策理论适应系统会为下一个游戏规定新的挑战难度，以配合病人在治疗中的进展。目的是帮助病人在速度和控制这两方面取得进步，因此这也对应了奖励函数。

该模型有两个主要元素。首先，在专家知识设定下的 POMDP 将用于解决并获得一个初始的普遍策略。其次，强化学习算法逐步让这个初始模型去适应特殊病人。最初策略通过感知用户的表现以及治疗师的教育性奖励进行优化。因此，通过强化学习所建立的新动态策略可能因病人而异，也可能随着治疗的进展对同一病人而异。换句话说，对病人的初始、通用模型进行反复完善，以确保策略保持最佳状态来应对实际情况。反过来讲，动态策略所选择的动作使得病人能适应虚拟环境。

1. 模型

初始模型是 POMDP，其中系统的状态 S 是由一个离散的二元性能空间描述的，依赖于受试者的速度与控制。根据完成任务所需时间内屏幕上的头像移动轨迹的长度来测量出速度，并相对于健康受试者的以往经验来表示，速度具有三个可能的区间：低、中、高。控制包括从任务开始时用户头像的位置乃至目标位置在屏幕中直线距离的像素偏差。同时相对于健康受试者的过往经验来表示控制；控制具有三个可能的区间：较差、一般和良好。

POMDP 用来增加、维持或减少游戏的挑战难度，难度的增加或减少受到每个游戏容量的限制。奖励函数有利于速度和控制之间的平衡，而转移函数是根据专家的经验主观决定的。[1]中给出了完整的细节。用值迭代算法获得最佳策略。

2. 策略改进

强化学习是一种机器学习范式，其灵感来源于人类的学习方式。智能体在接受环境反馈的过程中不断进化，并使预期回报最大化[13]。一种常见的强化学习算法是 Q 学习。质量函数 $Q(s, a)$规定了在状态 s 下执行动作 a 的值(预期累积奖励)。

$Q(s_t, a_t)$ 评估动作过程中获得的奖励。在 Q 学习中， $Q(s_t, a_t)$ 的值被更新，以使用预期效用最大化的动作。因此，学习智能体的目标是使其积累的奖励最大化，并通过学习每个状态的最佳动作来实现这一目标。

Q 学习的原始版本只考虑那些由环境给予的单一奖励来源。为加快学习过程，根据治疗师的反馈，第二个奖励被纳入，使用一种被称为奖励塑造的策略。新的学习算法 $Q+$ 本质上与 Q 相同，只是在更新 Q 值时考虑的奖励是环境奖励 r 和塑造奖励 f 的总和。在虚拟康复的情况下，由治疗师提供塑造奖励，并由治疗师表明当前策略所建议的动作是正确的(正面奖励)还是不正确的(负面奖励)。通过这种方式使得最初策略得到改进并适用于每个特殊病人。

3. 初步评估

如果要在没有专家监督的情况下将虚拟治疗落实到病人家中，那么适应模型便变得至关重要，因为它能够使系统智能地重现专家在任何特定时间的建议。为此，该初始策略应在几个疗程内在治疗师监督的情况下为特定病人优化。理想情况下，策略更新期不超过 2～3 个疗程。常见的康复疗程约为 45 分钟，并假设在每个疗程中，病人平均需要执行 10～15 个任务(游戏)，每个游戏约 3 分钟；策略应在 30～45 次反馈迭代中进行调整。

通过在实验室控制条件下进行的小型可行性研究，我们对适应系统进行了初步的实验评估。一些受试者扮演病人，两名代表治疗师的专家对模型的决策进行评估。这个实验的目的是分析策略配合治疗师的决策而进行改进的速度快慢。四名受试者参加了这项研究。一名医生和一名经验丰富的研究人员扮演治疗师。实验在单次活动中进行,每个参与者在"手势疗法"包含的 5 种康复游戏中选择 2 个任务中的 25 个数据块(50 个学习策略更新迭代)。

表 12.1 总结了模型和专家决策之间的一致性，并以协议占总决策的百分比表示。3 名受试者的一致水平超过 90%。由于在活动开始时出现一些分歧，受试者 1 的一致程度较低，并较大地影响了之后的决策。关于适应系统和实验结果的更多细节见[1, 12]。

表 12.1　专家对每个参与者的适应模型所做决策的同意程度

受试者	1	2	3	4
一致程度	56%	92%	96%	100%

12.4.2　用于机器人任务规划的分层 POMDP

应用 POMDP 时有两个重要的挑战：①如何设计能极好地模拟特定问题的表达形式；②难以在极大状态空间中寻找良好策略。为了应对这两个挑战，我们提出了一个面向服务机器人的任务规划架构，该架构结合知识表示方案和分层 POMDP，并自动建立动作的层次，从而能够分解问题[8]。知识表示法定义了一项参数列表，因此，设计者可以对领域内的具体信息进行编码，并通过架构来自动生成和执行计划以处理任务。

为解决任务规划问题，架构将遵循三个步骤：①知识库构建(KBC)；②架构初始化(AI)；③架构操作(AO)。在 KBC 步骤中，设计者需要将描述机器人技能组合和特定操作场景下的特定领域信息编码到架构的知识库(KB)中。接下来，在 AI 步骤中，该架构基于知识库中的信息建立了 POMDP，并以环境的层次化描述来自动建立 POMDP 的层次。最后，在 AO 步骤中，该架构已准备好接收任务请求，并会根据建立的 POMDP 层次结构执行分层策略。

1. 知识库

KB 的编码包括提供常识和特定的知识。常识由三部分组成：基本模块、领域动态和分层函数。而特定知识是由四个元素列表来定义的：具体的价值、抽象的价值、邻域和分层函数对。通常，对于机器人的每个技能集(如导航、物体操作等)，都必须指定一个基本模块。领域动力学必须包含机器人技能如何与环境互动的描述，而分层函数用来抽象化状态空间。特定知识包括了机器人将在其中运作的特定环境。描述的内容包括表示整个场景的对象列表(具体数值)、领域内可被抽象化的对象(抽象数值)、因某项行动成为邻居的对象对(邻居对)以及存在于层次函数中的对象对(层次函数对)。

例如导航，对于每个基本模块都规定了以下要素：动作、状态变量、观察、状态转移、观察转换。此外，为环境的动态性规定了一套约束条件、关系和规则，其中包括邻接关系、因果律、状态约束、可执行性条件。为建立分层 POMDP 结构，系统需要一个描述层次结构的函数，其叶节点是其中一个状态变量的值，而内部节点是设计者在特定知识中必须提供的抽象值。这种函数在层次结构中应该将一个值映射到其父节点。

2. 架构初始化

指定常识和特定知识后，该架构使用领域动态和具体数值集来构建随机转移图。使用状态和观察转换的集合在转换图中分配概率，从而确定底层 POMDP。接下来通过引入抽象动作的递归定义，从底层 POMDP 和层次函数中建立分层结构。

从 KB 构建底层 POMDP 的过程如下。设 POMDP 由一个元组 $M = <S, A, \Phi, R, O, \Omega, B_0>$ 定义。底层 POMDP 的目的是描述环境动态变化。因此，除了 R 和 B_0 之外，基本模块、领域动态和特定知识都用来定义 M 的所有参数。

使用在知识库中定义的分层函数来建立 S 分层表示法，该表示法与底层 POMDP 一起用来建立分层，这些 POMDP 表示抽象动作，随后该架构便可用其来生成计划。

详见[8]。

3. 架构操作

在操作阶段，智能体准备接收任务请求，这些请求必须以 n 元组的形式进行传递，并为 n 状态变量(定义于知识库中)的每个变量指定一个值。该架构假定智能体的状态是在收到任务请求的那一刻就能明确查收任务。因此，对于一对初始状态和目标状态，需要计算出一个层次化策略，并以自上而下的方式逐步将智能体带入目标状态。

分层策略是为在状态空间的一个子区域上运行而建立的，称为相关子空间(RSS)。对于一对 $< s_0, s_{goal} >$，RSS 是状态空间树(SST)的一个子树，根部节点是 SST 中 s_0 和 s_{goal} 的最深的共同祖先。另外，为了在 RSS 内的层次上表示目标状态，在从 RSS 根到目标状态的路径上，指定分层状态。

以自上而下的方式执行分层策略 Π^H，即当 $\Pi^H[i]$ 达到 $G^H[i+1]$(它被设计为达到的状态)时，$\Pi^H[i]$ 终止，而执行 $\Pi^H[i+1]$。在图 12.9 例子中，从 $c9$ 到达 $c12$ 单元采用分层策略 Π^H。首先执行 π_0，再调用 $AA9$ 策略并向下执行。达到 $c11$ 后，$AA9$ 和 π_0 都同时达到它们的目标状态，分别是 $S6$ 及其子代。最后，π_1 启动并调用权利以达到任务的目标状态。

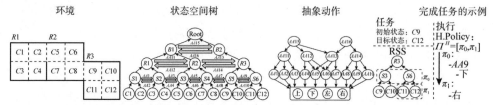

图 12.9　导航示例。环境由 12 个单元组成，被抽象为 6 个部分、3 个房间以及 2 个建筑，以定义环境的状态空间树(SST)。抽象动作(实线箭头)用于在特定的一对相邻的抽象状态之间进行转换，并建立抽象动作的层次结构。例如，$c9{\to}c12$ 指定 RSS 并计算出一个分级策略以达到 $c12$。执行的 Π^H 需要首先转移到 $s6$，再转移到 $c12$

4. 举例：机器人导航

我们采用了移动机器人导航领域说明所提出的架构，见图 12.9。在这个领域，环境被建模为一连串相互连接的监控器，每个监控软件都被离散为一个方形的统一单元格。从知识库中编码的领域描述得到的底层 POMDP，对环境中的每个单元都有一个状态和观察结果；动作集由四个动作构成：上、下、左、右。每个动作的转移分别以 0.1 的概率停留在当前单元和 0.9 的概率转移到目标单元。每个动作的观察结果分布被建模为一个以目标单元为中心的 3×3 高斯核，其标准差在几个实验配置中都是不同的。而分层函数提供了四个层次(从底层到顶层)：单元格、分段、房室、监控软件。

模拟实验表明，在不同的环境维度下，分层 POMDP 与平面 POMDP 相比，成功率更高，且速度快了一个数量级[8]。

12.5　补充阅读

[6, 7]回顾了解决 POMDP 的不同方法。[5]中详细描述了基于点的值迭代算法。POMDP 的不同应用见[10]。关于 POMDP 的教程、代码等资源，可在以下网站找到：https://www.pomdp.org。

12.6　练习

1. 对于图 12.1 网格世界中的机器人例子，明确 POMDP 模型，包括状态、动作、奖励、转移概率、观察概率和初始状态概率。假设观察到机器人所在的单元概率很高，而邻近的一个单元概率很低。可通过直觉来定义参数。

2. 基于上述问题的 POMDP，假设观察变量只能取两个值，即 $o1$ 和 $o2$。假设初始状态是已知的，画出策略树的三个层次。

3. 基于问题 1 中 POMDP 的参数，设初始信念状态($t = 0$)是(1, 0, 0, 0, 0, 0, 0, 0, 0, 0, 0)，即机器人在左上角的单元格，请估计 $t = 1$ 向右行动的信念状态。

4. 继续上述问题，估计 $t = 2$ 向右行动的信念状态。并定义所需的参数。

5. 重复前两个问题，假设现在的动作是向下，再向下。

6. 图 12.5 显示了线段 1 的两个状态例子的线条(α 向量)，获得线段 2 的 α 向量和由此产生的值函数。

7. 根据前一个问题的解决方案，为信念空间的每个区域指定最佳行动。

8. 为 12.4.1 节中描述的自动适应系统指定一个可能的 POMDP 模型。

9. ***实现基于点的值迭代算法。

10. ***研究解决 POMDP 的替代算法。

第IV部分　关系概率图模型、因果图模型和深度模型

　　第IV部分是本书的最后一部分，描述了对概率图模型两个有趣的扩展：关系概率模型和因果图模型。通过结合一阶逻辑的表达能力和概率模型的不确定推理能力，关系概率模型提高了标准 PGM 的表示能力。因果图模型在同一图模型框架的基础上表达因果关系，超越了表示概率依赖关系的范畴。最后一章还介绍深度神经网络模型及其与图模型的相互作用。

第13章　关系概率图模型

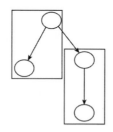

13.1　引言

到目前为止涉及的标准概率图模型必须明确地表示领域中的每个对象，因此，它们的逻辑表达能力与命题逻辑相当。然而，在有些问题中，对象(变量)的数量可能大大增加，所以需要有一个更具表现力的紧凑表示法。例如，要对一个学生的某一主题知识进行建模(这被称为学生建模，或者用户建模)，并且要在该模型中包括学院的所有学生，且每个学生都要参加多个主题。如果用贝叶斯网络这样的 PGM 来建模，可能得到一个庞大且难以获取和存储的模型。相反，如果能以某种方式得到一个可代表任何学生 S 和任何课程 C 之间依赖关系的通用模型，然后针对特定情况进行参数化，就可提高效率。可用谓词逻辑来完成；然而标准逻辑表示法并不考虑其不确定性。因此，需要一个结合谓词逻辑和概率模型的表示形式。

关系型概率图模型(RPGM)结合了谓词逻辑的表达能力和概率图模型的不确定推理能力。通过表示对象、属性以及它们与其他对象的关系，一些模型扩展了 PGM(如贝叶斯网络或马尔可夫网络)。其他方法通过描述逻辑公式的概率分布来扩展基于逻辑的表述，以此纳入不确定性。

目前已经有不同的形式来结合逻辑和 PGM。我们为 RPGM 提出了一个分类方法(基于[5])。

(1) 逻辑模型的扩展

a. 无向图模型

    i. 马尔可夫逻辑网络

b. 有向图模型

    i. 贝叶斯逻辑程序

    ii. 贝叶斯逻辑网络

(2) 概率模型的扩展

a. 无向图模型

    i. 关系马尔可夫网络

    ii. 关系依赖网络

    iii. 条件随机场

b. 有向图模型

    i. 关系贝叶斯网络

    ii. 概率关系模型

(3) 编程语言扩展

a. 随机逻辑程序

b. 概率归纳逻辑编程

c. 贝叶斯逻辑(BLOG)

d. 概率建模语言(IBAL)

在本章中将回顾其中两个扩展。其中一个被称为概率关系模型[3]，该模型扩展了贝叶斯网络，并如关系数据库一样纳入了对象和关系。另一种是马尔可夫逻辑网络[12]，它在逻辑公式中加入了权重，可被认为是马尔可夫网络的延伸。首先简要回顾一阶逻辑，然后介绍两种关系-概率方法，最后说明它们在两个领域的应用：学生建模和视觉目标识别。

13.2　逻辑

逻辑是一种已被研究得非常透彻的表示语言，具有明确的语法和语义成分。这里给出简明的介绍，更广泛的参考资料请见"补充阅读"一节。我们将从定义命题逻辑开始，然后进入一阶逻辑。

13.2.1　命题逻辑

命题逻辑使我们得以对真(T)或假(F)的表达或命题进行推理。例如，Joe 是工程学专业的学生。命题用大写字母表示，如 P、Q、....，被称为原子命题或原子。使用逻辑连接词或运算符对命题进行组合，得到所谓的复合命题。逻辑运算符有：

- 反：¬
- 与：∧
- 或：∨
- 含：→
- 双向包含：↔

例如，如果 P = "Joe 是一个工科学生"，Q = "Joe 很年轻"，那么 $P \wedge Q$ 的意思是 "Joe 是一个工程学生，而且很年轻"。

可以根据一组句法法则组合原子和连接词；有效组合被称为"完善的形式"(WFF)。在命题逻辑中，根据以下规则得到一个公式的表达式：

(1) 原子就是 WFF。

(2) 若 P 是 WFF，那么¬P 也是 WFF。

(3) 若 P 和 Q 是 WFF，那么 $P \wedge Q$、$P \vee Q$、$P \rightarrow Q$ 和 $P \leftrightarrow Q$ 都是 WFF。

(4) 没有其他公式是 WFF。

例如，$P \rightarrow (Q \wedge R)$ 是 WFF；$\rightarrow P$ 和 $\vee Q$ 不是 WFF。

逻辑公式的意义(语义)可以通过函数来表达，该函数对公式的每种可能的解释(公式中原子真值)都给出一个真或假。在命题逻辑情况下，解释可以被表示为一个真值表。表 13.1 描述了基本逻辑运算符的真值表。F 的模型是一个为公式 F 分配真值的解释。

表 13.1　逻辑连接词的真值表

P	Q	¬P	$P \wedge Q$	$P \vee Q$	$P \rightarrow Q$	$P \leftrightarrow Q$
T	T	F	T	T	T	T
T	F	F	F	T	F	F
F	T	T	F	T	T	F
F	F	T	F	F	T	T

公式 F 是一组公式 $G = \{G_1, G_2, \ldots, G_n\}$ 的逻辑结果，如果对于每一个表达，G 为真，F 为真，则表示为 $G \models F$。

命题逻辑不能表达一般属性，如所有工科学生都很年轻。为此，我们需要一阶逻辑。

13.2.2　一阶谓词逻辑

思考以下两种说法："某技术大学的所有学生都是工程学专业的"和"大学 $\mathscr{I}$ 的

某个人 t 是计算机科学专业的"。第一个说法告知了一个适用于一所技术大学内所有人的属性，而第二个则只适用于一所特定大学的特定人员。而一阶逻辑使我们能处理这些差异。

一阶谓词逻辑中的表达式或公式是用四种符号组成的：常量、变量、函数和谓词。常数符号代表相关领域的对象(例如，人、课程、大学等)。变量符号的范围是域中的对象。变量可以是谓词或函数参数，并用小写字母表示，即 x、y、z。

谓词是可以为是或否的表达式，且包含一些参数。谓词可以代表领域中对象之间的关系(如在什么之上)或对象的属性(如是红色的)。如果没有参数，它就是命题逻辑中的一个原子。谓词用大写字母表示，例如 $P(x)$。

函数符号表示从对象的图元组到对象的映射。它们用小写字母表示，也可以有许多参数。例如，$f(x)$ 可表示只有一个参数的函数 x。而没有参数的函数是常数。

谓语逻辑包括命题逻辑的逻辑连接词，以及其他运算符，即量词。

通用量词：$\forall x$ (所有 x)。

存在性量词：$\exists x$ (存在一个 x)。

项可以是一个常数、变量或项的函数。原子公式或原子是一个谓词，其参数为 N 个术语。

现在我们可以用一阶逻辑重写本节开头的例子。如果公式 $M(t_x, \mathscr{I})$ 代表一个人 t_x 在技术大学 $\mathscr{I}$ 中的专业，"技术大学的所有学生都是工科专业"的说法可以改写为：

$$\forall t_x \forall \ \mathscr{I} : M(t_x, \ \mathscr{I}) = engineering \tag{13.1}$$

与谓词逻辑类似，在一阶谓词逻辑中有一组句法规则来定义哪些表达式是完善的公式。

(1) 原子就是 WFF。

(2) 若 P 是 WFF，那么 $\neg P$ 也是 WFF。

(3) 若 P 和 Q 是 WFF，那么 $P \wedge Q$、$P \vee Q$、$P \rightarrow Q$ 和 $P \leftrightarrow Q$ 都是 WFF。

(4) 若 P 是一个 WFF，x 是 P 中的一个自由变量，那么 $\forall x P$ 和 $\exists x P$ 就是 WFF。

(5) 没有其他公式是 WFF。

粗略地说，一阶知识库(KB)是一阶逻辑中的一组句子或公式[4]。

$\mathscr{L}$ 解释规定了领域中的哪些对象、函数和关系是由哪些符号代表的。变量和常量可以被分类，这种情况下，变量的范围只包括相应类型的对象，而常量只能代表相应类型的对象。例如，变量 x 的范围可能是大学(如公立大学、私立大学等)，常数 C 可能代表一所大学或一个特定的大学集合(如 u_2, $u_6 \cup u_6$ 等)。原子公式(或简称原子)是一个谓词符号：$Near(u_4, u_1)$。

在标准谓词逻辑中，所有谓词都为是或否，所以在不确定情况下，它不能直接处理概率。例如，如果我们不知道一个人是否在某所大学，就仅能说 $Univ(p) = u_1$ OR $Univ(p) = u_2$；而不能说明此人在 u_1 比在 u_2 的可能性更大。

若要拥有谓词逻辑的表达能力，同时能够在不确定性下进行表达和推理，我们需要在框架下结合谓词逻辑和概率模型。接下来将介绍其中的两个框架。

13.3　概率关系模型

概率关系模型(PRM)[6]是贝叶斯网络的延伸，它提供了更具表现力的、面向对象的表示方法，且更有利于获取知识。该模型也使模型更容易扩展到其他领域。对于一个非常大的模型，在任何时候我们都只考虑它的某一部分，所以推理的复杂性大大降低。

PRM 中基本实体是对象或领域实体。域中的对象被划分为一组不相交的类 X_1，...，X_n。每个类都与一组属性 $A(X_i)$ 相关。每个属性 $A_{ij} \in A(X_i)$（即第 i 类的属性 j）在某个固定值域 $V(A_{ij})$ 中取值。$X.A$ 表示 X 类中对象的属性 A[6]。关系 R_j 被定义在类之间。类 X_i 和 X_j 之间的二元关系 $R(X_i, X_j)$ 可看作 X_i 的槽。类和关系定义了模型模式。然后，PRM 对模式实例定义概率分布；特别对模型中对象的属性定义分布。

依赖性模型被定义在类层面上，这就使得它对类中的任何对象都适用。PRM 明确使用了模型的关系结构，所以一个对象属性将依赖于相关对象的属性。PRM 使用贝叶斯网络中相同基本原则来指定概率分布。PRM 中每个随机变量，即单个对象 x 的属性 $x.a$，都直接受到其他属性的影响，这些属性是它的父属性。因此，PRM 为每个属性定义一组父节点(即对它的有向影响)，并指定概率参数的局部概率模型。

PRM 和贝叶斯网络之间有两个基本区别[6]。①在 PRM 中，依赖性模型是被指定在类层次上的，且它用于类中的任何对象。②PRM 明确地使用模型关系结构，允许对象的属性依赖于相关对象属性。

基于[6]的学校领域的 PRM 示例如图 13.1 所示。在这个例子中，有 4 个类，每个类有 2 个属性。

教授：教学能力、知名度

学生：智力、排名

课程：评级、难度

注册：满意度、年级

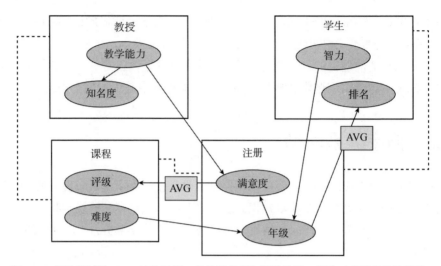

图 13.1　学校领域的 PRM 结构示例。虚线代表类之间的关系，箭头对应概率依赖关系。
链接中 AVG 表示取决于这个变量的条件概率

这种表示法使得每个类中有两种类型的属性，即信息变量和随机变量。在贝叶斯网络中，随机变量被联系起来，被称为骨架变量。在这个骨架中，根据模型其他变量，生成不同贝叶斯网络。例如在 13.5 节学生模型中，我们为实验定义了一个总骨架，每个实验的具体实例都产生于此。这使该模型有了更大的灵活性和通用性，且更有利于知识获取。这也使推理更有效率，因为在每个特定情况下，只需要使用部分模型。

按照贝叶斯网法则进行骨架概率分布的计算。因此，PRM 有向影响是为每个属性 *x.a* 定义一组父节点以及局部概率模型，该模型规定了属性的条件概率(在给定父节点的情况下)。为了保证局部模型有连贯的全局概率分布，基础依赖结构应该像在 BN 中一样是无环的。然后类似于贝叶斯网络，联合分布等于局部分布的乘积。

13.3.1　推理

一旦模型被实例化为领域中的特定对象，PRM 推理机制就与贝叶斯网络相同。然而，PRM 可以利用两个属性来提高推理效率。这些属性由 PRM 表示，相对于贝叶斯网络中的隐性。

属性是影响的局部性，大多数属性倾向于依赖同一类属性，而很少产生组内依赖性。概率推理技术可以通过使用分而治之的方法来利用这种定位特性。

重复使用也能使推理更有效。在 PRM 中，通常有几个相同类别的对象，且具有类似的结构和参数。然后，一旦对一个对象进行推理，就可以对其他类似对象重复进行推理。

13.3.2　学习

鉴于 PRM 与 BN 基本原理相同，为 BN 开发的学习技术可以扩展到 PRM。期望最大化算法已被扩展到 PRM 参数学习，已开发结构学习技术用于从关系数据库中学习依赖结构[3]。

13.4　马尔可夫逻辑网络

与 PRM 相比，马尔可夫逻辑网络(MLN)以逻辑表示作为起点，向公式添加权重以考虑不确定性。

在逻辑学中，违反知识库(KB)中给出公式的 $\mathscr{D}$ 解释概率为 0。这意味着不可能发生，因为其所有可能值都必须与 KB 一致。在马尔可夫逻辑网络中放宽了这一假设。如果该解释违反了 KB，它的概率就比其他没有违反的解释要小。较小概率代表其为非零概率。在 MLN 中，每个公式都有一个权重来反映约束的强度：无论该解释是否满足该公式，较高权重都会带来较高概率变化。

在正式定义 MLN 之前，需要回顾一下马尔可夫网络，也称马尔可夫随机场(见第 6 章)。马尔可夫网络是一组变量 $X = (X_1, X_2, \ldots, X_n) \in \mathscr{H}$ 的联合分布模型。它由无向图 G 和一组势函数 ϕ_k 组成。相关图的每个变量都有一个节点，而模型中图的每个团都有一个势函数。马尔可夫网络所代表的联合分布由以下式子给出：

$$P(X = x) = \frac{1}{z} \prod_k \phi_k(x_{\{k\}}) \tag{13.2}$$

其中 $x_{\{k\}}$ 是第 k 个团的状态，而 z 是分区函数。

通常情况下，也可用对数线性模型表示马尔可夫网络。其中，每个团的势函数被指数加权和所取代。

$$P(X = x) = \frac{1}{z} \exp \sum_j w_j f_j(x) \tag{13.3}$$

其中 w_j 为权重(实值)，f_j 为二进制公式 $f_j(x) \in \{0,1\}$。

现在我们正式定义 MLN[1]。

MLN L 是一组对 (F_i, w_i)，其中 F_i 是一阶逻辑公式，w_i 为实数。与一组有限常数 $C = \{c_1, c_2, \ldots, c_{|C|}\}$ 一起定义马尔可夫网络 $M_{L,C}$。

(1) $M_{L,C}$ 包含在 MLN L 中每个可能的基础公式的一个二进制节点。如果基础原子为真，则该节点值为 1，否则为 0。

(2) $M_{L,C}$ 包含了 L 中每个公式 F_i 的每个可能的特征。如果基础公式为真，则该特征的值为 1，否则为 0。特征权重是 L 中与 F_i 相关的 w_i。

MLN 是马尔可夫网络的泛化，所以可以将它的看作构建马尔可夫网络的模板。给定一个 MLN 和一组不同常数，可以产生不同的马尔可夫网络；这些被称为基础马尔可夫网络。其联合概率分布的定义与马尔可夫网络类似，可用式 13.3。

MLN 图结构是基于其定义形成的；如果相应基础原子同时出现在知识库 L 的至少一个基础公式中，那么 MLN 的两个节点之间就有一条边。如由两个逻辑公式组成的 MLN：

$$\forall x \text{ 吸烟}(x) \rightarrow \text{ 癌症}(x)$$
$$\forall x \forall y \text{ 朋友}(x, y) \rightarrow (\text{吸烟}(x) \leftrightarrow \text{吸烟}(y))$$

如果变量 x 和 y 被实例化为常数 A 和 B，就会得到图 13.2 中描述的结构。

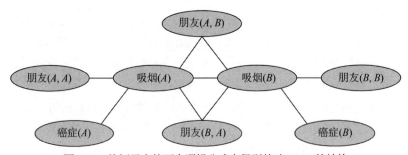

图 13.2　从例子中的两个逻辑公式中得到基础 MLN 的结构

13.4.1　推理

鉴于另一个公式(或多个公式)F_2 为真，MLN 中推理包括估计逻辑公式 F_1 的概率，即计算 $P(F_1 | F_2, L, C)$。其中 L 是由一组加权逻辑公式组成的 MLN，C 是一组常数。为计算这个概率，可估计 F_1 和 F_2 为真情况下 F_2 成立的比例。对此，可根据权重公式和相应的马尔可夫网络结构，计算每个可能性概率。

进行上述计算非常费力；因此，它只能应用于非常小的模型。可以采用一些替代性推理技术进行高效计算。替代方法是使用随机模拟；通过对可能性进行抽样，可估计得出所需概率；如使用马尔可夫链蒙特卡洛技术。

另一个选择是对逻辑公式的结构做出合理假设，从而简化推理过程。在文献[1]中，针对 F_1 和 F_2 是基础字词中"与"的情况，开发了一种高效推理算法。

13.4.2　学习

与学习贝叶斯网络一样，学习 MLN 涉及两个方面。一方面是学习逻辑公式(结构)，另一方面是学习每个公式权重(参数)。

为了学习逻辑公式，可以应用归纳逻辑编程(ILP)领域技术。在 ILP 领域中有不同方法可以从数据中归纳出逻辑关系，但通常需要背景知识。要了解更多信息，请参阅"补充阅读"一节。

逻辑公式权重可以从关系数据库中学习。基本上，一个公式权重与它在数据中真实基础数量对应模型的期望值成正比。对于较大领域而言，计算公式的真实基础数量可能非常庞大。另一种方法是在对基础公式进行抽样调查的基础上进行估计，并验证它们在数据中是否真实。

第 13.5 节介绍在视觉目标识别应用方面的一个 MLN 例子。

13.5　应用

我们将说明前几节中介绍的两类 RPGM 在两个不同领域中的应用。首先，将分析如何在 PRM 基础上为虚拟实验室建立一种通用学生模型。然后将用 MLN 来表示目标识别视觉语法。

13.5.1　学生建模

在学生建模中有一个特别具有挑战性的领域，即虚拟实验室。虚拟实验室提供一些设备的模拟模型，学生可与之互动，并在实践中学习。导师在这个实验室中充当虚拟助手，为学生提供帮助和建议，并根据学生的水平设置实验的难度。一般来说，用问题和测试来让学生更新学生模型是不可取的。所以认知状态的提升应该完全取决于学生与虚拟实验室的互动和实验结果。为此才需要诸如此类的学生模型。该模型从学生与实验室互动中推断出认知状态；基于这个模型，智能导师可以给学生提供个性化建议[14]。

概率关系学生模型

PRM 为学生建模提供了一个紧凑而自然的表述。概率性关系模型允许在同一模型中代表每个参与的学生。每个班级就像数据库一样，代表一些学生的参数集，但该模型还包括每个学生班级之间的概率依赖关系。

为将 PRM 应用于学生建模，必须定义领域中涉及的主要对象。我们设计了一个面向虚拟实验室的通用学生模型，从班级层面高层次结构开始，到具体贝叶斯网络的低层次实验结束。如图 13.3 所示，其中定义了与学生和实验有关的主要类别。这种情况下，有 8 个类且每个类有多个属性，如下所列。

学生：学生 ID，学生姓名，专业，住宿，等级。

知识主题：学生-ID，知识-主题-ID，知识-主题-已知。

知识次主题：学生-ID，知识-次主题-ID，知识-次主题-已知。

知识项目：学生-ID，知识-项目-ID，知识-项目-已知。

学术背景：以前的课程，年级。

学生行为：学生-ID，实验-ID，行为-var1，行为-var2...

实验结果：学生-ID，实验-ID，实验-重复，结果-var1，结果-var2...

实验：实验-ID，实验-描述，exp-var1，exp-var2...

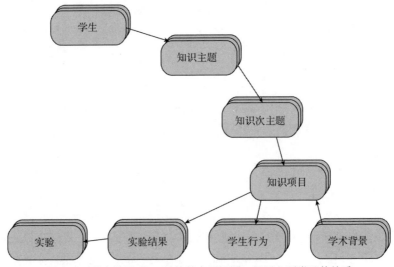

图 13.3　学生模型 PRM 结构的高层视图，显示主要类及其关系

依赖性模型定义在类层面上，并对类中的任何对象都适用。这个模型中的一些属性代表了概率变量。这意味着，一个属性代表一个随机变量，且与同一类别或其他类别中的其他属性有关。而其他属性是信息变量。

从 PRM 学生模型中，可以定义一个整体贝叶斯网络或者骨架，从而在这类试验中实例化不同的场景。在这个模型中，可轻易按级别组织类来提高对模型的理解。从类模型中，我们得到一个分层骨架，如图 13.4 所示。根据感兴趣的对象对实验类进行划分，并创建两个子类：实验性能和实验行为，它们构成了层次结构中的最底层。中间层代表与每个实验相关的不同知识项目(概念)。这些项目被链接到最高级别，该级别将项目分为子主题和主题，最后进入学生的一般类别。我们限定有三类学生：初级、中级和高级。每个类别从骨架得出的贝叶斯网结构相同,但每个结构使用的 CPT 不同。

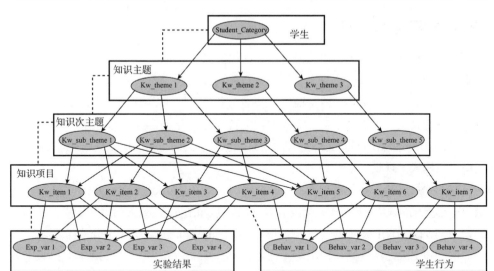

图 13.4　从虚拟实验室的 PRM 学生模型中得出实验的整体骨架。基本上,该网络的层次结构从顶层代表学生类别的节点开始,然后是三层变量,代表学生在不同抽象层次上的领域知识:知识主题、知识次主题和项目。在底层有两组变量,对应于学生与虚拟实验室中实验的互动结果,分别为实验结果和学生行为[14]

从骨架中,可以根据模型中特定变量的值来定义不同的实例。例如,从图 13.4 的实验总骨架中,可为每个实验定义特定实例(例如,在机器人领域,可能有与机器人设计、控制、运动规划等相关的实验)和学生水平(初级、中级、高级)。

一旦生成特定的贝叶斯网络,可以通过标准概率传播技术来更新学生模型。这种情况下,它用来将证据从实验评价传播到知识项目,然后传播到知识主题和知识次主题。每次实验结束后,导师会根据每个不同粒度知识水平——项目、知识次主题和知识主题,来决定是否帮助学生,以及在哪个层次上提供帮助。例如,如果实验大体上是成功的,但某些方面不是很好,那么给学生上一堂关于具体概念(项目)的课。而如果实验不成功,则建议针对完整的主题或子主题进行授课。根据学生类别,由导师决定学生下一个实验的难度。

13.5.2　视觉语法

视觉语法分层次描述对象。它可以代表图、几何图形或图像。例如,对流程图的描述进行分解,将复杂元素分解成简单元素(从完整图像到箭头或简单方框)。

视觉目标识别需要一种语法将视觉目标分解为各个部分并包含其关系建模[13]。有一种有趣的符号关系语法(SR-grammars)[2],一旦对所有非终端符号进行分解,就可提供这类描述，并可改写规则来指定终端和非终端符号之间的关系。

1. 用 SR 语法表示对象

对象类别基于符号关系语法来表示。这包括三个基本部分：①语法或词汇的基本要素；②空间关系；③转化规则。下面进行简要介绍。

这个方法使用简单和一般特征作为基本元素，因此可以应用于不同类别的对象。这些区域定义了一个视觉字典。考虑的视觉特征是：统一颜色区域(颜色被量化为 32 级)和不同方向边缘(用 Gabbor 滤波器获得)。这些特征形成一组被聚类的训练实例，聚类中心点构成了视觉词汇表。

空间关系包括拓扑关系和秩关系。使用的关系是：Inside_of (A, B)(A 区域在 B 区域内)，Contains(A, B)(A 区域完全覆盖 B 区域)，Left(A, B) (A 被 B 触及，A 位于 B 的左边)，Above(A, B) (A 被 B 触及，A 位于 B 上面)。Invading(A, B) (A 部分覆盖 B)。

下一步生成语法规则。使用研究物体类别的训练图像，可以得到聚类之间最常见的关系。这样的关系成为建立语法的候选规则。这是一个反复的过程；在这个过程中，规则被归入并转化为语法中新的非终端元素。重复进行该过程，直到达到阈值(就最小元素数而言)；语法起始符号代表需要识别目标的类别。

视觉目标识别涉及不确定性：图像中噪声、遮挡、不完善低级处理等。SR 语法不考虑不确定性；为了纳入不确定性，可使用 RPGM(特别是 MLN)来扩展。

2. 将 SR 语法转化为马尔可夫逻辑网络

一类对象的 SR 语法被直接转化为 MLN 语言中的公式。通过这种方式，可获得 MLN 结构方面。参数(与每个公式相关的权重)可从训练图像集中获得。

考虑一个简单例子，使用 SR 语法来基于高级特征识别人脸：眼睛、嘴、鼻子、头。这个简单脸部 SR-语法由此产生：

(1) $FACE^0 \rightarrow$ < {eyes2, mouth2}, {above(eyes2, mouth2)} >

(2) $FACE^0 \rightarrow$ < {nose2, mouth2}, {above(nose2, mouth2)} >

(3) $FACE^0 \rightarrow$ < {eyes2, head 2}, {inside_of (eyes2, head2)} >

(4) $FACE^0 \rightarrow$ < {nose2, head 2}, {inside_of (nose2, head2)} >

(5) $FACE^0 \rightarrow$ < {mouth2, head 2}, {inside_of (mouth2, head2)} >

可很直接地转化成 MLN。首先需要给出这些公式：

```
aboveEM(eyes,mouth)
aboveNM(nose,mouth)
insideOfEH(eyes,head)
insideOfNH(nose,head)
```

```
insideOfMH(mouth,head)
isFaceENMH(eyes,nose,mouth,head)
```

随后，我们需要给出其领域。

```
eyes={E1,E2,E3,E4}
nose={N1,N2,N3,N4}
mouth={M1,M2,M3,M4}
head={H1,H2,H3,H4}
```

最后需要写出加权一阶公式权重。使用图像数据集，并将概率转化为权重：

```
1.58 isFaceENMH(e,n,m,h) => aboveEM(e,m)
1.67 isFaceENMH(e,n,m,h) => aboveNM(n,m)
1.16 isFaceENMH(e,n,m,h) => insideOfEH(e,h)
1.25 isFaceENMH(e,n,m,h) => insideOfNH(n,h)
1.34 isFaceENMH(e,n,m,h) => insideOfMH(m,h)
```

为了识别图像中人脸，图像中相关方面被转化为一阶 KB。为此，要检测图像中的终端元素(例中的眼睛、嘴巴、鼻子和头部)，以及这些元素之间的空间关系。然后，特定图像 KB 与表示为 MLN 的一般模型相结合；并从这种组合中生成一个基础马尔可夫网络。在马尔可夫网络中用标准概率推理(见第 6 章)进行目标(人脸)识别。

这种方法用来识别图像中的人脸[9]。尽管终端元素检测器性能不是很好，产生了许多假阳性(见图 13.5)，但语法提供的限制消除了大多数假阳性，并能以高精确度识别人脸。特别是对于图 13.5 中有大面积遮挡的情况，这种方法比传统人脸检测器更稳定。

图 13.5　检测图像中的终端元素示例。从左上角开始，顺时针方向为：嘴、脸、眼睛、鼻子。
　　　　正确的检测结果显示为矩形

13.6　补充阅读

有几本介绍逻辑学的书籍，如[8, 10]。从人工智能角度看，[4]对谓词逻辑和基于逻辑表示法做了很好的介绍。[5]介绍了目前大多数关系概率模型，其中一章讲述了各种方法。概率关系模型见[6]，而如何从数据中学习 PRM 见[3]。对马尔可夫逻辑网络的回顾见[1]。参考文献[7]和[11]介绍归纳逻辑编程。

13.7　练习

1. 如果 p 和 r 为假，而 q 和 s 为真，请确定以下表达式的真值。

- $p \vee q$
- $\neg p \ \wedge \ \neg (q \wedge r)$
- $p \rightarrow q$
- $(p \rightarrow q) \wedge (q \rightarrow r)$
- $(s \rightarrow (p \wedge \neg r)) \ \wedge \ ((p \rightarrow (r \ \vee q)) \ \wedge s)$

2. 以下哪些表达式为真？

- $\forall x((x^2 - 1) > 0)$
- $\forall x(x^2 > 0)$
- $\exists x(1/(x^2 + 1) > 1)$
- $\neg \exists x((x^2 - 1) \leqslant 0)$

3. 判断下面的表达式是不是 WFF。

- $\forall x \neg (p(x) \rightarrow q(x))$
- $\exists x \forall x(p(x) \leftrightarrow q(x))$
- $\exists x \vee q(x) \wedge q(y)$
- $\forall x \exists y p(x) \vee (p(x) \leftrightarrow q(y))$

4. 用一阶谓词逻辑写出下列句子：①所有人都有父亲和母亲，②有些人有兄弟和/或姐妹，③如果一个人有兄弟，那么他父亲也是他兄弟的父亲。④没有人有两个亲生父亲或两个亲生母亲。

5. 基于图 13.1 的 PRM，假设所有变量都是二进制的(即教学能力={好，一般}，受欢迎程度={高，低}，等等)。根据模型结构，指定所需的条件概率表。

6. 根据前面练习的 PRM，假设有两个教授、三个学生、三门课程和五个注册记录(一个学生注册了两门课程，另一个学生注册了三门课程)。根据前面的对象展开 PRM，生成相应的贝叶斯网络。

7. 根据前面两个练习的 BN 和参数，估计学生对教授教学能力和课程评为"满意"的概率。①定义这个查询所需 BN 的最小子集。②根据减少模型计算满足的后验概率。

8. 思考 13.4 节中 MLN 例子的两个逻辑公式，以及附加的第三个公式。$\forall x$ 不健康饮食(x)→癌症(x)。鉴于变量 x 和 y 被实例化为 Tim、Sue 和 Maria，得到 MLN 的图依赖结构。

9. 确定 13.4 节中 MLN 例子两个逻辑公式的权重。假设你已经从数据库中提取了以下统计数据。①19 人吸烟并患癌；②11 人吸烟未患癌；③10 人不吸烟并未患癌；④5 人不吸烟并患癌；⑤15 对是朋友，都吸烟；⑥10 对是朋友，都不吸烟；⑦5 对是朋友，每对中一个吸烟，一个不吸烟。

10. 根据前一个问题模型，并将变量实例化为 John 和 Linda：①得出基础 MLN 的图；②假设 John 和 Linda 是朋友，John 吸烟；估计 Linda 患癌的概率。

11. 估计 13.5.2 节中用于人脸检测的 MLN 公式的权重。思考以下数据：在 1000 个样本中，920 个眼睛在嘴上方，860 个鼻子在嘴上方，950 个眼睛在头内，850 个鼻子在头内，800 个嘴在头内。

12. 根据第 13.5.2 节中人脸检测 MLN 的公式，描述基础网络，思考在图像中检测到的下列要素：2 只眼睛，3 张嘴，2 个鼻子，1 个头。

13. ***研究结合逻辑和概率的其他形式。分析它们在表达能力和计算效率方面的优势和劣势。

14. ***开发一个根据 PRM 进行推理的程序。给出在类层面描述的 PRM(你可使用面向对象的数据库)以及一组对象，将其转化为 BN。然后对 BN 进行推理(使用之前开发的算法)。

15. ***使用最先进的眼睛、嘴巴、鼻子和脸部检测器，应用系统基于 MLN 检测图像中的人脸。通过定义"人"的语法和相应 MLN，将这个系统扩展到基于不同身体部位(脸部、手臂、躯干、腿)的人员检测。并在有遮挡物的图像中测试这两个系统。

第14章 因果图模型

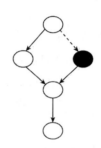

14.1 引言

因果推理在生活中很常见，因为人类的天性就是不断地寻找原因[7, 9]。我们的各项活动影响着这个世界，并在做出选择的同时学习并使用着因果关系。因果性与因果关系有关；也就是说，当有两个或更多相关现象时，我们需要确定哪个是因，哪个是果。然而也可能有第三种解释，即有另一种现象，是原来两个现象的共同原因。

概率模型不一定代表因果关系。例如，考虑两个贝叶斯网络；即 BN1：$A \to B \to C$ 和 BN2：$A \leftarrow B \leftarrow C$。从概率的角度看，两者都代表了相同的依赖关系和独立关系：A 和 B、B 和 C 之间的直接依赖关系；以及 $I(A, B, C)$，即在给定 B 的情况下，A 和 C 是独立的。然而如果定义一个有向链接 $A \to B$，表示 A 导致 B，则两个模型代表完全不同的因果关系。

假定可用概率图模型来模拟和解决复杂的问题。对许多人来说，因果关系是一个复杂且有争议的概念。你可能会问，为什么需要因果模型？以下便介绍因果图模型的一些优点。

首先，通过确定某些事件的直接和间接原因，因果模型提供了对领域更深层次的理解，但这对于贝叶斯网络等关联模型来说不一定正确。其次可以通过因果模型进行其他类型推理，即便这些推理是不可能直接进行的，例如贝叶斯网络。这些推理情况有：①干预，即我们想找到外部智能体将某个变量设置为特定值的效果(注意，这与观察变量不同)；②反事实，即我们想推理一下，如果某些信息不同于实际情况，会发生什么。接下来将详细讨论这两种情况。

已开发几种因果模型技术，如函数方程、路径图和结构方程模型等。在本章中，我们将重点讨论图模型，尤其是因果贝叶斯网络。

因果关系定义

因果关系有多种解释，这里我们采用操纵主义的解释[6, 9]。"对原因操纵将导致结果变化"。比如，如果我们强迫公鸡打鸣，这并不会使太阳升起；相反，如果太阳升起，则公鸡会打鸣。

我们采用 Spirtes 等人对因果关系的正式定义[9]。该定义指出，因果关系是概率空间中，事件之间的随机关系；也就是说，一个事件(或多个事件)导致另一个事件的发生。设 Ω, F, P 是一个有限概率空间并认定一个二元关系 $\rightarrow \subseteq F \times F$。

- 传递性：若 $A \rightarrow B$，$B \rightarrow C$，$\forall A, B, C \in F$，那么 $A \rightarrow C$。
- 非反思性：对于所有 $A \in F$ 来说，$A \rightarrow A$ 并不成立。
- 反对称性：对于 $A, B \in F$，使 $A \neq B$，若 $A \rightarrow B$，那么 $B \rightarrow A$ 不成立。

如果 $A \rightarrow B$，则 A 是 B 的一个原因。需要注意的是，一个事件可能很多原因，而且并非每个原因都足以产生效果。

14.2　因果贝叶斯网络

因果贝叶斯网络(CBN)是一个有向无环图 G，其中每个节点代表一个变量，图中弧代表因果关系；也就是说，关系 $A \rightarrow B$ 代表物理机制，使 A 值直接影响 B 值。这种关系可以解释为外部智能体对一些变量的值干预-设置。例如，假设 A 代表一个洒水器(关闭/打开)，B 代表草地是否为湿的(否/是)。如果草地(B)原本不是湿的，并且洒水器的干预设为 ON，那么 B 将变为是。

如同在 BN 中，如果有一个从 A 到 B 的弧(A 是 B 的直接原因)，那么 A 是 B 的父节点，而 B 是 A 的子节点。给定 CBN 中的任意变量 X，$Pa(X)$ 是 X 的所有父节点的集合。另外与 BN 类似，当已知一个变量的直接或即时原因(父母关系)时，那么更遥远的原因(祖先)则是未知的。例如，一旦我们知道草地是湿的，就知道这会造成地面湿滑，无须在意草地是怎么变湿的(打开洒水器或下雨)。

因果网络比贝叶斯网络的假设更强，因为网络结构所隐含的所有关系都对应于因果关系。因此，某个变量 X 的所有父节点 $Pa(X)$ 都对应于 X 的直接原因。这意味着，

如果 X 的任何一个父变量，或父变量的任何组合，通过干预设定为某个值，都将对 X 产生影响。在 CBN 中，一个作为根节点的变量(没有父节点的变量)被称为外生变量，而其他所有变量都是内生变量。

图 14.1 列举了一个 CBN 的简单例子，基本表明了以下因果关系：①洒水导致潮湿；②下雨导致潮湿；③潮湿导致地滑。这种情况下，洒水和下雨是外生变量，而潮湿和地滑是内生变量。

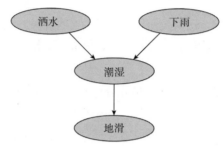

图 14.1　用一个简单例子表示 CBN 的关系：洒水导致潮湿，下雨导致潮湿，而潮湿导致地滑

如果 $P(X)$ 是一组变量 X 的联合概率分布，则将 $P_y(X)$ 定义为通过干预设置变量子集 Y 的值所产生的分布。可将其表示为 $do(Y = y)$，其中 y 是一组常数。例如图 14.1 中 CBN，如果将洒水设置为 ON，$do(\text{Sprinkler} = \text{ON})$，那么结果分布将表示为 $P_{\text{sprinkler}=\text{ON}}(\text{Sprinkler, Rain, Wet, Slippery})$。

形式上，因果贝叶斯网络可以定义如下[6]。

CBN G 是在一组变量 X 上的一个有向无环图，它与对 $Y \subseteq X$ 的干预产生的所有分布相兼容，且满足以下条件：

(1) 干预产生的概率分布 $P_y(X)$ 与图 G 是相通的；也就是说，它等同于给定父变量时每个变量 $X \in G$ 条件概率的乘积：$P_y(X) = \prod_{X_i} P(X_i \mid Pa(X_i))$。

(2) 作为干预措施的一部分，所有变量的概率对于其所设定的值来说都等于 1，$P_y(X_i) = 1$。如果 $X_i = x_i$ 与 $Y = y$ 一致，则 $\forall X_i \in Y$。

(3) 其余每个不属于干预的变量，其概率等于给定父母变量的概率，且与干预是一致的。$P_y(X_i \mid Pa(X_i)) = P(X_i \mid Pa(X_i)), \forall X_i \notin Y$。

鉴于前面定义，特别是在干预中设置变量的概率等于1(条件 2)时，联合概率分布可以被计算为截断因子化：

$$P_y(X) = \prod_{X_i \notin \mathbf{Y}} P(X_i \mid Pa(X_i)) \tag{14.1}$$

这样，所有 X_i 都与干预 Y 一致。

前面定义的另一个结果是，一旦一个变量 X_i 的所有父代被干预设置，设置任何其他变量都不会影响 X_i 的概率。

$$P_{(Pa(X_i),W)}(X_i) = P_{Pa(X_i)}(X_i) \tag{14.2}$$

这样，$W \bigcap (X_i, Pa(X_i)) = \varnothing$。

再思考一下图 14.1 中的例子，如果我们用任意方法使草地变湿，$do(\text{Wet} = \text{True})$，下雨或洒水就不会影响滑倒的概率。

根据因果贝叶斯网络和干预(do)算子定义，便可正式定义操纵主义的因果解释。给出一个因果图模型 G，以及相应概率分布 P_G；假设模型中有 X 和 Y 变量，如果 $P_G(Y \mid do(X=x)) \neq P_G(Y \mid do(X=x')), x \neq x'$，$X$ 将导致 Y。

高斯线性模型

GLM (高斯线性模型)是一种常见的图因果模型，可表示变量和高斯噪声之间的线性关系。这类模型与结构方程模型[8]有关，且更容易从可观察到的数据中学习(见第 15 章)。

在 GLM 中有一个线性方程，可将一个变量与它的直接原因(父母)联系起来。

$$Y = \beta_1 X_1 + \beta_2 X_2 + \cdots + \beta_q X_q + N_x \tag{14.3}$$

其中 $X_1 \ldots X_q$ 是 Y 的直接原因，$\beta_1 \ldots \beta_q$ 是常数，而 N_x 是均值为 0 的高斯变量。因此：

$$P(Y \mid X_1, \ldots, X_q) = \mathcal{N}(\beta_1 x_1 + \cdots, + \beta_q x_q; \sigma^2) \tag{14.4}$$

GLM 的联合分布可以表示为一组 n 个连续随机变量 $X = \{X_1, \ldots, X_n\}$ 上的多变量高斯分布，由一个 n 维均值向量 μ 和一个对称 $n \times n$ 协方差矩阵 $\Sigma = (\sigma_{ij})$ 组成。多变量高斯分布的这种参数化被称为协方差形式，其中多变量高斯密度函数表示为：

$$P(x) = \frac{1}{(2\pi)^{p/2} \mid \boldsymbol{\Sigma} \mid^{1/2}} \exp\left[-\frac{1}{2}(x-\mu)^T \boldsymbol{\Sigma}^{-1}(x-\mu) \right] \tag{14.5}$$

对于多变量高斯来说，很容易从分布的参数中直接确定其独立性。具体来说，若 $X = \{X_1, \ldots, X_n\}$ 有一个联合正态分布 $\mathcal{N}(\mu; \Sigma)$。那么当且仅当 $\sigma_{i,j} = 0$ 时，X_i 和 X_j 是独立的。

例如，考虑包含两个变量 X 和 Y 的简单模型，以及图 14.2(a)中描述的因果模型。X 可以代表雨量，Y 代表水坝水位。所以这个模型的方程式可以是：

$$X = N_x$$
$$Y = 8X + N_y$$

$N_x, N_y \sim N(0,1)$ 是独立噪声变量。这个模型导致了双变量正态分布：

$$(X,Y) = \mathcal{N} \begin{pmatrix} 0 \\ 8 \end{pmatrix} \begin{pmatrix} 1 & 8 \\ 8 & 65 \end{pmatrix}$$

现在看看如果我们干预这个模型，会发生什么。首先使 $X=10$(比如降雨量是 10 毫米)，所以方程现在变成：

$$X = 10$$
$$Y = 80 + N_y$$

而因果模型仍与图 14.2(a)中相同。

(a) X 是 Y 的因　　　　　　　　(b) 对 Y 进行干预后生成的模型

图 14.2　GLM 的一个简单示例，列举了关系

现在，我们对 Y 进行干预，并使其等于 $N(2, 2)$(假设可通过其他方式填充大坝)。因为 Y 不受 X 的影响，改变了图模型，所以修改了图模型，如图 14.2(b)所示。联合分布成为：

$$(X,Y) = \mathcal{N} \begin{pmatrix} 0 \\ 2 \end{pmatrix} \begin{pmatrix} 1 & 0 \\ 0 & 2 \end{pmatrix}$$

所以 X 和 Y 是独立的。因此，如果对 Y 进行干预，并不会影响 X 值；然而，与之前一样，如果干预 X，就会对 Y 产生因果影响。

从这个例子中可以看到，干预可改变模型联合分布；但不会在我们观察时发生。因此，在这个例子中，干预一个变量产生的效果与基于观察变量的条件不同：

$$P_{do(Y=y)}(X) \neq P(X \mid Y = y)$$

14.3　因果推理

因果推理需要从因果模型(本案例中为图因果模型)中回答因果查询，即因果效应预测。我们将思考几种类型的因果查询，并从分析因果预测入手，然后分析反事实。

一般来说，如果想估计某个变量 X 对其他变量 Y 的因果效应，且存在辅助因素(即 X 和 Y 的共同祖先)，结果就会受到影响；所以在推理过程中应考虑到这一点。起初我们提出了一个简化版预测和不考虑辅助因素的反事实程序。在稍后的第 14.4 节中，我们通过调整集来思考这些辅助因素的标准。

14.3.1　预测

考虑一个包括一组变量的因果贝叶斯网络。$X_G = \{X_C, X_E, X_o\}$；其中 X_C 是原因子集，X_E 是结果子集；X_O 是其余变量。我们想对该模型进行因果查询；当设置 $X_C = x_C$ 时，对 X_E 会有什么影响？也就是说，我们想得到由干预 $X_C = x_C$ 产生的 X_E 概率分布。

$$P_C(X_E \mid do(X_C = x_C)) \tag{14.6}$$

若用 CBN 进行因果预测 G，需要遵循以下程序：

(1)　去掉图中指向 $X_C = x_C$ 节点的所有箭头，从而得到一个修正的 CBN，即 G_r。

(2)　固定 X_C 中所有变量的值，$X_C = x_C$。

(3)　计算修改后模型 G_r 中的结果分布(像贝叶斯网络中那样通过概率预测)。

例如，图 14.3(a)中的 CBN 代表关于中风的某些因果知识。如果我们想衡量变量"中风"受"不健康饮食"的影响，那么根据前面程序，我们消除"健康意识"与"不健康饮食"之间的联系，得到图 14.3(b)的模型。然后应该把"不健康饮食"值设为True，并通过概率传播得到"中风"分布。如果"中风"分布随着"不健康饮食"数值的变化而变化，便可根据这个模型得出结论：确实有影响。

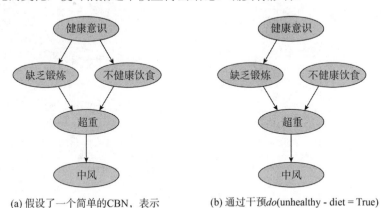

(a) 假设了一个简单的CBN，表示
与中风有关的因果关系

(b) 通过干预 do(unhealthy - diet = True)
从(a)得出的图模型

图 14.3　一个因果预测例子

一个有趣的问题是：什么时候干预所产生的分布等于观察所产生的分布？用数学术语来说，是 $P(X_E \mid X_C) = P_C(X_E \mid do(X_C = x_C))$ 吗？如果 X_C 包括 X_E 所有父代，而没有其子代，则两者相等；原因在于 BN 中的任何变量(给定其父)独立于其非子代。

在其他情况下它们不一定相等，具体取决于其他条件。因此，一般来说，进行干预后，CBN 联合概率分布与原始模型不同。

14.3.2　反事实

反事实是我们在生活中经常进行的一种推理方式，如图 14.3(a)中的因果模型。一个典型的反事实问题是：若某人曾经中风，如果他加强运动("缺乏锻炼" = False)，他还会中风吗("中风"=True)？

反事实推理包括 3 个主要步骤。

(1) 归纳：根据新证据修改模型(在本例中，将"中风"值修改为未知)。

(2) 行为：根据假设证据在模型中执行最小的干预 (本例中将"缺乏锻炼"设为 False，删除"健康意识"与"缺乏锻炼"之间的联系)。

(3) 预测：对修改后的模型进行概率推理，得到变量的概率(在本例中，执行概率传播来估计 $P_{\text{lack-exercise}}(\text{stroke} \mid do(\text{lack} - \text{exercise} = \text{False}))$。

上述反事实问题所产生的模型结果如图 14.4 所示。

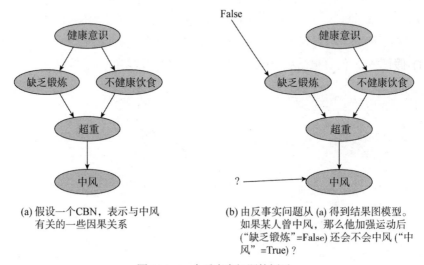

(a) 假设一个CBN，表示与中风有关的一些因果关系

(b) 由反事实问题从 (a) 得到结果图模型。如果某人曾中风，那么他加强运动后("缺乏锻炼"=False) 还会不会中风 ("中风"=True) ？

图 14.4　一个反事实问题的例子

当估计某个变量 X 对其他变量 Y 的因果效应时，基于联合(观察)概率分布(无论是预测还是反事实)，如果存在另一个或一组变量 W，结果都会受到影响。W 是 X 和 Y 的祖先(共同因素)。为了控制这些协变量，有必要以 $Z \subseteq W$ 为条件，即所谓的调整集：

$$P(Y \mid do(X = x)) = \sum_z P(Y \mid X = x, Z = z)P(Z = z) \tag{14.7}$$

X 的父母 $Pa(X)$ 是一个有效的调整集,但也有其他选择。通常可以用接下来介绍的方法来解决这个问题。

14.4 前门和后门准则

给定一个 CBN,当我们想确定干预结果 $P(Y \mid do(X = x))$,并伴随着一些辅助因素 Z 时,我们总是可以从联合分布中确定因果效应吗?当协变量 Z 包含所有其他相关变量时,答案为“是”。如果没有观察到某些变量,那么很难回答可以观察到哪些因果效应了。基本原则是,我们希望对适当控制变量设置条件,但这将阻塞连接 X 和 Y 的路径,而不是那些在改变后的图中存在的路径,其中进入 X 的所有路径都被删除。如果存在其他未受阻路径,那么 X 对 Y 的因果关系可能会有所混淆。我们可使用两个主要标准来获得充分控制;即后门准则和前门准则[6]。

14.4.1 后门准则

如果我们想知道 X 对 Y 的因果效应,并用一组变量 Z 作为控制,那么 Z 满足后门准则。

(1) 假设 Z 堵住了从 X 到 Y 的每一条有箭头进入 X 的路径(堵住了后门),并且

(2) Z 中不存在 X 的子代节点

则可以得到:

$$P(Y \mid do(X = x)) = \sum P(Y \mid X = x, Z = z)P(Z = z) \tag{14.8}$$

其中 $P(Y \mid X = x, Z = z)$ 和 $P(Z = z)$ 是观察性条件概率。图 14.5 说明了一些后门准则的例子。

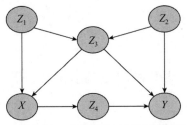

图 14.5 给定图中 CBN,集合 $\{Z_1, Z_3\}$ 和 $\{Z_2, Z_3\}$ 满足因果效应 $X \rightarrow Y$ 的后门准则。但集合 $\{Z_3\}$ 并不满足,因为它并没有阻止迹 (X, Z_1, Z_3, Z_2, Y)

14.4.2 前门准则

如果我们想知道 X 对 Y 的因果影响，并用一组变量 Z 作为控制，那么 Z 满足前门准则的条件为：

(1) Z 阻塞了从 X 到 Y 所有有向路径。

(2) 从 X 到 Z 没有未被封锁的后门路径。

(3) X 阻止了从 Z 到 Y 的所有后门路径。

那么：

$$P(Y|\ do(X=x)) = \sum_z P(Z=z|\ X=x) \sum_{x'} P(Y|\ X=x', Z=z)P(X=x') \qquad (14.9)$$

为了理解前门准则，我们可以按部分进行分析。根据第(1)条，Z 阻断了从 X 到 Y 的所有有向路径，所以 Y 对 X 的任何因果依赖必须以 Y 对 Z 的依赖为中介。第(2)条告诉我们可直接估计 X 对 Z 的影响；第(3)条表示 X 满足估计 Z 对 Y 的影响的后门准则。图 14.6 列举了前门准则的例子。

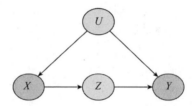

图 14.6 给定图中 CBN，集合 $\{Z\}$ 满足因果效应 $X \to Y$ 的前门准则。U 是一个未观察到的变量，并且是 X 和 Y 的共同因素

后门和前门准则足以从概率分布中估计出因果效应，但二者并不是必要条件。[6]中介绍了针对因果效应可识别性的必要和充分条件。

14.5 应用

在许多实际应用中，因果模型都能起到作用。仅举几例：

- 公共策略的制定
- 物理系统的诊断
- 生成可解释性
- 理解因果关系的表达
- 在线营销

- 医学治疗

接下来将介绍因果模型的两个应用：①分析机器学习系统中的不公平现象；②加速强化学习。

14.5.1　描述不公平模式

用于训练机器学习系统的数据可能包含不同类型偏差(社会的、认知的)，而这会导致错误决策。可通过分析敏感属性和系统输出之间的关系来减少这类问题的出现；但这是一项极具挑战性的任务。DeepMind[3]提出使用因果贝叶斯网络作为工具来确定和衡量数据集背后潜在的不公平情况。[1]

将机器学习系统中的主要变量及其关系，特别是那些对偏差敏感的变量建模为一个因果贝叶斯网络。例如，假设一个大学录取系统中，基于资格 Q、院系选择 D 和性别 G，申请人 A 被录取，且该系统中包含女性更容易申请的一些院系。图 14.7 描述了录取过程的 CBN。性别通过因果路径 $G \rightarrow A$ 直接影响录取情况，并通过因果路径 $G \rightarrow D \rightarrow A$ 产生间接影响。直接影响是指在申请同一院系时，具有相同资质的申请人可能因性别不同而受到不同对待。间接影响反映了女性和男性申请者由于选择不同院系而导致的不同录取率。由于社会和法律原因，敏感属性(性别)对录取产生直接影响被认为是不公平的，受到其他因素的间接影响可以被认为是公平或不公平的。

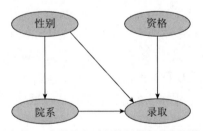

图 14.7　大学录取过程的因果贝叶斯网络

CBN 也用于量化数据集中的不公平性，并用于设计一项技术来缓解数据中复杂关系的不公平性。反事实技术可以估计出一个敏感属性沿着特定因果路径对其他变量的影响。这可以用来衡量给定数据集的不公平程度，尤其在一些因果路径中被认为是不公平的，而其他路径是公平的复杂情况下适用。在大学录取例子中，路径 $G \rightarrow D \rightarrow A$ 是公平的，特定路径的技术将 G 对 A 的影响仅限制在整个人口中的直接路径 $G \rightarrow A$，以估计数据集中的不公平程度。

反事实推理技术也用于询问某个特定的人是否受到不公平对待，例如，询问一个

---

1 这个例子基于 https://deepmind.com/blog/article/Causal_Bayesian_ Networks 中的信息。

被拒绝女性申请人：在男性的反事实世界中，是否会得到同样的录取结果？

除了解答数据集中的公平性问题外，特定路径的反事实推理也可用于设计特定方法来减少机器学习系统的不公平性[2]。

14.5.2 用因果模型加速强化学习

强化学习(RL)研究智能体如何通过与环境的交互来学习并使其未来回报最大化[10]。一般来说，RL 需要大量交互时间来学习，因为它必须探索所有可能状态下的所有潜在动作，而在现实问题中，这种搜索空间非常大。然而，如果智能体可以使用额外的知识来指导这个过程，那么学习时间便可大大缩短，因为可以避免无用动作，并专注于有成效的动作上。动作就像干预一样可以考虑因果知识，因为其代表领域中的相关因果关系；而且是通用的，可以应用于不同的任务。

在文献[5]中，提出了一种在 RL 算法中使用一个或多个因果模型作为数据引导动作选择。智能体可以查询这些数据，从而不执行会产生多余状态的动作，或做出最好的选择。这有助于智能体更快地学习，因为避免了盲目动作。干预因果模型可以执行以下类型的查询：如果我做……会怎么样？(例如，如果我把乘客送到这里，我的目标就能实现吗？)这种类型的干预措施可以有效地减少搜索空间。

1. 因果 Q 学习

为说明因果知识在 RL 中的应用，我们研究经典 Taxi 问题[4]。Jaime 是一名出租车司机，他的主要目标是在某地(乘客位置)接一名乘客，将他带到目的地并让乘客下车。Jaime 以常规方法来实现目标：他不会在没有乘客时候试图去接乘客，也不会在没有到达目标位置的时候让乘客下车等。我们可建立因果模型来引导 Jaime。其参数可为一组结构方程中的布尔变量：

$$
\begin{aligned}
\text{pickup} &= u_1 \\
\text{dropoff} &= u_2 \\
\text{cabPosition} &= u_3 \\
\text{destinationPosition} &= c_4 \\
\text{passengerPosition} &= c_5 \\
\text{onDestinationPosition} &= [(\text{destinationPosition} = \text{cabPosition}) \vee u_6] \wedge \neg u_6' \\
\text{onPassengerPosition} &= [(\text{passengerPosition} = \text{cabPosition}) \vee u_7] \wedge \neg u_7' \\
\text{inTheCab} &= [(\text{pickup} = \text{True} \wedge \text{onPassengerLocation} = \text{True}) \vee u_8)] \wedge \neg u_8' \\
\text{goal} &= [(\text{dropoff} = \text{True} \wedge \text{inTheCab} = \text{True} \wedge \\
&\quad \text{onDestinationLocation} = \text{True}) \vee u_9] \wedge \neg u_9'
\end{aligned}
$$

其中 $u_1, u_2 \in$ [True, False]，u_3, c_4, c_5 可以取表示环境中位置的值。其余 $u_i, u_i' \in \{$ True, False $\}$变量代表不寻常的行为。假设在 onDestinationLocation=False 情况下，即便出租车与乘客在同一位置，乘客的位置可能已经被更新，而没有通知出租车司机；这种场景下，

u_6'=True。当 u_6 = True 时，对应的情况便是出租车与乘客位于相同地点。相应的因果结构如图 14.8 所示。

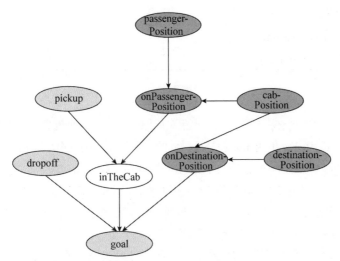

图 14.8 出租车问题的因果贝叶斯网络。节点的颜色表明它对应的变量。浅灰色代表动作，
无色代表目标变量，深灰色代表状态变量

为了利用因果知识，我们修改了经典 RL 算法——Q 学习。智能体观察其当前状态并查询因果模型；如果模型根据状态提供了动作，便执行该动作。否则，它将根据传统的 Q 学习(ϵ-greedy)选择动作，算法 14.1 列出了一般过程。它接收状态集、动作集、奖励函数和因果模型；并返回 $Q(s,a)$ 表，该表为每个状态 s 指定最佳动作 a。

算法 14.1 因果 Q 学习法

Require: States, Actions, Rewards, Causal Model

1: Initialize $Q(s, a)$ arbitrarly

2: **repeat**

3:    Initialize s

4:    **repeat**

5:       $a \leftarrow$ intervention based on Causal Model for s

6:       **if** ($a = null$) **then**

7:          Choose a for s using policy derived from Q (_-greedy)

8:       **end if**

9:       Take action a, observe r, s

10:       $Q(s, a) \leftarrow Q(s, a) + \alpha[r + \gamma \, max_a Q(s', a') - Q(s, a)]$

(续表)

11:　　　　$s' \leftarrow s'$

12:　　　**until** end of episode

13: **until** s is a terminal state

14: **return** Table Q (policy)

2. 结果

图 14.9 描述了一个 5×5 网格世界出租车问题的实例。这个世界格网中有四个地点，标记为 R、B、G 和 Y。出租车问题是场景性的。在每一个场景里，出租车从一个随机选择拐角开始。在四个地点之一会有一名乘客(随机选择)，乘客希望被送到四个地点之一(也是随机选择)。出租车必须去乘客所在地，接上乘客，并把乘客送到目的地。当乘客到达目的地时，场景结束。在该过程中有六个原始动作：四个导航动作，将出租车向北、南、东或西移动一格；上车动作；以及下车动作。这六个动作起决定性作用。每项动作都有 −1 的奖励，成功送达乘客则有+20 的额外奖励。对违规接送动作也有 10 分的处罚。

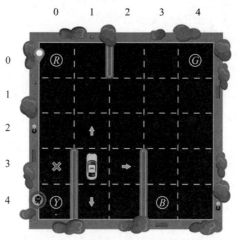

图 14.9　5×5 网格世界中出租车的环境简图。出租车在一个单元格(状态)中，箭头描述了该状态下可能做出的动作

将因果 Q 学习与出租车问题的基本 Q 学习算法进行比较。每个版本算法都执行 50 次，在每次执行中都计算每个迭代的平均奖励。图 14.10 对结果进行总结，并显示了两种算法每个迭代的平均奖励。我们观察到，因果 Q 学习开始时奖励更高，并能更快稳定下来。为量化差异，一旦平均奖励等于 9，就认为该算法得到最佳奖励。平均而言，基本 Q 学习在 95 个迭代中达到该奖励，因果 Q 学习在 65 个迭代中达到。因此，至少在这种情况下，可用因果知识来加快 Q 学习的学习速度。

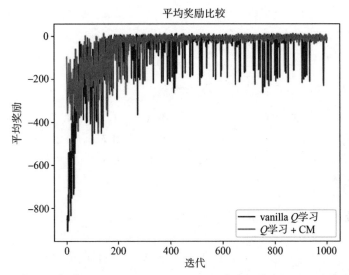

平均奖励比较

图 14.10　出租车问题中基本 Q-学习(vanilla Q 学习)和因果 Q 学习(Q-学习+ CM)
中每个迭代的平均奖励

14.6　补充阅读

因果图模型最初是从遗传学中引入的[11]。[7]对因果模型进行了简单介绍。[6, 9]
是两本关于因果图模型的综合书籍。Peters 等人的著作[8]介绍了因果关系，重点在于
其与统计学和机器学习的关系。

14.7　练习

1. 有向图模型(如贝叶斯网络)与因果模型有什么区别？

2. 给出图 14.3(a)中的 CBN，以及以下 CPT(HC-健康意识，LE-缺乏锻炼，UD-不
健康饮食，O-超重，S-中风)。

$P(LE \mid HC) =$

HC		F	T
LE	F	0.2	0.7
	T	0.8	0.3

$P(UD \mid HC) =$

HC		F	T
UD	F	0.4	0.9
	T	0.6	0.1

$P(O \mid LE, UD) =$

LE,UD		F,F	F,T	T,F	T,T
O	F	0.8	0.6	0.7	0.2
	T	0.2	0.4	0.3	0.8

$P(S \mid O) =$

S		F	T
O	F	0.8	0.6
	T	0.2	0.4

①给定干预措施 do(Unhealthy − diet = true)，计算超重和中风后验概率。②重复 do(Unhealthy − diet = False)。

3. 根据上述问题的结果，不健康饮食对超重的因果关系是什么？对于中风的因果关系又是什么？(使用与练习 2 相同的参数)。

4. 根据图 14.3 中的 CBN，思考中风对不健康饮食的因果效应是什么？对缺乏锻炼的因果效应又是什么？(使用与练习 2 相同的参数)。

5. 思考图 14.3(a)中的网络观察结果，"不健康饮食"为 True 时，计算超重和中风的后验概率(使用与练习 2 相同的参数)。得出的概率是否与相应的干预措施的概率相吻合？为什么？

6. 根据图 14.3(a)中的 CBN 思考反事实问题。如果一个人饮食健康(Unhealthy − diet = False)，那么中风可能性会降低吗？对模型执行必要操作(使用与练习 2 相同的参数)来回答这个问题。

7. 给出图 14.11 中的 CBN，列出满足因果关系 $X \rightarrow Y$ 后门准则的所有变量子集。

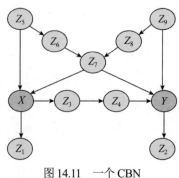

图 14.11　一个 CBN

8. 给出图 14.11 中的 CBN，列出满足因果关系 $X \rightarrow Y$ 前门准则的所有变量子集。

9. 下表是一项真实医学研究[1]数据，该数据比较了两种治疗肾结石方法的成功率。该表基于治疗(T)方式(A 或 B)和结石(S)大小列出治病的成功率(恢复率 R)。括号内的数字表示成功案例数量占小组总规模的比例。共有 700 名病人，350 人接受了 A 治疗方式，350 人接受了 B 治疗方式。

结石大小	治疗方式A	治疗方式B
小结石	93% (81/87)	87% (234/270)
大结石	73% (192/263)	69% (55/80)
两者	78% (273/350)	83% (289/350)

有一个称为 Simpon 的明显悖论，因为数据几乎表明，无论是小结石还是大结石，治疗方式 A 都比 B 好。然而考虑到两者时，治疗方式 B 似乎更好！解决这一悖论的方法是使用因果贝叶斯网络(其结构如图 14.12(a)所示)。①根据数据计算出 CBN 的 CPT。②根据这个模型，应用 do-calculus 得出 $P_{do(T=A)}(R = \text{True})$ 和 $P_{do(T=B)}(R = \text{True})$。③哪种治疗方法更好，即恢复率更高？

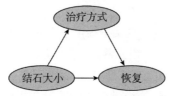

图 14.12　肾结石问题的因果模型

10. *** 开发一个程序，实现离散因果贝叶斯网络的 do-calculus。

第 15 章　因果发现

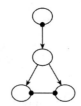

15.1　引言

从观察数据学习因果模型(无直接干预)给我们的研究带来了许多挑战。如果发现两个变量 X 和 Y 之间存在某种依赖关系，在没有额外信息情况下，无法确定 X 是否导致 Y，反之亦然。此外，可能有其他一些变量(辅助因素)产生这两个变量之间的依赖关系。例如，根据数据我们发现，喝葡萄酒的人往往很少发作心脏病。那么我们可能会倾向于得出结论，喝葡萄酒往往会降低心脏病发作的概率，见图 15.1(a)。然而，可能有另一个变量导致这种明显的因果关系，这称为潜在共同原因。饮酒和心脏病发作可能都与收入水平有关，因为高收入的人往往喝酒更多，同时由于得到更好的医疗服务，心脏病发作的概率也更低，见图 15.1(b)。因此，学习因果关系的困难在于如何在模型中厘清所有相关因素。

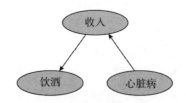

(a) 显示了 "饮酒" 和 "心脏病" 之间明显因果关系的初始网络

(b) 该网络具有共同原因 "收入"，解释了 "饮酒" 和 "心脏病" 之间的依赖关系

图 15.1　学习因果模型的示例

Reichenbach[9]建立了因果图模型和依赖性之间的关系,作为共同因果原则。如果两个随机变量 X 和 Y 统计上是相互依赖的,就存在第三个变量 Z 对这两个变量都有因果影响。作为一种特殊情况, Z 可能与 X 或 Y 重合。图 15.2 说明了这一原则说明。

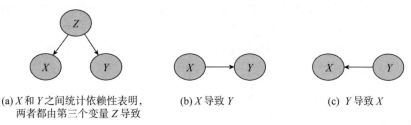

(a) X 和 Y 之间统计依赖性表明,　　　(b) X 导致 Y　　　(c) Y 导致 X
两者都由第三个变量 Z 导致

图 15.2　共同因果原则

一般来说,仅凭观察数据,不可能获得因果贝叶斯网络的独特结构;我们得到的是所谓的马尔可夫等价类(MEC)。例如,如果考虑三个变量,以及 $X-Y-Z$ 骨架,就会有四个可能的有向图,如图 15.3 所示。其中三个图表示相同的条件独立关系, X 和 Z 在给定 Y 的情况下是独立的,所以它们对应一个马尔可夫等价类。另一种是不同的 MEC,这种情况下, X 和 Z 在给定 Y 的条件下是不独立的。

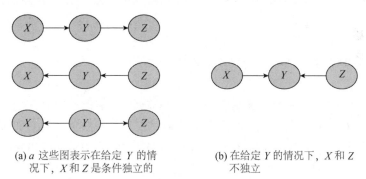

(a) a 这些图表示在给定 Y 的情　　　(b) 在给定 Y 的情况下, X 和 Z
况下, X 和 Z 是条件独立的　　　　不独立

图 15.3　骨架为 X-Y-Z 三个变量的依赖图

马尔可夫等价类包括所有包含相同 D 分离集的图——在忠实性假设下的相同条件独立性。MEC 中的所有图都满足以下两个属性:

(1) 它们有相同骨架,也就是相同的底层无向图(若使所有有向边成为无向)。

(2) 它们具有相同 V 结构,即 $X \rightarrow Y \leftarrow Z$ 形式子图,使得 X 和 Z 之间没有弧。

如果不假设因果充分性,那么我们能学到的是最大祖先图(MAG),以及被称为部分祖先图的 MAG 图等价集合。在下一节中,将详细讨论不同类型的图。

为从观察数据中获得因果模型结构,需要额外假设。一般来说,在学习因果网络结构时,会使用以下假设。

因果马尔可夫条件:给定其直接原因(图中父变量),变量独立于其非后代变量。

忠实性：模型中的变量之间不存在不由因果马尔可夫条件隐含的额外独立性。

因果充分性：模型中得到的观察变量没有共同的、未观察到的混杂因素(潜在或隐藏的变量)。

还可以做其他假设，例如考虑变量之间特定类型的关系(例如，线性模型)和/或关于不确定性/噪声的特定分布(例如，高斯噪声)。

接下来将介绍学习因果模型时使用的不同类型的图，随后将介绍因果发现算法的主要类型。

15.2　图的类型

因果贝叶斯网络(CBN)表示为有向无环图或 DAG(见第 14 章)。CBN 只包括图中代表因果关系的有向弧；如 $A \rightarrow B$。对于贝叶斯网络，可以通过被称为 D 分离的标准直接从图中读取条件独立关系。

因果发现算法并不总是能获得一个唯一的因果模型，即 DAG，所以用其他类型的图来表示所获得部分的结构。接下来介绍在假设或不假设因果充分性时使用的表示方法。

15.2.1　因果充分性下的马尔可夫等价类

在因果充分性下，一般来说，我们能从观察数据中了解的是一个马尔可夫等价类。

几个 DAG 可以通过 D 分离编码相同的条件独立性。这样的 DAG 形成了一个马尔可夫等价类(MEC)，可以用一个 CPDAG 对其进行特别的描述。CPDAG $\mathscr{C}$ 与 $\mathscr{C}$ 所编码的 MEC 中任何 DAG 具有相同邻接关系。CPDAG $\mathscr{C}$ 中的一条有向边 $X \rightarrow Y$ 对应于 $\mathscr{C}$ 所描述的 MEC 中每个 DAG 中的一条有向边 $X \rightarrow Y$。对于 CPDAG $\mathscr{C}$ 中的任何非定向边 $X \rightarrow Y$，$\mathscr{C}$ 所描述的 Markov 等价类包含一个有 $X \rightarrow Y$ 的 DAG 和一个有 $X \leftarrow Y$ 的 DAG。因此，CPDAG 包含有向边和无向边。图 15.4[1]给出了一个 MEC 和相应 DAG 的例子。注意，同一马尔可夫等价类中的所有 DAG 都有相同的骨架(如果使所有的有向边变成无向的，则会得到无向图)和 V 结构(也就是 $X \rightarrow Y \leftarrow Z$ 形式的子图)。

---

1 注意，$I(X_1, X_2, X_3)$ 意味着给定 X_2 时，X_1 独立于 X_3。

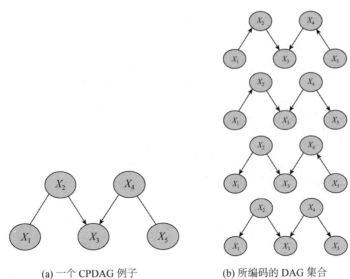

(a) 一个 CPDAG 例子　　　　(b) 所编码的 DAG 集合

图 15.4　在所有 DAG 中，可以看到 $I(X_1, X_2, X_3)$ 和 $I(X_3, X_4, X_5)$ 关系

15.2.2　具有未测量变量的马尔可夫等价类

如果有些变量无法被衡量，并且可能是被衡量变量的共同因素(辅助因素)，那么需要一个考虑这些辅助因素的替代性表达。假设有一组变量 V，其中 O 是衡量或观察变量子集，L 是未测量或潜伏变量，因此 $V = O \cup L$。

MAG 可以表示包括未测量(隐藏或潜伏)变量的 DAG 中的条件独立性信息和因果关系。MAG 代表了所有潜在变量被边际化后的 DAG，保留了所有被测变量之间的条件独立性关系。也就是说，给定 $V = O \cup L$ 上的 DAG D，有一个 MAG M；对于任何不相交集合 $X, Y, Z \subseteq O$，当且仅当它们在 MAG M 中被 Z 进行 M 分离时[1]，X 和 Y 才在 D 中被 Z 进行 D 分离。下面给出这样一个 MAG：①对于每一对变量 $X, Y \in O$，当且仅当它们之间相对于 D 中的 L 存在一条 inducing path[2]时，X 和 Y 是相邻的。②对于 M 中每一对相邻变量 X, Y：

- 如果 X 是 Y 在 D 中的祖先，则在 M 中确定边 $X \rightarrow Y$ 的方向。
- 如果 Y 是 X 在 D 中的祖先，则在 M 中 $X \leftarrow Y$。
- 否则在 M 中定位为 $X \leftrightarrow Y$。

图 15.5 给出了一个带有潜变量的 DAG 和相应 MAG 的例子。

也可以通过 M 分离来编码几个 MAG 相同的条件独立性。这样的 MAG 形成了一

1　M 分离与 MAG 的 D 分离一样，见[12]。

2　关于 inducing path 的正式定义见 15.3.2 节。

个马尔可夫等价类(MEC)，可由 PAG 进行特别的描述。一个 PAG，P_M，是一个局部混合图，其边上有三种标记：箭头(>)、尾巴(–)或圆(◦)，使得：①P_M 与 MEC 中所有MAG 具有相同的邻接关系；②P_M 中的每个非圆形标记在 MAC 中的所有 MAG 中都是不变的标记；即箭头标记在 P_M 中(当且仅当它被 MEC 中的所有 MAG 共享时)，尾巴标记在 P_M 中(当且仅当它被 MEC 中的所有 MAG 共享时)；③否则是圆形标记(当同一标记不被所有 MAG 共享时)。

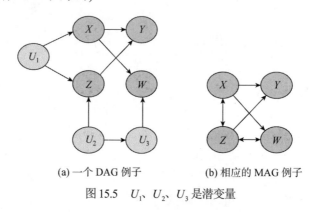

(a) 一个 DAG 例子　　　　　　(b) 相应的 MAG 例子

图 15.5　U_1、U_2、U_3 是潜变量

图 15.6 描述了一个 PAG 和相应 MEC 中的 MAG 集合。

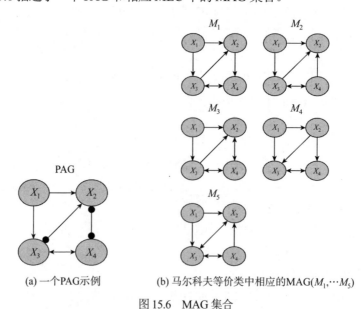

(a) 一个 PAG 示例　　　　　(b) 马尔科夫等价类中相应的MAG(M_1,…M_5)

图 15.6　MAG 集合

15.3　因果发现算法

用于学习因果结构的数据集类型可以是：①**观察性数据**，对应于因果系统自然条件下进行的测量；②**实验性数据**，对应于外部干预下进行的测量；③**混合性数据**，它结合了观察性数据和实验性数据。理想情况下，在因果关系 BN 结构学习中应使用实验性数据。然而，实验性数据并不总是可用的，因为数据的获得过程可能违反道德、站不住脚，也可能耗费大量时间金钱。观察性数据(与无法重现过程有关的数据)往往数量庞大。

基于观察性数据，可按三个方面对因果结构学习方法进行分类：

- 假设因果充分性，或考虑未测量的共同创始者。
- 考虑连续变量(通常是高斯线性模型)或离散变量。
- 它们基于依赖性测试(基于约束)或在可能结构和评分集合上进行搜索(基于评分)。

一般来说，只有做出额外假设或纳入背景知识时，这些方法才可恢复马尔可夫等价类。

接下来，我们将回顾一些基于分数和约束的技术，从观察性数据中学习 CBN，最初假设因果充分性，然后放宽这一假设。我们将描述一种学习线性模型的算法。

15.3.1　基于分数的因果发现

1. 贪婪等价搜索

贪婪等价搜索(GES)[1, 2]是一种基于分数的(全局)因果结构学习算法，它假定因果充分性和离散变量。GES 在马尔可夫等价类(MEC)空间中启发式地搜索结构，分为两个阶段。在算法的每一阶段，评估每个候选 MEC，并选择具有最高得分的 MEC，以提高得分函数。在第一阶段，从一个空图开始，GES 将边添加到候选的 MEC，直至达到一个局部最大值。在第二阶段，它删除第一阶段发现的 MEC 的边；假设给定搜索过程贪婪性，可能在第一阶段添加一些额外边。在达到局部最大值时，该算法停止，并返回表示找到 MEC 的 CPDAG。在大样本限制下，GES 返回包含真实因果图的马尔可夫等价类。

GES 利用 BDeU 分数，满足了因果结构学习分数函数的以下两个重要特性。

- 可分解：如果一个评分函数 S 可以表示为只取决于节点 X_i 及其父节点 $Pa(X_i)$ 的局部函数乘积，那么它就是可分解的；$S = \prod_i f(X_i, Pa(X_i), D)$。

● 分数相等：一个评分函数 S 的分数相等，对于任何一对相等的 DAG G 和 G'
它都会给出相同分数，$S(G) = S(G')$。由于评分函数是分数等价的，因此候选
MEC 中包含的任何 DAG 都可用于评估该 MEC。

BDeU (贝叶斯狄利克雷等价与统一)是一个可分解的且分数等价的函数，它评估了
定义在离散变量上，具有完整数据集 D(无缺失值)的 MEC[6]：

$$BDeU(\mathcal{G}, D) = \prod_{i=1}^{n} \{score(X_i, Pa(X_i), D)\} \tag{15.1}$$

$$score(X_i, Pa(X_i), D) = \prod_{j=1}^{q_i} \frac{\Gamma(\alpha_{ij})}{\Gamma(\alpha_{ij} + C_{ij})} \prod_{k=1}^{r_i} \frac{\Gamma(\alpha_{ijk} + C_{ijk})}{\Gamma(\alpha_{ijk})} \tag{15.2}$$

其中 n 为 G 中节点的数量，q_i 为 $Pa(X_i)$ 的值数量，r_i 为 X_i 的值数量，C_{ijk}
为 $X_i = k$ 及其父节点 $Pa(X_i = k) = j$，$N_{ij} = \sum_k C_{ijk}$ 的数量，$\alpha_{ijk} = \dfrac{1}{r_i q_i}$ 为狄利克雷
先验参数，其中 $\alpha_{ij} = \sum_k \alpha_{ijk}$。

15.3.2　基于约束的因果发现

1. PC 算法

PC 算法可能是最著名的基于约束的结构学习算法。PC 算法分两个阶段进行，第
一阶段搜索变量之间的关联，获得骨架，而在第二阶段，它尽可能找到边缘的方向。
第 8 章进行了详细描述。

PC 算法假设因果充分性，并提供一个独立预言，指出数据分布中真实的独立约束；
如果是这样，通过可用的独立性检验，它尽可能多地恢复关于真实因果结构的信息。
然而，它不能保证有限的样本量。

接下来将介绍 PC 算法的两个扩展，来扩展因果充分性假设。

2. 基于贝叶斯约束的因果发现

基于贝叶斯约束的因果发现(BCCD)[3]算法是 PC 算法的延伸，由两个主要阶段组成：

(1) 从一个完全连接的图开始，通过测量 X 和 Y 之间的条件独立性，估计每个因
果联系的可靠性，X - Y。如果一对变量是条件独立的，且具有高于某个阈值的可靠性，
它就会删除这些变量之间的边。

(2) 根据可靠性对其余因果关系(图中无向边)进行排序。然后，根据变量三元组的
条件独立性检验，从最可靠的关系开始对图中的边进行定向。

算法使用贝叶斯评分估计一个因果关系的可靠性，$R = X \rightarrow Y$:

$$P(R \mid D) = \frac{P(D \mid M_R)P(M_R)}{P(D \mid M)P(M)} \tag{15.3}$$

其中 D 是数据，M 是所有的可能结构，M_R 是包含关系 R 的所有结构。因此，$P(M)$ 表示结构 M 的先验概率，$P(D \mid M)$ 表示给定结构的数据概率。式 15.3 的计算成本很高，所以用给定结构数据的边际似然得出近似值，并且通常被限制在网络中的最大变量数。

根据可靠性阈值，生成网络可能具有无向边−，即拥有的信息不足以获得连接方向及双向边↔，这表明有一个共同创始者。所以一般来说，BCCD 返回一个 PAG。

15.4 节将通过一个实际应用来说明 BCCD 算法。

3. FCI 算法

考虑到变量因果关系不充分，FCI (快速偶然推理)是 PC 算法在因果结构学习方面的延伸。快速因果推理算法[13]可以容忍，有时还可以发现未知混杂变量，而且已经证明，即使在混杂变量存在的情况下，它也是渐进正确的。

在描述 FCI 算法之前，我们需要定义一些图概念。给定一个关于变量集 V 的 DAG，其中 $O \subset V$ 是观察变量，当且仅当迹中 O 除了端点外的每个成员都是碰撞器，并且每个碰撞器都是 A 或 B 的祖先时，$A, B, \in O$ 之间无定向路径是相对于 O 的 inducing path。可以证明，如果 A 和 B 之间存在 inducing path，它们不能被 O 任何变量子集进行 D 分离；如果不存在这样的 inducing path，至少有一个 O 子集可将它们进行 D 分离[13]。

当且仅当 O 是一个 G 节点子集时，G' 是 O 上的 inducing path 图。当且仅当 A 和 B 在 O 中时，变量 A 和 B 之间有一条箭头在 A 的边，并且相对于 O 有一条进入 A 的 inducing path，G 中在 A 和 B 之间有一条 inducing path，变量 A 和 B 之间有一条边(箭头指向 A)。在 inducing path 图中，有两种类型的边。$A \rightarrow B$ 意味着 A 和 B 之间 O 上每一条 inducing path 都出 A 入 B，而 $A \leftrightarrow B$ 则意味着 O 上有一条 inducing path 入 A 入 B。只有在存在 A 和 B 的潜在共同原因时才会出现最后一种边[13]。

图 15.7 描绘了一个 inducing path 和 inducing path 图例子。需要一些额外的定义。

碰撞器：当且仅当 $A * \rightarrow B \leftarrow * C$ 时，B 是沿路径 $<A, B, C>$ 的碰撞器。

绝对非碰撞：当且仅当 B 是 U 一个端点，或者存在节点 A 和 C 时，使得 U 包含子路径 $A \leftarrow B * - * C$、$A * - * B \rightarrow C$ 或 $A * - * B * - * C$ 之一时，B 是无向路径 U 上的绝对非碰撞($A * - * \underline{B} * - * C$ 意味着边 A、B 和 A、C 在 B 中不发生碰撞)。

边入 A：当且仅当 $A \leftarrow * B$ 时，B 和 A 之间的边是入 A 的。

边出 A：当且仅当 $A \to B$ 时，B 和 A 之间的边是出 A 的。

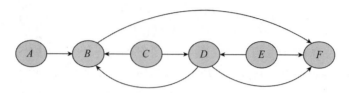

(a) 路径$< A, B, C, D, E, F >$是$O = \{A, B, F\}$上的inducing path

(b) O上相应的inducing path图

图 15.7 示例

确定判别路径：在一个部分定向 inducing path 图中，当且仅当 U 是 $X \neq B$ 和 $Y \neq B$ 之间包含 B 的无向路径时，U 为 B 的确定判别路径。U 上除 B 外的每个节点和端点都是 U 上的一个碰撞器或一个确定的非碰撞器。①如果 V 和 V' 在 U 上相邻，并且 V 在 U 上处于 V' 和 B 之间，那么 $V * \to V$ 在 U 上；②如果 V 在 U 上处于 X 和 B 之间，并且 V 是 U 上的碰撞器，那么 $V \to Y$，否则 $V \leftarrow * Y$；③如果 V 在 U 上处于 Y 和 B 之间，并且 V 是 U 上的碰撞器，那么 $V \to X$，否则 $V \leftarrow *X$；④X 和 Y 不相邻。

三角形：图 G 中三角形是具有三个节点 G 的完整子图；即当且仅当 X 和 Y 相邻，Y 和 Z 相邻以及 X 和 Z 相邻时，节点 X、Y、Z 构成一个三角形。

在下文中，我们考虑了与 PAG 中相同类型边的标记：箭头($>$)、尾巴($-$)或圆($\circ$)；加上一个($*$)表示前面的任意标记。Sepset(X, Y)包含将 X, Y 进行 D 分离的变量子集，Adjacencies(G, X)是图 G 中与 X 相邻的变量。为了估计概率分布的 D 分离，FCI 算法对离散变量执行条件独立测试，或对线性、连续变量执行偏相关测试。接下来介绍因果推理(CI)算法(FCI 的前身)。

(1) 在变量集 V 上构建一个完整的无向图 G。

(2) 若给定任意 V 的子集 S，$A, B \in V$ 被 D 分离，则删除 A 和 B 之间的边，并将 S 记录在 Sepset(A, B) 和 Sepset(B, A)中。

(3) G' 为步骤(2)生成图。将每条边定向为$\circ - \circ$。对于三个节点 A，B，C 中的每一个，使得 A，B 和 B，C 在 G' 中依次相邻，而 A，C 在 G' 中不相邻，当且仅当 B 不在 Sepset(A, C)中时，将 $A * - * B * - * C$ 化为 $A* \to B \leftarrow *C$；当且仅当 B 在 Sepset(A, C) 中时，将其化为 $A * - \underline{B} * - * C$(表示边 AB 和 AC 在 B 中不碰撞) 。

(4) 重复：

- 如果存在从 A 到 B 的有向路径和边 $A *\!-* B$，则将 $A *\!-* B$ 定向为 $A* \to B$。
- 如果 B 是沿 G' 中路径 $<A, B, C>$ 的碰撞器，B 与 D 相邻，D 在 Sepset(A, C) 中，则将 $B *\!-* D$ 定向为 $B \leftarrow *D$。
- 设 U 是 G' 中 M 的 A 和 B 之间确定的判别路径，P、R 与 U 上的 M 相邻，且 $P - M - R$ 是一个三角形。
  - 如果 M 在 Sepset(A, B) 中，则 M 在子路径 $P *\!- *M *\!-* R$ 上标记为非集合。
  - 否则 $P *\!- *M *\!-* R$ 定向为 $P* \to M \leftarrow* R$。
- 如果 $P* \to M *\!-R*$，则将其定向为 $P* \to M \to R$。

继续该操作，直到没有更多的边可以被定向。

由于邻接的构造方式，CI 算法不适用于大量变量。当且仅当给定 V 的某个子集 A 和 B 是 D 分离时，应从完整图中删除 A 和 B 之间的边，但两个原因使其不可行：①有太多 V 子集用于测试 A 和 B 条件独立性，②对于离散分布，除非样本量巨大，否则当存在大量其他变量时，两个变量没有可靠的独立性检验。

FCI 算法遵循类似于 PC 的策略，由此免于在 V 的所有子集上测试独立性。给定初始完全无向图，如果 X 和 Y 之间的边是与 G 中 X 或 Y 相邻的给定节点子集的 D 分离边，则它会删除 X 和 Y 之间的边。这将消除许多边，但这些边并非都不在 inducing path 图中。它通过确定边是否碰撞来确定边方向，就像在 PC 算法中一样。另外，FCI 可能发现开始时未发现的额外 D 分离。FCI 算法的操作如下。

(1) 在变量集 V 上构建一个完整无向图 G。

(2) $N = 0$

重复

- 重复：
- 选择一对有序变量 X 和 Y，它们在 G 中相邻，使得相邻(G, X) 基数大于或等于 n，并且相邻(G, X) 子集 S 的基数为 n。如果在给定 S 情况下，X 和 Y 是 D 分离的，则从 G 中删除 X 和 Y 之间的边，并在 Sepset(X, Y) 和 Sepset(Y, X) 中记录 S。

直到相邻变量 X 和 Y 的所有有序变量对诸如邻接(G, X) 的基数大于或等于 n，并且对基数 n 邻接(G, X) 的所有子集 S 进行了 D 分离测试。

- $n = n + 1$

直到每个有序相邻节点对 X、Y 邻接(G, X) 的基数小于 n。

(3) G' 为步骤(2)中得出的无向图，确定每条边的方向。$-\circ$。对于三个节点 A、B、C 中的每一个，使得 A、B 和 B、C 在 G' 中彼此相邻，但 A、C 在 G' 中不相邻；当且仅当 B 不在 Sepset(A, C) 中时，将 $A *\!-* B *\!-* C$ 定向为 $A* \to B \leftarrow* C$。

（4）对于 G' 中相邻的每对变量 A 和 B，在给定 G 中可能的 $D\text{-SEP}(A,B)$ 的任何子集 S 或可能的 $D\text{-SEP}(B,A)$ 的任何子集 S 中，如果 A 和 B 是 D 分离的，则移除 A 和 B 之间边，并在 $\text{Sepset}(A,B)$ 和 $\text{Sepset}(B,A)$ 中记录 S。

此后，FCI 将任意一对变量 X 和 Y 之间的边重新定向为 $X\circ\!-\!\circ Y$，并继续采用与 CI 算法步骤（3）和（4）相同的方式重新定向边。

考虑到独立性检验是正确的，使用 FCI 算法获得模型示例（aPAG），如图 15.8 所示。有关 CI 和 FCI 算法的更多细节和理论基础，请参见[13]。

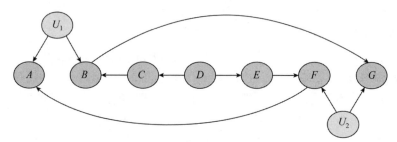

(a) 原始因果贝叶斯网络，其中 A、B、C、D、E、F、G 为
观察变量，U_1、U_2 为未观察变量或隐藏变量

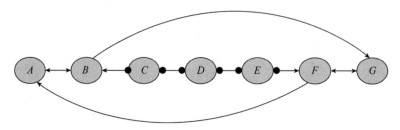

(b) 假设独立检验正确，将由 FCI 算法得到的 PAG

图 15.8　模型示例

15.3.3　线性模型因果发现

1. LiNGAM

LiNGAM(Linear, Non-Gaussian, Acyclic Model)[10]提出一种不同的因果发现方法，该方法考虑线性非高斯模型。它基于统计学工具独立成分分析(ICA)[4]来识别线性模型。在线性模型中，变量 $X=\{X_1,\dots,X_N\}$ 是其父项和误差项的线性函数，这里用 e 表示，假定它们是相互独立，且具有非高斯分布的连续随机变量。

LiNGAM 假设：①因果充分性，②线性关系，③非高斯噪声，方差不为 0。它还考虑了变量 $X_1,X_2,\dots X_N$ 的因果排序，这样，根据因果排序，变量 X_i 不能成为变量 X_j

的因，$j < i$；这不需要事先知道，但可以估计出来。每个变量结构方程的形式如下：

$$X_i = \sum_j b_{ij} X_j + e_i + c_i \tag{15.4}$$

其中 b_{ij} 为常数，e_i 为非高斯噪声项，c_i 为可选常数项。噪声项 e_i 是独立的，方差不为 0。

在 LiNGAM 算法中，因果模型由矩阵方程表示：

$$X = BX + e \tag{15.5}$$

其中，矩阵 B 是一个 $N \times N$ 矩阵，代表相应图上的边缘系数。如果 B 列对应图中变量的层次顺序，那么 B 就是下三角。LiNGAM 基本思路是，从数据矩阵中恢复 B 矩阵。求解上述 X 方程式，我们得到：

$$X - BX = e$$

所以：

$$X = (I - B)^{-1} e \tag{15.6}$$

可以写成：

$$X = Ae \tag{15.7}$$

其中 $A = (I - B)^{-1}$。

式 15.7 与上述假设符合 ICA 框架，由此可见，A 是可识别的。ICA 能够估计出 A，但又具有不确定性，这是因为变量排列组合和比例因子的缘故。ICA 返回 $W_{ICA} = PDW$，其中 P 是一个未知互换矩阵，D 是一个对角矩阵。

为了确定正确的排列组合，P 应该使 DW 在主对角线上没有 0；考虑 B 应该是一个在主对角线上有 0 的下三角矩阵，并且 $W = I - B$。可以通过 W 对角线上的元素来确定正确的比例。要得到 W，只需要将 DW 的行除以相应的对角元素。最后得到权重矩阵 B，即 $B = I - W$。B 中的非 0 项决定了因果图模型结构。

LiNGAM 算法：

(1) 给定一个 d 维随机向量 X 和一个二维 $d \times n$ 观察数据矩阵，应用 ICA 算法获得矩阵 A 的估计值。

(2) 找出 $W = A^{-1}$ 行的排列组合，生成一个其主对角线上不含 0 点的 W' 矩阵。

(3) 将 W' 每一行除以主对角线上相应元素，得到一个新矩阵 W''，其中主对角线上的所有元素都是 1。

(4) 获得 B 的估计值 B'，使 $B' = I - W''$。

(5) 最后，为了估计因果顺序，找到 B' 的置换矩阵 P'，这样矩阵 $B'' = P' B' P'^{\mathrm{T}}$ 尽可能接近于下三角矩阵。

因此，根据线性和非高斯独立误差项假设，能够发现确切真实因果结构，而不是只有马尔可夫等价类。

15.4 应用

因果发现已应用于多个领域，包括健康、大脑有效连接、金融、经济等。接下来描述了学习因果图模型的两个应用，一个是注意力缺陷多动障碍，另一个用于解码大脑有效连接。

15.4.1 学习 ADHD 的因果模型

在[11]中，作者将 BCCD 算法扩展到离散变量和连续变量混合体中，并将其应用于包含注意力缺陷多动障碍(ADHD)儿童信息的数据集。使用了一个缩小数据集，其中包含 223 名受试者数据，每个受试者有以下九个变量。

(1) 性别(男/女)

(2) 注意力缺陷得分(连续)

(3) 多动/冲动得分(连续)。

(4) 言语智商(连续)

(5) 表现智商(连续)

(6) 全面智商(连续)

(7) 攻击性行为(是/否)

(8) 用药情况(简单/不简单)

(9) 手性(右/左)

给定小数据集，它们包括了一些背景信息，特别是网络中任何变量都不能改变"性别"。使用 50%可靠性阈值，得到了图 15.9 中描述的网络；表示为一个 PAG。

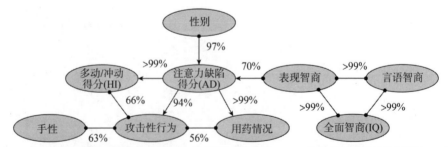

图 15.9 从多动症数据集得到的因果模型。该图表示得到的 PAG，其中将变量关系边标记为→或—，将非变量关系标记为 o。指出每条边的可靠性

由此生成的网络提出了几个有趣的因果关系，其中一些已经从以前的医学研究中得知[11]。

- 性别对注意力缺陷得分有很大影响。
- 注意力缺陷得分会影响多动/冲动得分和攻击性。
- 手性(左)与攻击性行为有关。
- 表现智商、言语智商和全面智商之间的关联性背后存在一个潜在的共同原因。
- 只有表现智商与注意力缺陷得分有直接的因果关系。

15.4.2　基于 fNIRS 的大脑有效连接解码

Montero 等人[7]探讨了如何使用因果图模型对 fNIRS 大脑有效连接进行解码。基本思想是，现有学习算法未能决定连接网络弧的方向，这可以通过利用人类连接组先验结构知识来解决。因此，我们提出了快速因果推理算法的一个变种(即种子 FCI)来处理先验信息。

为完成复杂任务，功能专门化脑区之间必须互相协作，或暂时协调其动作(功能连接)，或通过因果关系协调其活动(有效连接)。建立有效连接的模型对于理解大脑行为和神经回路的表达非常重要。有效连接涉及解码合作的大脑区域，最重要的是确定信息流的方向；因此，它可以被视为一种因果模型，即大脑中某些区域激活会激活其他多个区域。大脑区域可以被建模为系统中的变量；可以根据 fNIRS 神经成像技术对它们的活动进行测量；使用该技术，一个人在执行某些任务时，可以得到整个大脑区域皮质活动的快照。

在 fNIRS 中，红外光照射在头皮上，通过大脑以外组织到达大脑皮层，其中一部分由于反向散射返回表面。光线衰减变化被归因于血红蛋白浓度的变化，反过来又被认为是潜在神经活动的代表。

人脑结构连接在其连接性可能路径方面建立了一套解剖学上的约束。可以从人类连接组中获得这一系列约束，人类连接组建立了人类大脑中预期的物理联系。因此，人类连接组通过限制因果网络中的潜在连接(链接)，为学习与大脑中有效连接相关的因果结构提供先验知识。

为了结合先验知识，我们开发了 FCI 算法的一个修订版本，命名为种子 FCI(sFCI)。加入先验知识可以解决 FCI 算法输出中的一些未决方向的问题，即部分祖先图。可以通过定义必要或不可能的关系，以限制的形式加入这种先验知识。sFCI 基本思想是以一个完整无向图和一组不变链接 *L*(先验信息)开始。这些额外信息被纳入原始 FCI 算法中，并在不同阶段删除和引导边时作为限制条件。

sFCI 算法被帝国理工大学用来收集 fNIRS 神经成像数据集中的有效连接，以询问一组外科医生打结时前额叶活动的经验依赖性差异。62 名外科医生(19 名顾问、21 名实习生和 22 名医科学生)参与了研究,用 24 通道 fNIRS 系统监测大脑活动。考虑到四组人(实习生、医科学生、顾问和所有受试者)和 FCI 算法的两种变体,在有先验知识和没有先验知识的情况下,共学习了 8 个因果网络,如图 15.10 所示。表 15.1 中给出了结果总结。正如预期那样,未定义连接数量随着先验信息的利用增加而减少。

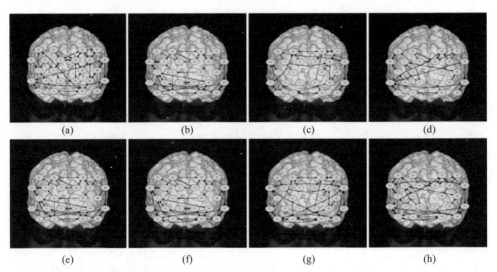

| | (a) | (b) | (c) | (d) |
| (e) | (f) | (g) | (h) |

图 15.10　为打结数据集获得有效连接网络。上行 a~d 描述了原始 FCI 算法的结果,而下行 e~h 显示了纳入连接组先验知识 sFCI 的结果。列代表不同专业组:实习生(a, e)、医科学生(b, f)、顾问(c, g)和所有受试者(d, h)(基于[7]的图)

表 15.1　使用 FCI 和 sFCI 算法获得每组 PAG 中未定义的连接数量

算法	实习生	医科学生	顾问	所有受试者
FCI	11	19	18	26
sFCI	8	16	14	21

15.5　补充阅读

关于因果图模型,特别是关于 PC 和 FCI 算法的全面讨论,见[13]。参考文献[8]着重分析了两个变量因果关系,以及二者与机器学习的关系。[10]中描述了线性非高斯模型因果串联学习。[3]中介绍了用于学习因果图的 BCCD 算法。对学习因果网络其他方法的回顾,见[5]。

15.6　练习

1. 已知以下条件独立关系：$I(Y, X. Z)$，$I(X, Y Z. W)$和$\neg I(Y, W, Z)$。①画出代表这些关系的 CPDAG，②画出 Markov 等价类中的所有 DAG。

2. 已知图 15.9 中 PAG，显示这个 PAG 中包括的所有 MAG。

3. 不同 DAG 可与一个 MAG 相关联。一个特定 DAG 被称为典型 DAG，由 MAG 通过以下转化得到：①$X \rightarrow Y$ 在 MAG 中，那么 $X \rightarrow Y$ 在 D 中；②$X \rightarrow Y$ 在 MAG 中，那么 $X \leftarrow U_{XY} \rightarrow Y$ 在 D 中。给出图 15.5(b)中 MAG 的典型 DAG。

4. 考虑图 8.1 中给出高尔夫例子的 BN 结构和相关数据(在第 8 章)。计算这个例子的 BDeU 得分。

5. 给出与前一问题相同的数据，以及在同一马尔可夫等价类中高尔夫例子的替代结构，计算出 BDeU 得分。结果是否与前一个问题相同？

6. 给定高尔夫例子的数据(第 8 章)，应用标准 PC 算法来学习一个 BN 结构。然后应用 BCCD 算法，根据对每个因果联系可靠性的估计结果，对因果关系进行排序，并设置一个阈值来确定联系是否有一定方向还是保持无向。比较用 PC 和 BCCD 获得的结构。

7. 给出图 15.7(a)中的 DAG，得出 $O = \{A, B, D, E, F\}$ 和 $O = \{A, B, D, F\}$ 上的 inducing path。

8. 考虑一个有 4 个变量 $X_1, \ldots X_4$ 和非高斯噪声 $e_1, \ldots e_4$ 的线性系统。给出以下方程式 $X_1 = X_4 + e_1, X_2 = 0.2X_4 + e_2, X_3 = 2X_2 + 5X_1 + e_3, X_4 = e_4$。①将方程写成矩阵形式，$X = BX + e$，对变量进行重新排序，使矩阵 B 为下三角形式。②画出相应的图模型。

9. *** 开发一个程序，实现离散变量 BCCD 算法。

10. *** 从一些实际领域获得数据，并使用前一个练习的程序来获得一个因果模型。改变可靠性阈值并比较得到的模型。

第 16 章　深度学习和图模型

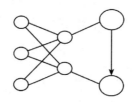

16.1　引言

近年来，深度学习在人工智能和有关计算的多个领域产生了巨大影响，如计算机视觉、语音识别、自然语言处理、机器人、生物信息学等[10]。深度模型，特别是深度神经网络(DNN)，由几层简单的非线性处理单元组成，可以通过训练来学习复杂的输入输出函数。基本上，这些技术学习输入数据表征，或者更准确地说，学习不同抽象层次的几个表征，所以也被称为表征学习。因此，与依赖手工制作特征的传统分类和模式识别技术不同，DNN 从数据中自动学习这些特征。

作为概率图模型(PGM)，深度神经网络基于分布式表征形成，可以解决基于局部操作的复杂问题，而且更稳健、更灵活。DNN 可学习所有非线性函数，在这方面比贝叶斯网等图模型更强大，因为贝叶斯网仅可表示有限的函数类型(见第 16.3 节)。然而，PGM 有一定的优势：①更容易纳入背景知识，包括条件依赖关系，②总的来说，它们提供了更透明的模型，可对这些模型进行解释和说明。因此，探索这两种范式的潜在组合，以利用它们的互补优势，很有帮助。

在简单介绍神经网络和深度学习后，我们将对图模型和神经网络的异同进行分析。然后探讨结合 DNN 和 PGM 的不同方法，以及一些应用。

16.2　神经网络和深度学习回顾

16.2.1　简史

计算机时代初期便开发出了人工神经网络(ANN)，它是最早提出从数据中学习的计算机技术之一。灵感来自于生物神经网络的简单模型。ANN 基本上由简单的处理单元组成，称为神经元，通常有实值输入，并计算输入其中的加权和。

$$z_j = \sum_i w_{ij} x_i \tag{16.1}$$

其中 w_{ij} 是权重，x_i 是输入。输出 y_j 是加权和 z_j 的非线性函数。

$$y_j = f(z_j) \tag{16.2}$$

第一个也是最简单的神经网络(NN)是感知器 Perceptron[12]，由一个神经元组成，输出一个阈值函数。

$$y = f(z) = \begin{cases} 1, & z+b > 0 \\ 0, & \text{其他} \end{cases} \tag{16.3}$$

其中 b 是转移决策阈值的偏差。感知器是一个二进制分类器，它将输入的 X 分类为正(1)或负(0)。

感知器通过调整权重，实现误差(实际输出和预期输出之间的差异)最小化，从而从一组例子(D)中进行学习。计算每一个例子的输出，并调整权重，调整方式是在其先前的值上增加一个与误差成比例的数量，该数量基于一个预先定义的常数，即学习率(r)。

$$w_{ij}(t+1) = w_{ij}(t) + r(d_j - y_j)x_i \tag{16.4}$$

其中 d_j 是期望输出，y_j 是实际输出；这是对所有输入 x_i 执行的步骤，并需要重复进行，直到误差小于预先指定的阈值。

感知器是线性分类器，也就是说，如果在特征(输入)空间中被超平面分离，它就能区分这两个类别。如果训练集是线性可分离的，感知器就一定能收敛。感知器是一个线性分类器，不能学习诸如 XOR 的非线性函数，如 Minsky 和 Papert[11]所示。然而，如果几个感知器或神经元在几个层(至少两层)中堆叠，即可打破这一局限，所以上一层的输出是下一层的输入。这些组合多个单元或神经元分层的模型被称为多层神经网络，是目前深度学习模型的基础，见图16.1。

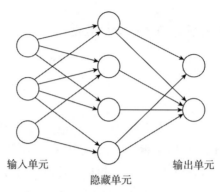

图 16.1 一个多层神经网络例子，有三层：输入层、隐藏层和输出层

学习多层 NN 的一个关键步骤是开发反向传播算法[13]，将误差从输出层传播到前几层，以这种方式更新权重。为此，输出非线性函数必须是可微的，所以不使用阶梯阈值，而是使用其他激活函数，如逻辑函数。

$$f(z) = 1/(1 + e^{-z})$$

假设有一个固定结构(层数、每层的神经元和神经元之间连接)，那么学习多层 NN 包括估计网络中的所有权重。这涉及最小化损失函数的优化问题：目标输出和所有训练实例的计算输出之间的差异。常用算法是梯度下降法，它计算损失函数(误差)相对于权重的导数。为了计算权重相对于误差的部分导数，我们应用导数的链式规则：

$$\frac{\partial E}{\partial w_{ij}} = \frac{\partial E}{\partial o_j}\frac{\partial o_j}{\partial w_{ij}} = \frac{\partial E}{\partial o_j}\frac{\partial o_j}{\partial net_j}\frac{\partial net_j}{\partial w_{ij}} \tag{16.5}$$

其中，E 是平方误差函数，net_j 是其输入加权和，而 o_j 是该神经元的输出。

在上一个方程的最后一项中，$\dfrac{\partial net_j}{\partial w_{ij}}$，只有一项取决于 w_{ij}，所以 $\dfrac{\partial net_j}{\partial w_{ij}} = \dfrac{\partial w_{ij}o_i}{\partial w_{ij}} = o_i$，其中 o_i 是对神经元的输入 $i(x_i$ 在输入层)，中间项只是激活函数的部分导数；对于逻辑函数是 $o_j(1 - o_j)$。第一项是损失函数对输出的偏导，这可以由神经元直接计算输出层，如 $o_j = y_j$，考虑平方误差损失函数，那么 $\dfrac{\partial E}{\partial v} = \dfrac{\partial \frac{1}{2}(d - y)^2}{\partial y} = d - y$。

为得到损失函数在内层的输出偏导，损失函数 E 可写成从神经元 j 接收输入所有神经元(在下一层)的函数，并对 o_j 进行全导，得到 $\dfrac{\partial E}{\partial o_j}$ 递归表达式。该表达式取决于下一层输出的导数；因此，梯度可以从输出层向后传播到内部各层，直至到达输入层。更多细节见[13]。一般来说，反向传播不能保证找到误差函数的全局最小值，只能找到局部最小值。

在前面，我们假设了一种特定类型的 NN 架构，称为前馈式；还有其他类型的架构，见"补充阅读"一节。

16.2.2　深度神经网络

深度神经网络指的是具有许多层的多层神经网络，通常具有 5～20 层，甚至更多。虽然之前就曾提出过这些深度架构，但在 21 世纪以前，在训练一个多层深度神经网络方面，成功率很有限。作为突破性成果之一，半监督学习程序成为训练深度模型，其中无监督学习用来一次学习一个层的初始权重；然后用标记的数据进行微调。

以无监督方式学习 NN 技术是自动编码器[8]。自动编码器通常在较低维度上学习一个数据集的表示。自动编码器是一个学习将其输入复制到输出的 NN。它有一个内部(隐藏)层，描述表示输入的代码；它由两个主要部分组成：一个是将输入映射到代码的编码器，另一个是将代码映射到原始输入重建的解码器。

学习算法和架构的一些改进使其可能在不需要无监督预训练的情况下学习深度NN。第一个改进是对 ReLU 激活函数的使用：$f(z) = \max(z, 0)$，这在多层 NN 中通常学习得更快。第二个改进是使用随机梯度下降法，包括对少数例子进行分组训练，计算出平均梯度，并根据这些例子调整权重区域。第三个改进是卷积神经网络(ConvNet)，特别是处理以阵列形式出现的数据，如信号和序列(1D)、图像(2D)和视频(3D)。

典型的 ConvNet 由一系列阶段组成。第一阶段交替使用卷积层和池化层。卷积层被组织在特征图中，其中每个单元都与前一个单元的局部斑块相连，形成一个滤波器库。一张特征图中的所有单元都共享相同的滤波器；在一个图层中，有几个具有不同滤波器的特征图。与传统信号处理中的滤波器类似，这些滤波器执行离散卷积的操作；但两者不同的是，在这种情况下，这些滤波器学习滤波器权重。池化层合并了语义上的相似特征，同时降低了输入维度。通常情况下，池化单元计算特征图中局部单元集的最大值。ConvNet 的最后阶段通常是完全连接的，就像在更传统前馈 NN 中一样。图 16.2 给出了一个 ConvNet 的简单例子。

除了算法上的发展，还有两个因素促成了深度学习的成功。①有大量数据用于训练模型，特别是在互联网上(即图像、文本文件、视频等)，②计算机能力得以提高，使得在较短时间内训练非常大的模型(百万级权重)成为可能；特别是图形处理单元(GPU)。

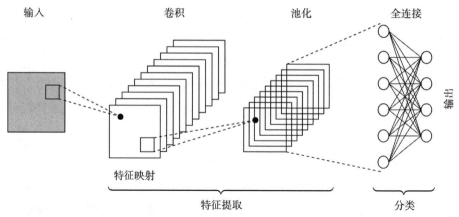

输入　　　　卷积　　　　　池化　　　　全连接

特征映射

特征提取　　　　　　　分类

图16.2　一个卷积神经网络的简单例子，包括一个卷积层、一个池化层和一个全连接层

　　训练多层深度模型的能力使得使用原始数据作为输入成为可能，而不用像最初浅层 NN 或更传统模式识别和分类技术那样使用人工工程特征。因此，我们可以认为，网络正在学习不同抽象层次的数据表征，然后网络的最后几层使用这些表征来执行所需的任务，如检测、分类或回归。这些技术也称为表征学习，它允许计算机自动发现某些任务所需的表征[10]。例如，一个为识别图像中目标而训练出来的 NN，在第一层可以学习检测某些基本特征(如边)，然后是更复杂的特征(如角、线和轮廓)，再后是目标部分，最后是识别目标类别(如猫、狗或人)。

　　深度神经网络在一些应用中取得的成功令人印象深刻，在某些情况下远远超过了以前的技术，其中包括：①图像和视频分析——目标检测和识别、图像捕捉、活动识别；②自然语言理解——主题分类、问题回答、语言翻译；③生物信息学——预测药物分子的活性、预测变异的影响；④语音识别，⑤深度强化学习。

　　然而，这些模式也有一些局限，也面临一些挑战：

- 可解释性。深度 NN 往往是黑盒子，所以很难分析或解释它们是如何实现某些结果的；对某些应用(如医疗诊断)，这一点可能很重要。
- 鲁棒性。与前一点有关，由于很难知道用哪方面数据进行决策，它们可能被输入的某些微小变化所误导，或者可能学习了某些与任务无关的特征(例如，图像背景而不是关注的对象)。
- 不确定性量化。一般来说，DNN 不能衡量输出的不确定性或置信度。
- 纳入先验知识的挑战。可从以前学过的一些任务中初始化模型，之后学习其他类似的任务(迁移学习)；很难纳入其他类型的先验知识，如因果关系、先验概率等。

　　概率图模型可以帮助弥补这些不足，因此有机会整合这些方法，以利用其互补的优势。

16.3　图模型和神经网络

16.3.1　朴素贝叶斯分类器与感知器比较

在基本 NN、感知器和朴素贝叶斯分类器(NBC)之间有一个有趣的类比。

正如第 4 章所述，假设属性 A 在给定类的条件下是独立的，那么根据贝叶斯法则，NBC 估计出类别 C 的后验概率。

$$P(C \mid A_1, A_2, \ldots, A_n) = P(C)P(A_1 \mid C)P(A_2 \mid C) \ldots P(A_n \mid C) / P(A) \qquad (16.6)$$

其中 $P(A)$ 可被视为一个归一化常数，因此：

$$P(C \mid A_1, A_2, \ldots, A_n) \sim P(C)P(A_1 \mid C)P(A_2 \mid C) \ldots P(A_n \mid C) \qquad (16.7)$$

如果我们想要寻找最大概率的类，$|Arg_C[MaxP(C \mid A_1, A_2, \ldots, A_n)]$，我们可以用任何与 $P(C \mid A)$ 有关的单调变化函数来表示公式 16.7，例如：

$$Arg_C[Max[(\log P(C) + \log P(A_1 \mid C) + \log P(A_2 \mid C) \ldots + \log P(A_n \mid C)] \qquad (16.8)$$

最大化的项是：

$$Y(C) = \log P(C) + \sum_i \log P(A_i \mid C) \qquad (16.9)$$

如果我们考虑二元分类情况，$C = \{c_o, c_1\}$，那么：

$$Y(c_0) = \log P(c_0) + \sum_i \log P(A_i \mid c_0)$$

$$Y(c_1) = \log P(c_1) + \sum_i \log P(A_i \mid c_1)$$

考虑到错误分类成本相同，如果 $Y(c_1) > Y(c_0)$，我们将执行 c_1，否则为 c_0。

在感知器情况下，如前所述：

$$y = \begin{cases} 1, & \sum_i w_{ij} x_i + b > 0 \\ 0, & \text{其他} \end{cases} \qquad (16.10)$$

因此，二者基本上都是计算输入或属性的加权线性组合，我们可以认为偏差代表先验概率。可以证明，线性可分离性与条件独立性有关，也就是说，当输入是条件独立的，超平面可以对数据进行最佳分类[14]。

对于具有 sigmoid 输出函数的感知器：$f(z) = 1 / (1 + e^{-z})$，可以计算出神经元输入与各自输入的概率成正比时，输入的后验概率[14]，加权为：

$$w_i = \log \frac{P(x_i \mid c_0)}{P(x_i \mid c_1)} \qquad (16.11)$$

偏差：

$$b = \log \frac{P(c_0)}{Pc_1} \tag{16.12}$$

因此，为了处理数据分布不是条件独立/线性可分的更复杂问题，我们需要更复杂的图模型，如贝叶斯网络，以及 NN 情况下的多层架构。接下来分析这些更高效模型之间的关系。

16.3.2   贝叶斯网络与多层神经网络比较

关于贝叶斯网络等概率图模型与神经网络等基于函数的方法之间的异同，[3]重点给出以下观察：

- 可将向 BN 提出的查询视为评估函数，该函数可表示为算术环。
- 可以同时使用标记数据对 BN 进行判别性训练。BN 与 NN 相似，但 NN 只代表一个函数，而 BN 则代表许多函数(有一个用于查询)。
- 即使在进行判别性训练时，神经网络的表现似乎也优于 BN。

为了解释最后一点，我们需要分析可以用神经网络和贝叶斯网络来代表的那类函数。假设有一个单一输出，一个神经网络表示一个函数 $Y = f(X_1, \ldots X_n)$。在任意误差范围内，具有单一隐藏层和 sigmoid 激活函数的 NN 可以逼近任何连续函数，这样的神经网络被称为通用近似器。由一个隐藏层的网络足够，但可能需要指数级增加神经元。深度神经网络可能更简洁[3]。其他激活函数也可以产生通用近似器，如 ReLU。

我们现在考虑一个具有一些证据变量 E 和一个查询变量 Y 的 BN。概率 $P(y \mid e)$ 可以看作一个函数 $f(E)$，它将证据映射到[0, 1]间的一个数字上。可以用一个只包含乘法器和加法器的算术环表示函数 $f(E)$ [5]。因此，每个贝叶斯网络查询是评估函数的结果。这类函数是多项式；特别是多元线性函数；因此，由 BN 导致的一类函数比 NN 表示的函数的表达能力要差。这就解释了为什么在相同的查询中，BN 的表现不可能优于 NN。

为构建一个通用近似器，需要一个非多项式激活函数；可以通过 ANN 中神经元的非线性激活函数来实现，如 sigmoid 或 ReLU。例如，ReLU 实现了一个测试，若 $x < 0$，则 $f = 0$。因此，另一种方法可使 BN 更具表现力：加入测试单元。我们将在下一节进行介绍。

16.4　混合模型

可用不同的方式来结合图模型和深度 NN，有以下两种基本类型。

融合：以紧密形式将它们结合在一起，从而使一个赋予力量给另一个。也就是说，这两种方法结合在单一模型或架构中，这可能是一个图模型或深度神经网络的扩展。

集成：以松耦合方式将它们结合在一起，架构的不同部分相互依赖和补充。一般来说，有几个部分或模块基于一个范式，它们相互改变数据以解决一个复杂问题。

接下来将介绍一种方法，通过结合神经网络一些特征，该方法使贝叶斯网络更具表现力；然后介绍一些将深度模型整合到图模型中的策略。16.5.2 节列举的整合示例结合了一种图模型(因素图)和图神经网络。

16.4.1　测试贝叶斯网络

测试贝叶斯网络(TBN)[5]的主要思路是，模型中一些变量有一个动态条件概率表(CPT)，即一个变量有两个 CPT，根据其他一些变量值，在推理时选择其中一个；而不是像标准贝叶斯网络中那样只有一个固定的条件概率表。例如，一个节点 X 的 CPT 将被动态地确定下来，确定的基础是 $P(u|e_X) > T_{X|u}$ 形式检验，其中 u 是 X 的父节点的当前状态，e_X 是来自其祖先的证据，而 $T_{X|u}$ 是 X 的阈值。

TBN 含有两类节点，规则节点和测试节点。规则节点与标准 BN 中的静态 CPT 相同。测试节点有一个动态 CPT，若 $P(u|e_X) > T_{X|u}$，则有一组参数，否则，就有另一组参数；所以它的参数是规则节点的两倍。一个测试 CPT 对应于一组标准 CPT，根据证据选择其中之一。所有根节点都是规则的。

BN 代表模型中变量的单一联合分布，而 TBN 代表一组分布，根据证据选择其中一个分布。一旦根据证据选择了每个测试节点的 CPT，TBN 就会被转化为规则 BN，并可应用同样的推理技术。因此，为了计算给定证据 e 的某个查询变量 Q 的后验，需要选择一个分布(在 TBN 中代表的几个分布中)并用于计算 $P(Q|e)$。

图 16.3 是一个有三个节点 TBN 的简单示例，X 和 Z 是规则节点，Y 是测试节点。该模型代表了一个传感器输出，控制变量(Z)高于一定阈值 T 时，就会达到饱和。如果控制低于这个阈值，则输出(Y)与输入(X)相同，并带有一些噪声，否则输出就会达到饱和前的最大值。假设 X 和 Y 可以取以下值：$\{0, 1, 2, 3, 4\}$，那么 Y 将有以下测试 CPT：

$Y \mid X$	0	1	2	3	4
0	0.8	0.05	0.05	0.05	0.05
1	0.05	0.8	0.05	0.05	0.05
2	0.05	0.05	0.8	0.05	0.05
3	0.05	0.05	0.05	0.8	0.05
4	0.05	0.05	0.05	0.05	0.8

$P(Y \mid X), Z \leqslant 1$

$Y \mid X$	0	1	2	3	4
0	0.8	0.05	0.05	0.05	0.05
1	0.05	0.8	0.05	0.05	0.05
2	0.05	0.05	0.8	0.8	0.8
3	0.05	0.05	0.05	0.05	0.05
4	0.05	0.05	0.05	0.05	0.05

$P(Y \mid X), Z > 1$

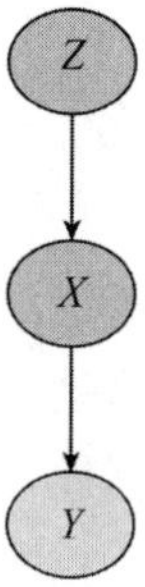

图 16.3　一个 TBN 示例；Z 和 X 是规则节点，Y 是测试节点

TBN 可以模拟一个 Perceptron，即一个具有阶梯激活函数的神经元，其结构如图 16.4(a)所示。在这个 TBN 中，X_i(输入)和 H 是规则节点，Y 是一个测试二进制节点。H 是一个嘈杂 OR，Y 有以下测试 CPT：

$$P(Y \mid H) = \begin{cases} 1, P(h \mid x_1, x_2, x_3, x_4) \geqslant T \\ 0, otherwise? \end{cases} \tag{16.13}$$

其中 T 是一个阈值(Perceptron 中偏差)。可以通过神经元的权重来确定 TBN 参数。如图 16.4(b)所示，可以组合几个这样的 TBN 来模拟 NN 的一个层；而几个这样的结构可以叠加起来模拟多层 NN。

基于之前的结构，建立了一个 TBN 来识别数字。为此，用 MNIST 数字分类数据集[1]训练一个有两个隐藏层的 NN，该数据集具有手写数字的二进制图像(28 像素×28 像素)，用 60 000 个例子进行训练，10 000 个进行测试。用训练后 NN 的权重对 TBN 进行参数化，并在测试数据集上对这两个模型进行评估。取得了几乎相同的性能，准确率超过 95%[5]。

---

1 http://yann.lecun.com/exdb/mnist.

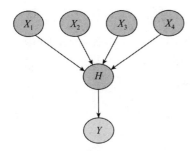
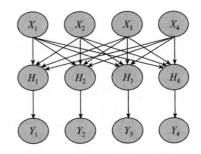

(a) 模拟感知器的TBN，Y是一个测试节点　　　(b) 像(a)中的几个结构被组合起来

图 16.4　组合几个 TBN 来模拟 NN 的一个层

可以证明，在逼近函数方面，TBN 与 NN 一样强大[5]。剩下的一个挑战是如何直接从数据中学习 TBN 参数，并最终学习结构。

16.4.2　整合图和深度模型

概率图模型提供了一种有根据且实用的方法来表示变量之间的依赖关系，包括空间关系和时间关系。深度神经网络对分类任务和回归任务非常有利。因此，整合深度 NN 和 PGM 的一种方法是通过 PGM 来表示复杂问题的结构，然后使用深度 NN 作为问题中不同元素的局部分类器。在特定元素或变量标记数据上训练的深度模型提供了一个初始估计；然后组合这个初始估计，并通过图模型中的信念传播进行改进。因为每个模型只考虑一个特定的数据集，所以这种方法也可使深度模型训练更加有效。

这种类型混合系统可能对空间分析类问题有效。例如，人体姿势估计，其中几个身体部位有一定的空间结构；这种结构提供了几何约束，可以通过图模型进行编码。另一个例子是在绘制物理环境图时，环境中的不同地标之间存在空间关系。可用马尔可夫网络来表示模型中不同元素之间的空间约束，将约束表达为相邻元素的局部联合概率。使用深度 NN 来检测或分类这些部件或元素。图 16.5 给出了这种混合架构的一个假设性示例。

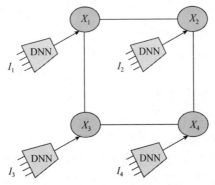

图 16.5　马尔可夫网络中整合了深度 NN 分类器的混合空间架构

另一类问题是时序性建模，其中一些状态变量随时间演变，这通常取决于之前的状态。马尔可夫链和隐马尔可夫模型适于表示这类问题。在一个混合架构中，可以根据观察结果用深度 NN 对状态进行分类，而马尔可夫模型可以编码时间关系。潜在应用包括语音识别、人类活动识别等。图 16.6 给出了一个时空混合模型的示例。

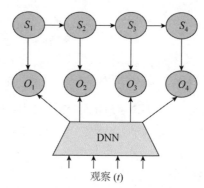

图 16.6　结合了 NN 分类器和隐马尔可夫模型的时空混合架构

在下一节中，将介绍一个用于估计人体姿势的混合架构应用。

16.5　应用

接下来将介绍两个结合了图模型和深度学习的应用。一个结合 CNN 和 HMM 的应用，用于追踪视频中的人体姿势；另一个是整合了因子图和图神经网络的、用于纠错码的系统。

16.5.1　人体姿态追踪

人体姿势估计包括从图像或视频中定位身体关节，以及获取它们之间的连接方式。这是一个复杂问题，因为人体结构的灵活性使得可能的运动空间具有高维度，还有其他外部因素，如衣服、光照变化、遮挡等。如果在现实情况中，单图像视频中没有标记来实现人体姿势估计，那这个问题就特别具有挑战性。图 16.7 给出了几个人的身体关节和连接它们的图形(虚拟骨骼)，给出了一些挑战。

在这项工作中[1]，开发了一个用于跟踪视频序列中人类姿势的架构。提出的模型由一个基于卷积神经网络工作的部件检测器和一个耦合隐马尔可夫模型(CoHMM)组成。这两个模型的结合允许学习空间和时间上的依赖性。零件检测器以 CNN 识别的不同关节为基础，并通过条件随机场(CRF)利用相邻区域之间的空间相关性[4]。另一方面，CoHMM 生成了相互作用过程之间的最佳运动序列。

图 16.7　人体姿势估计。图片显示了几个不同身体姿势的关节和相应骨架的例子。它说明了一些困难，如遮挡(*A*)、不完整的身体(*B*)和复杂的位置(*D*)

1. 身体关节检测

为估计身体关节位置，结合 CNN 与 CRF(CNN-CRF)，对相邻身体关节之间的相关性进行建模。用高斯电位将 CRF 近似为一个递归神经网络，将其作为 CNN 一部分插入。所提出的架构从一个多分辨率注意力模块开始，在不同分辨率下生成特征图，将这些特征图合并起来，用于检测每个身体部位。这些信息被送入 CRF，CRF 通过结合相邻区域的信息来完善估计结果。

系统输入尺寸为 256×256 维图像，输出尺寸为 64×64 维的身体关节热力图。每个热力图都给出了图像中每个关节位置的概率分布。更多细节见[4]。

身体骨架表示为一个图 $G = (V, E)$，其中 V 为穴位，E 为相邻穴位之间的关节，因此该图有一个树状结构。在这项工作中，考虑了 16 个身体关节。第一阶段给出了每幅图像中每个关节的位置估计；下一阶段整合这些位置，并根据时间图模型改进对每个身体关节迹的估计。

2. 追踪

为跟踪每个关节的位置，每个关节的位置是相对于骨架中前一个关节而言的。X_i 是与 i 关节的 x 坐标相关的随机变量，Y_i 是与 y 坐标相关的随机变量。因此，i 关节的

坐标被定义为 $X_i = x_i - x_j$ 和 $Y_i = y_i - y_j$，其中 j 是父关节。

整个视频中，使用耦合隐马尔可夫模型确定每个关节的位置序列。CoHMM 是基本隐马尔可夫模型(HMM)的扩展，包括两个 HMM，它们通过在不同 HMM 的隐状态变量之间添加条件概率而耦合(见第 5 章图 5.5)。在这项工作中，使用 CoHMM 来模拟每个关节位置的时间演变。每个都由两个状态变量 X_i 和 Y_i 表示，它们代表在相应笛卡儿坐标中的相对位置。耦合变量的最可能的状态序列是通过维特比算法的扩展来估计的[2]。每个关节都用 CoHMM 独立建模。每个模型接收从 CNN 获得的位置估计值作为观察值，产生每个关节的最可能序列(视频中关节的迹)并将其输出。最后，相对坐标被转化为绝对坐标，以重建视频中每一帧的身体骨架。该过程如图 16.8 所示。

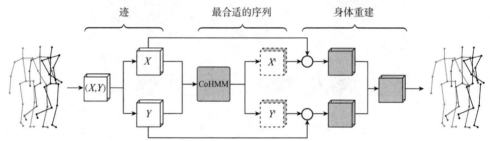

图 16.8 追踪人体关节。来自 CNN(X,Y)每个关节位置的估计值被送入 CoHMM，它估计出相对坐标(X', Y')中最可能的序列。这些被转化为绝对坐标$(\hat{X}, \hat{Y})$，以获得身体重建[1]

3. 结果

该方法用 PoseTrack[1]数据集进行测试，该数据集包括每个人在野外进行不同活动的简短视频。在每个关节的位置估计和地面实况之间的欧氏距离方面，CNN-CRF 关节检测器已经取得了良好效果。然而，在某些框架中，由于不常见的身体配置，它可能使一些关节完全松动或得出一个错误的估计结果。使用 CoHMM 来跟踪关节可以减少这些误差，提供总体上更平滑的迹。

16.5.2 用于纠错的神经强化信念传播法

[7]中提出了一个混合模型，结合了来自因子图上的信念传播(BP)和来自图神经网络(GNN)的信息。GNN 信息从数据中学习，是对 BP 信息的补充。在每次迭代中，GNN 接收来自 BP 的信息作为输入，并将一个精炼的版本作为输出返回给 BP。因此，在给定一个标记数据集的情况下，提出了一种更准确的算法，其性能优于信念传播或图神经网络。当信念传播不能保证最优结果时，这个算法很有用，因为模型不满足假设，

---

1 https://posetrack.net.

特别是其为非单连接时。该方法被应用于非高斯噪声信道的纠错解码。

首先简单介绍因子图，然后是混合方法，最后是对误差修正的应用。

1. 因子图

因子图(FG)[9]是一种表示概率分布函数因子化的双子图，能够进行有效的计算，例如通过信念传播对边际分布进行计算。因子图通过明确表达相应概率分布的因子化结构，为马尔可夫随机场(见第 6 章)和贝叶斯网络(见第 7 章)提供了统一的表示方法。

因子图是一类概率图模型，可以有效地表示一个函数。FG 是一个有两类节点的双点无向图：因子节点(用矩形表示)和变量节点(用椭圆表示)。图中边连接着变量和因子，代表着因子和变量之间的依赖关系。例如，考虑以下概率分布的因式分解：

$$P(V,W,X.Y,Z) = (1/z)f_1(V,W)f_2(X,W)f_3(X,Y)f_4(X,Z)$$

其中 f_1, f_2, f_3, f_4 是因子，z 为归一化常数。相应的系数图如图 16.9 所示。

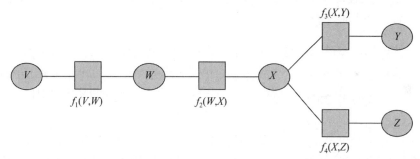

图 16.9　因子图示例，有变量 V、W、X、Y、Z 和因子 $f_1(V,W)f_2(X,W)f_3(X,Y)f_4(X,Z)$

一般来说，联合概率分布可写成 M 个因子的乘积。

$$P(X_1, X_2, \ldots X_N) = (1/z)\prod_i f_i(X_j, X_k, \ldots X_l) \tag{16.14}$$

给定一个树状结构的因子图，可以使用信念传播来有效计算每个变量的边际概率，这是一种类似于单连接贝叶斯网络中的概率传播的消息传递方案。在多连接图的情况下，可以应用一个类似于循环信念传播的迭代方法(见第 7 章)，当它收敛时，提供一个边际概率的估计；然而，收敛是无法保证的。

2. 图神经网络和因子图

提出了一种混合方法，通过与图神经网络相结合来改进信念传播。这两种方法都可看作图上的消息传递。然而，BP 发送的信息直接来自于图模型的定义，而 GNN 发送的信息必须从数据中学习。为实现两种消息传递算法的无缝整合，需要修改 GNN，使其与因子图兼容。

图神经网络[6]通过对节点对之间的相互作用进行建模，并对图结构的数据进行操作。GNN 从数据中学习到参数，在图中的节点之间发送信息，类似于 BP。图 16.10 说明了因子图和 GNN 图之间的映射关系。因子图中的所有因子都被认为是 GNN 中的因素节点，但那些只与一个变量相连的因素除外，它们被认为是该变量节点的属性。

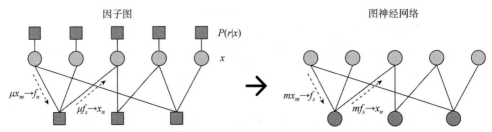

图 16.10 因子图的例子(左)和它作为图神经网络的等效表示(右)。GNN 中深色圆圈节点对应于 FG 中的因子，GNN 中浅色圆圈节点对应于 FG 中的变量节点。与一个变量相关的因素不包括在 GNN 中(图取自[7])

推理过程是一种混合方法，与因子图上的信念传播共同运行，被称为神经增强信念传播(NEBP)。程序如下：在每次信念传播迭代之后，BP 信息被输入 FG-GNN。然后 FG-GNN 运行两个迭代，并更新 BP 的信息。这个步骤反复进行 N 次迭代。之后，因子图中变量的边际被细化。

GNN 的训练以最小化一个损失函数(二元交叉熵损失)为基础，该函数由估计边际和地面真实边际计算得出。在训练过程中，它通过整个多层估计模型进行反向传播(每层都是混合模型的迭代)，更新 FG-GNN 的权重。通过交叉验证来选择训练迭代的数量。

3. 纠错解码

该方法被应用于纠错解码。低密度奇偶校验(LDPC)码是线性码，用于纠正通过噪声通信通道传输数据时出现的错误。发送方用冗余位对数据进行编码，而接收方必须对原始信息进行解码。在 LPDC 中，设计了一个奇偶校验矩阵 H。H 可以被解释为一个连接 n 个变量(传输位)和 k 个因子的邻接矩阵，即和必须为 0 的奇偶校验。如果一个因子和一个变量之间有一条边，H 的条目就是 1。

接收方收到的是一个有噪声的密码版本 r。传输代码的后验分布可以表示为因子乘积，其中一些因子与多个变量相连，表示它们之间的约束，而其他因子则与单个变量相连，表示该变量的先验分布。为推理出给定 r 的传输代码 x，通常将信念传播应用于因子图。因此，LDPC 码的纠错可以解释为 BP 的一个实例，适用于与其相关的因子图。

LDPC 码在高斯信道方面的效果极佳。然而，在现实世界中，信道可能与高斯不同，导致次优估计结果。神经网络的一个优点是，在这种情况下，它们可以从数据中学习解码算法。实践中，提出的这种混合方法经常被应用于突发性节点信道。例如，雷达可能造成无线通信的突发性干扰。

考虑到传输的 96 位和 48 个因子码字，在模拟中对该方法进行了评估。GNN 的训练数据集由成对的接收和传输的代码字组成。传输的编码字被用作训练解码算法的基础事实。作为评估指标，它使用的是误码率。结果显示，与仅基于因子图的标准 LPDC 编码相比，在不同的信噪比下，混合方法降低了误码率。

16.6 补充阅读

最近一本关于深度学习的书是[8]，对该领域的概况进行了介绍。[10]对深度学习做了简明介绍。[12]中介绍了 Perceptron，[13]中介绍了反向传播学习算法。[3]中对贝叶斯网络和神经网络的表达能力进行了分析。一些结合深度神经网络和图模型工作包括：作为递归神经网络的条件随机场[16]、贝叶斯深度学习[15]、卷积神经网络和隐马尔可夫模型[1]、因子图中神经增强信念传播[7]等。

16.7 练习

1. 设计一个感知器，实现一个有 3 个输入和 1 个输出的逻辑 AND 函数。指定权重和偏置。

2. 重复上述过程实现一个 OR 函数。

3. 设计一个多层 NN 来实现两个输入的 XOR 函数，指定架构、每个神经元的权重和激活函数。

4. 给定第 4 章表 4.3 中高尔夫例子的数据，训练一个感知器，它的输出是"比赛"，而输入是其他四个变量。

5. 将前一个问题感知器的性能与在相同数据集上训练的高斯朴素贝叶斯分类器进行比较。在比较中进行留一交叉验证。也就是说，除一个记录以外的所有数据都用来进行训练，并在这个记录上进行测试；对所有的记录重复训练，并报告平均准确度。

6. 给定图 16.3 中的测试贝叶斯网络，以及相关测试 CPT：①如果 $Z=1$, $X=3$, Y 的后验分布将是什么？②$Z=2$, $X=3$, Y 的后验分布将是什么？③重复前面的步骤，

考虑到 X 是未知的，而 Z 是一个二元变量，值为 1, 2。如有必要，定义 TBN 缺失的参数。

7. 设计一个测试 BN，相当于实现 XOR 功能的多层 NN。

8. ***证明当输入在给定类的情况下条件独立时，可通过超平面来分离数据。指明在哪些条件下证明是有效的。

9. *** 提出一个结合 NN 和 BN 的模型，用于层次分类。

10. ***列举几个将深度学习和图模型结合可提供某些优势的应用。

PGM_PyLib 手册

第1章 导论

本书中介绍了概率图模型 Python 库(PGM_PyLib)。该库是用 Python 编写的,用于推理和学习几类概率图模型(PGM)。可以在本书,即《概率图模型原理与应用(第 2 版)》中找到不同算法背后的理论。

1.1 要求

在 Python 3[1]中,PGM_PyLib 已投入应用且能正常工作。我们在 Python 3.5.2 上运行测试,因此,该库应该可以在 Python 的较新版本中正常工作。

该库需要 Numpy[2]和 SciPy[3] 包。我们在 Numpy 1.14.5 和 SciPy 1.5.2 上运行测试,然而,该库应可以在较新版本中正常工作。

要验证你安装的 Python 3 版本,需要进入 Python 解释器,它会立即显示你安装的版本,如图 1.1 所示。要验证 Numpy 是否安装完毕,首先需要输入 import numpy as np。如果 Python 解释器显示错误消息,则必须进行 Numpy 安装;若并未显示,则你已完成 Numpy 安装。可以输入 np.version.version 检查其版本,如图 1.1 所示。可以用与 Numpy 相同的方式检查 SciPy。

```
                                                                    $ python3
Python 3.5.2 (default, Oct  8 2019, 13:06:37)
[GCC 5.4.0 20160609] on linux
Type "help", "copyright", "credits" or "license" for more information.
>>> import numpy as np
>>> np.version.version
'1.14.5'
>>>
```

图 1.1 Python 版本显示在上面的框中。Numpy 版本显示在下面的框中

---

1 https://www.python.org/download/releases/3.0/

2 https://numpy.org/

3 https://www.scipy.org/

1.2　安装 Linux

首先，必须通过链接 https://github.com/jona2510/PGM_PyLib 下载软件包。下载压缩包后，必须解压。在压缩包中，你会发现用 Python 编写的不同示例；你还会找到一个名为 PGM_PyLib 的文件夹，该文件夹是包含本赠品介绍的不同实现方式的库。

使用库的最简单方法是将完整文件夹(PGM_PyLib)复制到工作目录中，然后可使用本赠品所示的不同算法。

然而，更好的方式在 PGM_PyLib 文件夹中增加一个环境变量 PYTHONPATH。可在终端执行如下操作：

export PYTHONPATH=“$PYTHONPATH:/the/full/path/folderX”

注意： PGM_PyLib 文件夹在 folderX 内。这只适用于当前的 Linux 终端，并不是永久的。但可在文件 ~/.bashrc 的末尾添加上一行，以便永久保存。

最后，尝试运行其中一个示例，例如在示例所在的路径中打开一个终端，然后输入：

python3 exampleNBC.py

此示例打印正确预测实例的百分比。

第 2 章 贝叶斯分类器

2.1 多类分类方法

2.1.1 朴素贝叶斯分类器

朴素贝叶斯分类器(NBC)基于这样一个假设：所有属性在给定类变量的情况下都是独立的。因此，给定类(C)，每个属性 A_i 有条件地独立于其他所有属性。

分类问题可以表述为：

$$ArgC Max[\log(P(C)) + \log(P(A_1| C)) + ... + \log(P(A_n| C))] \tag{2.1}$$

因此，式 2.1 用于实现 NBC 变体，使用最大似然估计从数据中估计概率。

1. naiveBayes 类

该类是用 Python 实现的，因此，带有默认参数的类如下：

class PGM PyLib.naiveBayes.**naiveBayes** (smooth=0.1, usePrior=True, meta= " ")

参数：

- smooth : float, default = 0.1：该值用于平滑化所有估计的概率，从而避免概率为 0。
- usePrior : bool, default = True：指示是否在预测阶段使用先验概率。
- meta : python dictionary, default = " "：如果 meta 等于 " "，那么每个属性的可能取值是从训练集中获得的。不过，可提供包含每个属性取值的字典，例如 meta = {0：['a', 'b', 'c'], 1: ['1', '2']}。

训练分类器后，可访问以下属性。

- classes_ :ndarray of shape(n_class,)：它包含不同的类。
- probsClasses: ndarray of shape(n_class,)：它包含先验概率，即每个类的概率 $P(C)$。
- valuesAtts: python dictionary：包含每个属性可取值的字典。每项的键是属性的位置。
- probsAtts: python dictionary：每个属性的条件概率的字典，即 $P(A_i| C)$。每项的键是属性的位置。

类的方法：

- fit (trainSet, cl)方法训练分类器。
  - trainset: ndarray of shape(n_samples, n_features): 用于训练的数据。
  - cl: ndarray of shape(n_sample): 与实例关联的类。
- predict(testSet)返回每个实例的预测。
  - testSet: ndarray of shape(n_samples, n_features): 要预测的数据。

该方法返回：

  - ndarray of shape(n_samples): 预测的类。

- predict log proba(testSet)返回每个类得到的分数。
  - testSet: ndarray of shape(n_samples, n_features): 要预测的数据。

该方法返回：

  - ndarray of shape(n_samples, n_classes): 每个类的实例的"对数概率"。类的顺序与 classes 中的一样。

- predict proba(testSet)返回每个类的概率。
  - testSet: ndarray of shape(n_samples, n_features): 要预测的数据。

该方法返回：

  - ndarray of shape(n_samples, n_classes): 每个类的实例的概率，即它等价于exp(predict log proba)并对每个实例进行归一化。类的顺序与 classes 中的一样。

- exactMatch(real, prediction)，返回预测正确的实例百分比。
  - real: ndarray of shape(n_samples): 真正的类。
  - prediction: ndarray of shape(n_samples): 预测的类。

该方法返回：

  - float: 预测正确的类别百分比。

2. 朴素贝叶斯分类器示例

以下是使用 NBC 的示例。执行此代码时，它会打印使用先验概率预测正确的实例百分比和不使用先验概率的百分比。

代码清单 2.1　exampleNBC.py：朴素贝叶斯分类器示例

```
1 import numpy as np
2 import PGM PyLib . naiveBayes as nb
3
4 np. random . seed (0) # it is not necessary
5 # two classes
6 # 5 attributes
7
8 # 100 instances for training
```

```
 9 data train = np. random . randint (0,5, size =(100 ,5) )
10 cl train = np. random . randint (0,2, size =100)
11 # 50 instances for testing
12 data test = np. random . randint (0,5 , size =(50 ,5) )
13 cl test = np. random . randint (0 ,2, size =50)
14
15 # create the classifiers
16 c = nb. naiveBayes ( smooth =0.1 , usePrior = True )
17 # train the classifier
18 c.fit( data train , cl train )
19 # predict
20 p = c. predict ( data test )
21 # evaluation
22 print (c. exactMatch ( cl test , p))
23
24 # ignore the Prior probabilities
25 c. usePrior = False
26 p = c. predict ( data test )
27 print (c. exactMatch ( cl_test ,p))
```

2.1.2 Sum-Naive Bayes 分类器

Sum-Naive Bayes 分类器(SumNBC)类似于 NBC。然而，在这种方法中，预测是由不同属性的概率的总和给出的最高分数类别。

因此分类问题如下：

$$Arg_C Max[P(C) + P(A_1 | C) + P(A_2 | C) + ... + P(A_n | C)] \tag{2.2}$$

因此，式 2.2 用于实现 SumNBC，并使用最大似然估计从数据中估计概率(参见第 2.1.1 节)。

1. sumNaiveBayes 类

在 Python 中实现该类，因此，带有默认参数的类如下。

class PGM PyLib.naiveBayes.sumNaiveBayes (smooth = 0.1, usePrior = True, meta=" ")

参数：

- smooth: float，default = 0.1：该值用于平滑化所有概率的估计值，以避免概率为 0。

- usePrior: bool, default=True：指示是否在预测阶段使用先验概率。

- meta: python dictionary, default = " "：如果 meta 等于" "，那么每个属性的可取值是从训练集中获得的。不过，可提供包含每个属性取值的字典，例如，meta ={0：['a', 'b', 'c'], 1: ['1', '2']}。

训练分类器后，你可访问以下属性。

- classes: ndarray of shape(n_classes,)：包含不同的类。

- probsClasses: ndarray of shape(n_classes,)：包含先验概率，即每个类的概率 $P(C)$。
- valuesAtts: python dictionary：包含每个属性可取值的字典。每项的键是属性的位置。
- probsAtts: python dictionary：每个属性的条件概率的字典，即 $P(A_i \mid C)$。每项的键是属性的位置。

类的方法：
- fit(trainSet, cl)方法训练分类器。
  — trainset: ndarray of shape(n_samples, n_features)：用于训练的数据。
  — cl: ndarray of shape(n_samples)：实例关联的类。
- predict(testSet)返回每个实例的预测。
  — testSet: ndarray of shape(n_samples, n_features)：要预测的数据。

该方法返回：
  — ndarray of shape(n_samples)：预测的类。
- predict proba(testSet)返回每个类的概率。
  — testSet: ndarray of shape(n_samples, n_features)：要预测的数据。

该方法返回：
  — ndarray of shape(n_samples, n_classes)：每个类的实例概率。类按顺序排列。
- exactMatch(real, prediction)，返回预测正确的实例百分比。
  — real: ndarray of shape(n_samples)：真正的类。
  — prediction: ndarray of shape(n_samples)：预测的类。

该方法返回：
  — float：预测正确的类别百分比。

2. Sum-Naive Bayes 分类器示例

下面演示如何使用 SumNBC。执行此代码时，它会打印使用先验概率预测正确的实例百分比和不使用先验概率的百分比。

代码清单 2.2　exampleSumNBC.py：Sum-Naive Bayes 分类器示例

```
1 import numpy as np
2 import PGM PyLib . naiveBayes as nb
3
4 np. random . seed (0) # it is not necessary
5 # three classes
6 # 5 attributes
7
8 # 100 instances for training
```

```
 9 data train = np. random . randint (0,5, size =(100 ,5) )
10 cl train = np. random . randint (0,3, size =100)
11 # 50 instances for testing
12 data test = np. random . randint (0,5 , size =(50 ,5) )
13 cl test = np. random . randint (0 ,3, size =50)
14
15 # create the classifiers
16 c = nb. sumNaiveBayes ( smooth =0.1 , usePrior = True )
17 # train the classifier
18 c.fit( data train , cl train )
19 # predict
20 p = c. predict ( data test )
21 # evaluation
22 print (c. exactMatch ( cl test , p))
23
24 # ignore the Prior probabilities
25 c. usePrior = False
26 p = c. predict ( data test )
27 print (c. exactMatch ( cl_test ,p))
```

2.1.3 高斯朴素贝叶斯分类器(GNBC)

高斯朴素贝叶斯分类器(GNBC)基于以下假设：给定类变量，所有属性都是独立的。因此给定类(C)，每个属性 A_i 有条件地独立于其他所有属性。尽管如此，GNBC 能处理连续属性，而 NBC 只能处理名义属性。

分类问题可表述为：

$$Arg_C Max[\log(P(C)) + \log(P(A_1 \mid C)) + \cdots + \log(P(A_n \mid C))] \qquad (2.3)$$

因此，用式 2.3 实现 GNBC 变体，并使用最大似然估计从数据中估计概率。

1. 高斯朴素贝叶斯类

该类是用 Python 实现的，因此，带有默认参数的类如下。

class PGM PyLib.naiveBayes.GaussianNaiveBayes(smooth=0.1, usePrior=True, meta=" ")

参数：

- smooth: float, default = 0.1：该值用于平滑化所有概率的估计值，以避免概率为 0。

- usePrior: bool, default =True：指示是否在预测阶段使用先验概率。

- meta: python dictionary, default = " "：如果 meta 等于" "，那么每个属性的可取值被认为是 numeric。然而，可提供一个包含每个属性取值的字典，例如，meta ={0: ['a', 'b', 'c'], 1: " numeric ", 2: " numeric "}，表示有一个名义属性和两个数字。

训练分类器后，可访问以下属性：

- classes_: ndarray of shape(n_classes,)：包含不同的类。

- probsClasses: ndarray of shape(n_classes,)：包含先验概率，即每个类别的概率

$P(C)$。

- valuesAtts: python dictionary：包含每个属性的可取值的字典。每项的键是属性的位置。
- probsAtts: python dictionary：具有每个属性的条件概率的字典，即 $P(A_i|C)$，或如果属性是数字，则是具有均值和标准差的 ndarray。每项的键是属性的位置。

类的方法：

- fit(trainSet, cl)方法训练分类器。
  - trainset: ndarray of shape(n_classes, n_features)： 用于训练的数据。
  - cl : ndarray of shape (n_samples)： 实例关联的类。
- predict(testSet)返回每个实例的预测。
  - testSet: ndarray of shape(n_samples, n_features)： 要预测的数据。

该方法返回：

  - ndarray of shape(n_samples)： 预测的类。
- predict log proba(testSet)返回每个类获得的分数。
  - testSet: ndarray of shape(n_samples, n_features)： 要预测的数据。

该方法返回：

  - ndarray of shape(n_samples, n_classes)： 每个类的实例的"对数概率"。类的顺序与 classes 中的一样。
- predict proba(testSet)返回每个类的概率。
  - testSet： ndarray of shape(n_samples, n_features)： 要预测的数据。

该方法返回：

  - ndarray of shape(n_samples, n_classes)： 每个类的实例的概率，即它等价于 exp(predict_log_proba)并针对每个实例进行归一化。类的顺序与类中的一样。
- exactMatch(real, prediction)，返回预测正确的实例百分比。
  - real: ndarray of shape(n_samples)： 真正的类。
  - prediction: ndarray of shape(n_samples)： 预测的类。

该方法返回：

  - float： 预测正确的类别百分比。

2. 高斯朴素贝叶斯分类器示例

以下示例演示如何使用 GNBC。执行此代码时，它会打印使用先验概率预测正确的实例百分比和不使用它们的百分比，考虑名义属性。之后，训练一个新的分类器，它将所有属性视为数字。

代码清单 2.3　exampleGNBC.py：高斯朴素贝叶斯分类器示例

```
 1 import numpy as np
 2 import PGM PyLib . naiveBayes as nb
 3
 4 np. random . seed (0) # it is not necessary
 5 # two classes
 6 # 5 attributes : 2 nominal and 3 numeric
 7
 8 # 200 instances for training
 9 data train = np. random . randint (0,5, size =(200 ,2) )
10 data train = np. concatenate ([ data train , np. random . rand (200 ,3) ],
     axis =1)
11 cl train = np. random . randint (0,2, size =200)
12
13 # 100 instances for testing
14 data test = np. random . randint (0,5, size =(100 ,2) )
15 data test = np. concatenate ([ data test , np. random . rand (100 ,3) ],
     axis =1)
16 cl test = np. random . randint (0,2, size =100)
17
18 # create the dictionary with the values that each attribute can take
19 values = {0: [0 ,1 ,2 ,3 ,4] , 1: [0 ,1 ,2 ,3 ,4] , 2:" numeric ",
     3:" numeric ", 4:"numeric "}
20
21
22 # Example 1, a GNB classifier is trained providing " values "
23 print (" Results of GNBC :")
24 # create the classifiers
25 c = nb. GaussianNaiveBayes ( smooth =0.1 , usePrior =True , meta =
     values )
26 # train the classifier
27 c.fit ( data train , cl train )
28 # predict
29 p = c. predict ( data test )
30 # evaluation
31 print (c. exactMatch ( cl test , p))
32
33 # ignore the Prior probabilities
34 c. usePrior = False
35 p = c. predict ( data test )
36 print (c. exactMatch ( cl test ,p))
37
38
39 # Example 2, a GNB classifier is trained considering all attributes
     to be numeric
40  print (" Results of GNBC considering all attributes to be numeric :")
41 # create the classifiers
42 c2 = nb. GaussianNaiveBayes ( smooth =0.1 , usePrior =True , meta ="")
43 # train the classifier
44 c2.fit ( data train , cl train )
45 # predict
46 p = c2. predict ( data test )
47 # evaluation
```

```
48 print (c2. exactMatch ( cl test , p))
49
50 # ignore the Prior probabilities
51 c2. usePrior = False
52 p = c2. predict ( data test )
53 print (c2. exactMatch ( cl_test ,p))
```

2.1.4 替代模型：TAN、BAN

虽然 NBC 假设所有属性在给定类的情况下都是独立的，但有些模型在属性之间
合并了一些依赖关系。几个模型是：

- 树增广朴素贝叶斯分类(TAN)。
- 贝叶斯网络增广贝叶斯分类器(BAN)。

这样，分类问题可表述为：

$$Arg_C Max[\log(P(C)) + \log(P(A_1 | Pa(A_1), C)) + \cdots + \log(P(A_n | Pa(A_n), C))] \qquad (2.4)$$

因此，式 2.4 用于实现 BAN 变体，并使用最大似然估计从数据中估计概率。

1. augmentedBC 类

该类是用 Python 实现的，因此，带有默认参数的类如下：

class PGM PyLib.augmented.augmentedBC(algStructure= "auto" ， smooth=0.1 ，
usePrior=True)

参数：

- algStructure: ndarray of shape(n_features, n_features), default = "auto"：如果
  algStructure = "auto"，则使用 CLP-CMI 算法生成结构。但可提供包含任何有
  向无环图的矩阵，如果第 i 个属性是第 j 个属性的父属性，则第 i 行第 j 列中
  为 1，否则为 0。
- smooth: float, default = 0.1：用于平滑化所有概率的估计值以避免概率为 0。
- usePrior : bool, default = True: 指示是否在预测阶段使用先验概率。

训练分类器后，可访问以下属性：

- classes_ : ndarray of shape(n_classes,)：包含不同的类。
- probsClasses: ndarray of shape(n_classes,): 包含先验概率，即每个类别的概率 $P(C)$。
- valuesAtts: python dictionary：包含每个属性可取值的字典。每项的键是属性的
  位置。
- probsAtts: python dictionary：每个属性的条件概率的字典，即 $P(A_i | Pa(A_i), C)$。
  每个属性的条件概率存储在类 probsND 的对象中，参见第 7.4 节。每项的键
  是属性的位置。

- structure: ndarray of shape(n_features + 1，n_features + 1)：用于估计每个属性概率的结构(有向无环图)。请注意，最后一行和最后一列对应于类变量。

类的方法：

- fit(trainSet, cl)方法训练分类器。
  - trainSet: ndarray of shape(n_samples，n_features)：用于训练的数据。
  - cl: ndarray of shape(n_sample)：实例关联的类。
- predict(testSet)返回每个实例的预测。
  - testSet: ndarray of shape(n_samples，n_features)：要预测的数据。

该方法返回：

  - ndarray of shape(n_samples)：预测的类。

- predict_log_proba(testSet)返回每个类获得的分数。
  - testSet: ndarray of shape(n_samples, n_features)：要预测的数据。

该方法返回：

  - ndarray of shape(n_samples, n_features)：每个类的实例的"对数概率"。类的顺序与 classes 中的一样。

- predict proba(testSet)返回每个类的概率。
  - testSet: ndarray of shape(n_samples, n_features)：要预测的数据。

该方法返回：

  - ndarray of shape(n_samples, n_classes)：每个类的实例的概率，即它等价于 exp(predict log proba)并针对每个实例进行归一化。类的顺序与 classes 中的一样。

- exactMatch(real，prediction)，返回预测正确的实例百分比。
  - real: ndarray of shape(n_samples)：真正的类。
  - prediction: ndarray of shape(n_samples)：预测的类。

该方法返回：

  - float：预测正确的类别百分比。

2. 增广贝叶斯分类器示例

下面是如何使用增广贝叶斯分类器示例。执行此代码时，它会打印使用先验概率和不使用正确预测实例的百分比。

代码清单2.4　exampleBAN.py：BAN 示例

```
1 import numpy as np
2 import PGM PyLib . augmented as abc
3
```

```
 4 np. random . seed (0) # it is not necessary
 5 # three classes
 6 # 5 attributes
 7
 8 # 100 instances for training
 9 data train = np. random . randint (0,5, size =(100 ,5) )
10 cl train = np. random . randint (0,3, size =100)
11 # 50 instances for testing
12 data test = np. random . randint (0,5 , size =(50 ,5) )
13 cl test = np. random . randint (0 ,3, size =50)
14
15 # create the classifiers
16 c = abc. augmentedBC ( algStructure =" auto ", smooth =0.1 , usePrior
    = True )
17 # train the classifier
18 c.fit( data train , cl train )
19 # predict
20 p = c. predict ( data test )
21 # evaluation
22 print (c. exactMatch ( cl test , p))
23
24 # ignore the Prior probabilities
25 c. usePrior = False
26 p = c. predict ( data test )
27 print (c. exactMatch ( cl_test ,p))
```

2.1.5 半朴素贝叶斯分类器

半朴素贝叶斯分类器的思想是消除或加入给定类的不独立的属性，以提高分类器的性能。

1. 半朴素类

该类的实现基于结构改进算法[3]。因此，具有默认参数的类如下：

class PGM PyLib.semiNaive.semiNaive(validation = 0.8，epsilon = 0.1，omega = 0.1，nameAtts ="auto"，smooth = 0.1，usePrior = True)

参数：

- validation: float, default=0.8：该值用于将训练集分成两个子集，以便使用第一个子集训练分类器并使用第二个子集对其进行评估，这是算法一部分。
- epsilon: float, default = 0.1：属性和类之间的互信息必须至少为 epsilon，否则该属性将被消除。
- omega: float, default = 0.1：给定类别的两个属性之间的条件互信息必须低于 omega，否则会消除一个属性或将两个属性组合在一起。
- nameAtts: ndarray of shape(n features,), default="auto"：它包含属性的名称，这有利于可视化训练分类器后应用的操作。如果它等于"auto"，每个属性的名称就是它的位置。

- smooth: float, default = 0.1：该值用于平滑处理所有概率的估计值以避免概率为 0。
- usePrior: bool, default = True：指示是否在预测阶段使用先验概率。

训练分类器后，你可访问以下属性。

- orderAtts: ndarray of shape (x,)：包含修改后的属性名称。
- valuesAtts: python dictionary：包含训练分类器后每个属性的可用值。每项的键是属性的名称。
- lvaluesAtts: python dictionary：包含训练分类器后每个属性的可用值。每项的键是 orderAtts 给出的属性的位置。
- opeNameAtts: ndarray of shape (x,)：包含在训练期间应用的操作。
- NBC: naiveBayes object：半朴素贝叶斯分类器使用朴素贝叶斯分类器，因此，你可访问其属性。

类的方法：

- fit(trainSet, cl)方法训练分类器。
    — trainSet: ndarray of shape(n_samples, n_features)：训练数据。
    — cl : ndarray of shape(n_samples)：实例关联的类。
- predict(testSet)返回每个实例的预测。
    — testSet: ndarray of shape(n_samples, n_features)：要预测的数据。

该方法返回：

    — ndarray of shape(n_samples)：预测的类。

- predict_log_proba(testSet)返回每个类获得的分数。
    — testSet: ndarray of shape(n_samples, n_features)：要预测的数据。

该方法返回：

    — ndarray of shape(n_samples，n_classes)：每个类的实例的"对数概率"。类的顺序与 NBC.classes 中的一样。

- predict proba(testSet)返回每个类的概率。
    — testSet: ndarray of shape(n_samples, n_features)：要预测的数据。

该方法返回：

    — ndarray of shape(n_samples, n_classes)：每个类的实例的概率，即它等价于 exp(predict_log_proba) 并针对每个实例进行归一化。类的顺序与 NBC.classes 中的一样。

- applyOperations(data)方法可在训练分类器后使用。它将操作(opeNameAtts)应用于提供的数据并将其作为输出返回。

— data: ndarray of shape(n_samples, n_attributes)：要转换的数据。

该方法返回：

— ndarray of shape(n_samples, x)：转换的数据。

- exactMatch(real, prediction)，返回预测正确的实例百分比。

    — real: ndarray of shape(n_samples)：真正的类。

    — prediction: ndarray of shape(n_samples)：预测的类。

该方法返回：

— float：预测正确的类别百分比。

2. 半朴素贝叶斯分类器示例

以下示例演示如何使用半朴素贝叶斯分类器。执行此代码时，它打印使用先验概率正确预测实例的百分比，以及不使用它们应用的操作。

代码清单 2.5 exampleSNBC.py：半朴素贝叶斯分类器示例

```
1 import numpy as np
2 import PGM PyLib . semiNaive as sn
3
4 np. random . seed (0) # it is not necessary
5 # three classes
6 # 5 attributes
7
8 # 100 instances for training
9 data train = np. random . randint (0,5, size =(100 ,5) ). astype (str)
10 cl train = np. random . randint (0,3, size =100)
11 # 50 instances for testing
12 data test = np. random . randint (0,5, size =(50 ,5) ). astype (str)
13 cl test = np. random . randint (0,3, size =50)
14
15 # create the classifiers
16 c = sn. semiNaive ( validation =0.8 , epsilon =0.01 , omega =0.01 ,
smooth =0.1 ,
nameAtts =" auto ", usePrior = True )
17 # train the classifier
18 c.fit( data train , cl train )
19 # predict
20 p = c. predict ( data test )
21 # evaluation
22 print (c. exactMatch ( cl test , p))
23
24 # ignore the Prior probabilities
25 c.NBC. usePrior = False
26 p = c. predict ( data test )
27 print (c. exactMatch ( cl test ,p))
28
29 # show the operations that were applied
30 print (c. opeNameAtts )
```

3. 半朴素贝叶斯作为特征选择

利用我们的优势，可将 semiNaive 类用作特征选择。也就是说，在训练分类器之后，可使用 applyOperations 方法转换数据集。这样，就可使用其他分类器。请注意，如果你这样做，你应该考虑向分类器提供属性可以采用的不同值，即 lvaluesAtts。

2.2 多维分类器

2.2.1 贝叶斯链分类器

贝叶斯链分类器(BCC)是一种概率框架下的链式分类器，该分类器考虑变量之间的依赖关系并表示为有向无环图。

这样，BCC分类问题如下：

$$ArgMaxC_1P(C_1\,|\,Nei(C_1),X)$$
$$ArgMaxC_2P(C_2\,|\,Nei(C_2),X)$$
$$\cdots\cdots\cdots\cdots$$
$$ArgMaxC_dP(C_d\,|\,Nei(C_d),X)$$

(2.5)

其中 d 是符合多维问题多类问题的数量，X 是属性集，$Nei(C_i)$是作为属性添加的 C_i 的邻居的预测。

考虑的邻居是以下三个。

- 父母节点：$Pa(C_i)$，对应于 BCC 的原始版本。
- 祖先：$Anc(C_i)$影响 C_i 及其祖先的预测。
- 后代：$Ch(C_i)$影响 C_i 及其子项的预测。

1. BCC 类

该类是用 Python 实现的，因此，带有默认参数的类如下：

class PGM PyLib.BCC.BCC (chainType="parents", baseClassifier=naiveBayes(), structure="auto")

参数：

- chainType: {'parents', 'ancestors', 'children'}, default='parents'：它表示将影响分类器的邻居。
- baseClassifier: classifier object, default=naiveBayes()：至少必须有 fit() 和 predict()方法分类器的实例。默认基分类器是一个带有默认参数的朴素贝叶斯

分类器。

- structure: ndarray of shape (d classVariables, d classVariables), default ="auto"：如果它等于"auto"，那么结构是使用 CPL 算法在类变量上生成的。但可提供包含任何有向无环图的矩阵，如果第 i 个类变量是第 j 个类变量的父变量，则第 i 行第 j 列中为 1，否则为 0。

训练分类器后，你可以访问以下属性：

- structure: ndarray of shape(d classVariables, d classVariables)：用于链接分类器的结构。

类的方法：

- fit(trainSet, cl)方法训练分类器。
  - trainSet: ndarray of shape(n_samples, n_features)：训练数据。
  - cl: ndarray of shapr(n_samples, d_classVariable)：实例关联的类。
- predict(testSet)返回每个实例的预测。
  - testSet: ndarray of shape(n_samples, n_features)：要预测的数据。

该方法返回：

  - ndarray of shape(n_samples, d_classVariables)：预测的类。

- predict_log_proba(testSet)返回为每个类获得的分数(仅当在提供的分类器中可用时)。
  - testSet: ndarray of shape(n_samples, n_features)：要预测的数据。

该方法返回：

  - list of shape(d classVariables,)：在列表的每个位置都有一个 ndarray of shape(n_samples, n_classes)，包含每个类别的实例的"对数概率"。检查 getClasses_()方法以获取类的顺序。

- predict_proba(testSet)返回每个类的概率(仅当在提供的分类器中可用时)。
  - testSet: ndarray of shape(n_samples, n_features)：要预测的数据。

该方法返回：

  - list of shape(d classVariables)：在列表的每个位置都有一个 ndarrayof shape(n_samples, n_classes)，包含每个类别的实例概率。检查方法 getClasses_()以获取类的顺序。

- getClasses_()：用于获取不同类变量的类的方法。一些分类器将类存储在名为 classes_的变量中，因此必须调用 getClasses_()方法才能获取类。

该方法返回：

  - python dictionary：包含每个类变量可以采用的类。每项的键是类变量的位置。

● exactMath(real, prediction)，返回预测正确的实例百分比。

— real: ndarray of shape(n_samples)：真正的类。

— prediction: ndarray of shape(n_samples)：预测的类。

该方法返回：

— float：预测正确的类别百分比。只有当类变量的所有预测都正确时，实例才被正确分类。

2. 贝叶斯链分类器示例

以下示例如何使用 BCC。执行此代码时，它会打印预测正确的实例百分比和自动生成的结构。

代码清单 2.6　exampleBCC.py：贝叶斯链分类器示例

```
1 import numpy as np
2 import PGM PyLib . BCC as bcc
3 import PGM PyLib . naiveBayes as nb
4
5 np. random . seed (0) # it is not necessary
6 # 5 variable classes
7 # three classes for each variable class
8 # 7 attributes
9
10 # 300 instances for training
11 data train = np. random . randint (0,5, size =(300 ,7) )
12 cl train = np. random . randint (0,3, size =(300 ,5) )
13 # 100 instances for testing
14 data test = np. random . randint (0,5 , size =(100 ,7) )
15 cl test = np. random . randint (0 ,3, size =(100 ,5) )
16
17 # create the classifiers
18 c = bcc.BCC( chainType =" parents ", baseClassifier =nb. naiveBayes
    () ,structure =" auto ")
19 # train the classifier
20 c.fit( data train , cl train )
21 # predict
22 p = c. predict ( data test )
23 # evaluation
24 print (c. exactMatch ( cl test , p))
25
26 # show the structure
27 print (c. structure )
```

2.3　等级分类

带有 BNCC 的 HC

具有贝叶斯网络和链式分类器(BNCC)的层次分类(HC)方法结合了两种策略以预测实例关联标签，同时包括分层约束。

提出了三种不同的版本，它们的不同之处在于所使用的链式分类器的类型。此外，实现了具有独立局部分类器的变体。它们都使用贝叶斯网络：

- HCP：父母链式分类器。
- HCA：祖先链式分类器。
- HCC：后代链式分类器。
- HBA：独立局部分类器。

1. BNCC 函数

要点：这些实现不遵循与以前分类器相同的结构。这些方法所需的文件在 7.6 节中给出。此外，它们需要 sklearn[1] 和 junctiontree[2] 包。

默认参数的函数如下(HCA、HCC 和 HBA 使用相同的参数)：

function PGM PyLib.hierarchicalClassification.BNCC.HCP (header_in, train_in, test_in, tscore="SP", baseClassifier=RandomForestClassifier())

参数：

- header_in: string：头文件，包含数据和层次结构信息。
- train_in: string：包含训练数据的文件。
- tscore: string：包含测试数据的文件。
- tscore: {"SP", "GLB"}, default="SP"：对应于对路径进行评分的度量，即 SP Sum of Probabilities 或 GLB Gain-Loose Balance。
- baseClassifier: classifier object, default = RandomForestClassifter()：分类器的实例，它必须具有 fit、predit 和 predict_proba 方法，并且类必须存储在称为 classes_ 的属性中。

该函数返回：

- ndarray of shape(n_test_instances, n_classes)：每个实例的预测。

---

1 https://scikit-learn.org/stable/install.html
2 https://github.com/jluttine/junction-tree

2. 使用 BNCC 进行层次分类示例

以下示例演示如何使用 BNCC。在此代码中打印了由不同变体获得的预测。本示例提供使用过的文件头、训练、测试与库。

代码清单 2.7　exampleBNCC.py: 使用贝叶斯网络和链式分类器进行层次分类的示例

```
 1 import PGM PyLib.hierarchicalClassification.BNCC as bncc
 2 from sklearn.ensemble import RandomForestClassifier as rfc
 3
 4 # predit with HCP
 5 p1 = bncc.HCP("D_EA_01_FD_b_train_head.arff ", " D_EA_01_FD_b_train_data.
     arff ", " D_EA_01_FD_b_test_data . arff ", "SP", rfc())
 6 print(p1)
 7
 8 # predict with HCA
 9 p2 = bncc.HCA("D_EA_01_FD_b_train_head.arff ", " D_EA_01_FD_b_train_data.
 arff ", " D_EA_01_FD_b_test_data . arff ", "SP", rfc())
10 print(p2)
11
12 # predict with HCC
13 p3 = bncc.HCC(" D_EA_01_FD_b_train_head.arff ", " D_EA_01_FD_b_train_data.
     arff ", " D_EA_01_FD_b_test_data.arff ", "SP", rfc())
14 print(p3)
15
16 # predict with HBA
17 p4 = bncc.HBA(" D_EA_01_FD_b_train_head.arff ", " D_EA_01_FD_b_train_data.
     arff ", " D_EA_01_FD_b_test_data.arff ", "SP", rfc())
18 print (p4)
```

第 3 章　隐马尔可夫模型

3.1　隐马尔可夫模型

隐马尔可夫模型(HMM)是一个双重随机过程。

3.1.1　评估

评估包括确定给定模型 λ 的观察序列 O 的概率，即 $P(O|\lambda)$。为此，实现了前向算法。

3.1.2　状态估计

可用两种方式来解释如何为观察序列找到最可能的状态序列。首先是在每个时间步 t 获取最可能状态。其次是获得最可能的状态序列。因此，对于第一种情况，函数 MPS 将在时间 t 返回最可能的状态，而维特比(Viterbi)算法已被实施来处理第二种情况。

3.1.3　学习

HMM 模型参数可从数据中估计。Baum Welch 算法就是为此目的而实施的。但是，EM(期望最大化)原则是 Baum Welch 算法的处理程序，用来更新其参数。

3.1.4　HMM 类

该类是用 Python 实现的，因此，带有默认参数的类如下：

class PGM PyLib.HMM.HMM(states = None，observations = None，prior = None，translation = None，observation = None)

参数：

- states: python list, default = None：包含状态集的列表。
- observations: python list, default = None：包含观察集的列表。
- prior: ndarray of shape(n_states,), default = None：先验概率向量。

- translaion: ndarray of shape(n_states, n_states), default = None：转移概率矩阵。(i, j)单元格表示从第 i 个状态转移到第 j 个状态的概率。
- observation: ndarray of shape(n_states, m_observations), default =None：观察概率矩阵。(i, j)单元格表示第 j 个观察处于第 i 个状态的概率。

可将前面的参数作为属性访问，但观察结果通过 obs 更改其名称。当模型从数据中学习时，它们很有用。

类的方法：

- forward(O)前向算法实现。返回模型中序列的概率。
  — O: python list：将被评估的观察序列。

该方法返回：

  — float：序列的概率。

- forward_t(t, O)应用从时间 1 到 t 前向算法，因此，它返回每个状态 $\alpha_t(i)$。其中：
  — t: int：前向算法停止时间。t 在[1, O 长度]范围内。
  — O: Python list：观察序列。

该方法返回：

  — ndarray of shape(n_states,)：每个状态的 $\alpha_t(i)$。

- backward_t(t, O)从时间 T 到 t 应用向后算法，其中 T 是 O 的长度，因此，它返回每个状态的 $\beta_t(i)$。
  — t: int：停止反向算法的时间。t 在[1, T]范围内。
  — O: Python list：观察序列。

该方法返回：

  — ndarray of list(n_states,)：每个状态的 $\beta_t(i)$。

- MPS(t, O) 返回时间 t 的最可能状态。
  — t: int：想要的时间。t 在[1, 长度为 O]的范围内。
  — O: Python list：观察序列。

该方法返回：

  — state of states：返回最可能的状态。

- viterbi(O)返回给定观察序列最可能的状态序列。
  — O: Python list：观察序列。

该方法返回：

  — Python list：列出最可能的状态序列。
  — float：与列表相关的分数。

- learn(data, tol=0.01, hs=3, max_iter=10, initialization = "uniform", seed = 0)：从数

据中学习模型的方法。

— data: list of lists：包含观察序列(列表)的列表。

— tol: float, default = 0.01：如果实际模型和估计模型的值之差小于 tol，则学习收敛并完成。

— hs: int, default = 3：隐藏状态的数量。

— max_iter: int, default = 10：最大迭代次数。达到这个值就结束学习，即学习还没有收敛。

— initialization: {"uniform", "random"}, default = "uniform"：指示初始参数如何初始化，即均匀概率或随机概率。

— seed: int or "auto"：这个参数在 initialization = "random" 时使用。如果为 "auto"，则使用当前的 numpy 种子，否则使用 int 值作为种子。

该方法生成模型。

3.1.5 隐马尔可夫模型示例

以下示例演示如何使用 HMM。一旦模型被初始化，使用前向算法评估观察序列，然后获得每个时间 t 的最可能状态和同一观察序列的最可能状态序列。

代码清单 3.1 exampleHMM.py：HMM 示例

```
1 import numpy as np
2 import PGM PyLib . HMM as hmm
3
4 states = ["M1", "M2"]
5 obs = ["H", "T"]
6 PI = np. array ( [0.5 , 0.5] ) # prior probabilities
7 A = np. array ( [[0.5 , 0.5] , [0.5 , 0.5]] ) # transition probabilities
8 B = np. array ( [[0.8 , 0.2] , [0.2 , 0.8]] ) # observation probabilities
9
10 # Inializating the model with all its parameters
11 h = hmm.HMM( states =states , observations =obs , prior =PI , transition
    =A, observation =B)
12 O = ["H","H","T","T"] # observation sequence
13
14 # evaluating an observation sequence
15 print (" Score of: H,H,T,T")
16 print (h. forward (O))
17
18 # obtaining the most probable state at each time t
19 lmps = [h.MPS (i,O) for i in range (1, len(O) +1) ]
20 print (" Most probable state at each time t:")
21 print ( lmps )
22
23 # obtaining the most probable sequence of states
```

```
24 mpss , score = h. viterbi (O)
25 print (" Most probable sequence of states :")
26 print ( mpss )
```

3.1.6 学习隐马尔可夫模型示例

下面演示如何从数据中学习 HMM。学习模型后，显示其属性。但是，一旦学习了模型，就可在此模型中使用前面示例中显示的函数。

代码清单 3.2　exampleLearningHMM.py：学习 HMM 的示例

```
 1 import numpy as np
 2 import PGM PyLib . HMM as hmm
 3
 4 data =[[ "H", "H", "T", "H", "T", "H", "T", "H", "T", "T"],
 5 ["T", "H", "H", "T", "T"],
 6 ["T", "H", "H", "T", "T", "H", "T"],
 7 ["H", "T", "T", "T", "T", "H", "T", "T", "T"],
 8 ["T", "T", "T", "H", "T", "T"]]
 9 h = hmm.HMM () # empty model
10
11 # learning the model from data
12 h. learn (data ,tol =0.001 , hs =2, max iter =100 , initialization
   =" random ",seed =0)
13
14 print ("Set of states :")
15 print (h. states )
16 print ("Set of observations :")
17 print (h.obs)
18 print (" Prior probabilities ")
19 print (h. prior )
20 print (" Transition probabilities ")
21 print (h. transition )
22 print (" Observation probabilities ")
23 print (h. observation )
```

第 4 章　马尔可夫随机场

马尔可夫随机场(MRF)是无向图模型，其中每个变量可采用不同的值，并在概率上受到其相邻值的影响。

在 MRF 中，主要问题是找到最大概率配置。在本节中，我们正在考虑 Gibbs 等价，并不最大化联合概率，而是最小化能量函数。

在展示实现类之前，先介绍一下 MRF 描述，具体描述如下。

- Structure：MRF 结构可以是不规则的或规则的。
- Variables：所有变量是否共享相同状态集，或每个变量是否都有自己的状态集。
- Parameters：为模型提供的参数种类，即 joint probabilities、potentials 或 local function。
- observations：MRF 是否关联了观察。

考虑到前面的描述，可描述在这项工作中实现的两个变体：

- regular，同一状态集，局部函数，无观察。
- regular，同一状态集，局部函数，有观察。

也就是说，两者都适用于常规 MRF(二维)，变量共享相同的状态集，参数是局部函数，但一个与观察相关联，而另一个不关联。

4.1　正则马尔可夫随机场

在正则马尔可夫随机场(RMRF)中，其变量排列为规则网格。并有一个 i 阶邻域，它对于定义每个变量可以链接到的变量数量很有用。

4.1.1　RMRF 类

带有默认参数的类如下：

class PGM PyLib.MRF.RMRF(states，rmrf)

参数：

- states: Python list：包含状态集(整数)的列表，或字符串形式的值范围，例如 "0-5" 表示状态 [0, 1, 2, 3, 4]。

- rmrf : ndarray of shape (x,y)：一个包含 RMRF 初始值的矩阵。

你可以访问以下属性。

- range: boolean：指示是否给出了范围。如果给出范围，你可以访问以下参数：
  — smin: int：状态范围的初始值。
  — smax：int：状态范围的最终值。
- nstates: int：状态数。
- states: python list：列出状态或提供的范围。

类的方法：

- inference(Uf=smoothing, maxIterations=10, Temp=1.0, tempReduction=1.0, optimal="MAP")
  — Uf: python function：返回单元格在位置(row,col)处的局部能量的函数。Uf 正好接收 3 个参数：
    * rmrf: 包含 RMRF 值的矩阵。
    * row, col：单元格的位置。
  — maxIterations: integer, default = 10：直到收敛为止该方法的最大迭代次数。
  — Temp: float, default = 1：该值用作变量模拟退火中的温度(温度 > 0)，是变体 Metropolis (0 < Temp < 1)中的概率。
  — tempReduction: float, default = 1：在每次迭代中，Temp 以这种方式降低：Temp = Temp*tempReduction。因此，0 < tempReduction <= 1。
  — optimal: {"MAP", "MPM"}, default ="MAP"：最佳配置，最大后验概率("MAP")或最大后验边际("MPM")。

该方法返回：
  — ndarray of shape (x, y)：收敛后或达到最大迭代时的 RMRF。

4.1.2 RMRFwO 类

这个类与前一个类相似，但有一个额外属性，即 observation。也就是说，RMRF 与一个观察相关联。

因此，具有默认参数的类如下：

class PGM PyLib.MRF.RMRFwO (states，rmrf，observation)

参数：

- states: Python list：包含状态集(整数)的列表，或字符串形式的值范围，例如"0-5" 表示状态 [0, 1, 2, 3, 4]。

- rmrf : ndarray of shape(x,y)：一个包含 RMRF 初始值的矩阵。
- observation: object：包含观察信息的通用对象。在推理方法中，将此信息作为参数传递给 Uf 函数。

你可以访问以下属性：

- range: boolean：指示是否给出了范围。如果给出了范围，你可以访问以下参数：
  — smin: int：状态范围的初始值。
  — smax: int：状态范围的最终值。
- nstates: int：状态数。
- states: python list：列出状态或提供的范围。

类的方法：

- inference(Uf=smoothing, maxIterations=10, Temp=1.0, tempReduction=1.0, optimal="MAP")：这个方法创建结构，其中：
  — Uf: python function：返回单元格在位置(row,col)处的局部能量函数。Uf 接收多个参数：
    * rmrf：包含 RMRF 值的矩阵。
    * observation：包含观察对象。
    * row, col：单元格位置。
  — maxIterations : integer, default = 10：直到收敛为止该方法的最大迭代次数。
  — Temp : float, default = 1：该值用作变量模拟退火中的温度(温度> 0)，是变体 Metropolis (0 < Temp < 1)中的概率。
  — tempReduction: float, default = 1.0：在每次迭代中，以这种方式降低 Temp：Temp = Temp*tempReduction。因此，0 < tempReduction <= 1。
  — optimal: {"MAP","MPM"}, default ="MAP"：最佳配置，最大后验概率("MAP")或最大后验边际("MPM")。

该方法返回：

ndarray of shape (x, y)：收敛后或达到最大迭代时的 RMRF。

4.1.3　方法推理的变体

前两个类的推理方法支持在以下情况下执行的 3 种变体。

- 迭代条件模式(ICM)：tempReduction = 1 和 Temp = 1。
- Metropolis：tempReduction = 1 和 Temp != 1。

- 模拟退火：tempReduction != 1 和 Temp != 1。

4.1.4 RMRF 示例

下面是 1 阶 RMRF 示例，其中邻居之间的相似值是首选。首先显示 RMRF 的初始值，然后执行推理方法的 3 个配置，并显示每个配置的最终结果。

代码清单 4.1 exampleRMRF.py：RMRF 示例

```
 1 import numpy as np
 2 from MRF import RMRF as rmrf
 3
 4 np. random . seed (0) # no mandatory
 5
 6 s = [i for i in range (6)] #s = "0 -6"
 7 r = np. random . randint (0,6, size =(5 ,7)) # RMRF of size 5x7
 8 print (" initial RMRF \n",r)
 9
10 #ICM with MAP
11 mr = rmrf (s,r)
12 print ("\nICM , MAP:")
13 r = mr. inference ( maxIterations =100 , Temp =1.0 , tempReduction
    =1.0 , optimal = "MAP")
14 print (r)
15 # Metropolis with MAP
16 mr = rmrf (s,r)
17 print ("\ nMetropolis , MAP:")
18 r = mr. inference ( maxIterations =100 , Temp =0.01 , tempReduction
    =1.0 , optimal="MAP")
19 print (r)
20 # simulated annealing with MPM
21 mr = rmrf (s,r)
22 print ("\ nSimulated annealing , MPM:")
23 r = mr. inference ( maxIterations =100 , Temp =0.9 , tempReduction
    =0.8 , optimal ="MPM")
24 print (r)
```

现在给出了带有观察的 RMRF 示例，这种情况下，需要在“邻居之间的相似值”和“RMRF 与观察之间的相似值”之间进行权衡。首先显示 RMRF 和观察的初始值，然后执行推理方法的 3 个配置，并显示每个配置的最终结果。

代码清单4.2 示例RMRFwO.py：带观察的 RMRF 示例

```
 1 import numpy as np
 2 from MRF import RMRFwO as mrf
 3
 4 s = [0 ,1]
 5 r = np. zeros ((4 ,4) ,dtype =int)
 6 print (" Initial RMRF \n",r)
```

```
 7 obs=np. array ([[0 ,0 ,0 ,0] ,[0 ,1 ,1 ,0] ,[0 ,1 ,0 ,0] ,[0 ,0 ,1 ,0]])
 8 print ("\ nObservation \n",obs)
 9
10
11 #ICM with MPM
12 mr = mrf(s,r, obs)
13 print ("\nICM , MPM:")
14 r = mr. inference ( maxIterations =100 , Temp =1.0 , tempReduction
      =1.0 , optimal ="MPM")
15 print (r)
16 # Metropolis with MPM
17 mr = mrf(s,r, obs)
18 print ("\ nMetropolis , MPM:")
19 r = mr. inference ( maxIterations =100 , Temp =0.01 , tempReduction
      =1.0 , optimal="MPM")
20 print (r)
21 # simulated annealing with MAP
22 mr = mrf(s,r, obs)
23 print ("\ nSimulated annealing , MAP:")
24 r = mr. inference ( maxIterations =100 , Temp =0.9 , tempReduction
      =0.8 , optimal ="MAP")
25 print (r)
```

第 5 章　贝叶斯网络

5.1　学习树

5.1.1　CLP

Chow-Liu 程序(CLP)[1,3]获得树的骨架，但不提供弧的方向。也就是说，它估计每对变量之间的互信息(MI)(参见第 7.1 节)，并使用具有最高 MI 的变量对来构建树。本项目选择一个变量作为树的根，并为从该根开始的弧分配方向。

1. CLP_MI 类

Chow-Liu 程序是用 Python 实现的，因此，具有默认参数的类如下：

class PGM PyLib.structures.trees.CLP MI(root = 0, heuristic = False, smooth =0.1)

参数：

- root: int, default =0：被选为树根的变量的位置(由数据表给出)。
- heuristic: bool,default = False：如果为 True，则选择具有更多连接的节点作为树的根，并更新属性根的值。
- smooth: float, default = 0.1：该值用作估计变量对之间互信息的参数。

创建结构后，你可以访问以下属性：

- root: int: 用作树根的变量。

类的方法：

- createStructure(data)：此方法创建结构。
  - — data: ndarray of shape(n_samples, n_variables)：数据。

该方法返回：

  - — ndarray of shape(n_variables, n_variables)：包含树的矩阵。如果第 i 个变量是第 j 个变量的父级，则单元格(i, j)为 1，否则为 0。

2. CLP 示例

以下示例演示如何使用 Chow-Liu 程序。首先创建一棵树，选择变量 0 作为根。然后创建第二个结构，但使用启发式来自动选择根。最后显示根。

代码清单 5.1　exampleCLP.py：CLP 示例

```
 1 import numpy as np
 2 import PGM PyLib . structures . trees as trees
 3
 4 np. random . seed (0) # it is not necessary
 5
 6 # 7 variables
 7 # 200 instances
 8 data = np. random . randint (0,4, size =(200 ,3) )
 9 data = np. concatenate ([ data , np. random . randint (2,6, size
     =(200 ,4) )], axis =1)
10
11 # create a instance of CLP MI
12 clp = trees . CLP MI ( root =0, heuristic =False , smooth =0.1)
13 # create the structure
14 structure = clp. createStructure ( data )
15 # show structure
16 print ( structure )
17
18 # Use heuristic to automatically select the root of the tree
19 clp. heuristic = True
20 structure = clp. createStructure ( data )
21 # show structure
22 print ( structure )
23
24 # show the root node of the tree
25 print (clp. root )
```

5.1.2　带条件互信息的 CLP

具有条件互信息(CMI)的 Chow-Liu 程序(CLP)遵循与 CLP 相同的思想，但在这种情况下，使用 CMI 代替互信息，即给定一个附加变量(这个附加变量对于所有 CMI 估计都是相同的)估计每对变量之间的 CMI。

1. CLP_CMI 类

CLP_CMI 是用 Python 实现的，因此，具有默认参数的类如下：

class PGM PyLib.structures.trees.CLP CMI (root = 0, heuristic = False, smooth = 0.1)

参数：

● root: int，default = 0：被选为树的根变量的位置(由数据表给出)。

● heuristic: bool, default = False：如果为 True，则选择具有更多连接的节点作为树的根，并更新属性根的值。

● smooth: float, default = 0.1：该值用作估计 CMI 的参数。

创建结构后，你可以访问以下属性：

● root: int：用作树根的变量。

类的方法：

- createStructure(data, Z)：此方法创建结构。
  — data: ndarray of shape(n_samples, n_variables)：数据。
  — Z: ndarray of shape(n_samples,)：用于所有 CMI 估计的附加变量。

该方法返回：

  — ndarray of shape(n_variables, n_variables)：包含树的矩阵。如果第 i 个变量是第 j 个变量的父级，则单元格(i, j)为 1，否则为 0。

2. CLP CMI 示例

以下示例演示如何使用 CLP CMI。首先创建一棵树，其中选择变量 0 作为根。然后创建第二个结构，但使用启发式来自动选择根。最后显示根。

代码清单 5.2　exampleCLP-CMI.py：CLP 示例

```
 1 import numpy as np
 2 import PGM PyLib . structures . trees as trees
 3
 4 np. random . seed (0) # it is not necessary
 5
 6 # 7 variables
 7 # 200 instances
 8 data = np. random . randint (0,4, size =(200 ,3) )
 9 data = np. concatenate ([ data , np. random . randint (2,6, size
     =(200 ,4) )], axis =1)
10 # aditional variable
11 z = np. random . randint (1,5, size =(200) )
12
13 # create a instance of CLP CMI
14 clp cmi = trees . CLP CMI ( root =0, heuristic =False , smooth =0.1)
15 # create the structure
16 structure = clp cmi . createStructure (data , z)
17 # show structure
18 print ( structure )
19
20 # Use heuristic to automatically select the root of the tree
21 clp cmi . heuristic = True
22 structure = clp cmi . createStructure (data , z)
23 # show structure
24 print ( structure )
25
26 # show the root node of the tree
27 print ( clp_cmi . root )
```

5.2 学习 DAG

PC 算法

可将 PC 算法看作一个两步法，首先恢复底层的无向图，然后确定边方向，这两个步骤都需要进行统计检验。此外，PC 算法能恢复 DAG 结构，但不能保证所有边都有向。

1. PC 类

PC 算法是用 Python 实现的，因此，其默认参数的类如下：

class PGM PyLib.structures.DAG.PC (n_adjacent = 1, itest=chi2_ci_test(), itestDir= chi2_ci_test(), column_order="original", copy_data=True)

参数：

- n_adjacent: int, default = 1：相邻变量 $X(S)$ 的最大数量评估 $I(X, Y | S)$。
- itest: conditional_independence_test object, default = chi2_ci_test()：用于获得基础无向图的条件独立性测试。默认对象是带有默认参数的皮尔逊条件独立卡方检验，请参阅第 7.7.1 节。可以进行外部条件独立性测试，更多详细信息请参见第 8.2 节。
- itestDir: conditional_independence_test object, default = chi2_ci_test()：用于为图边分配方向的条件独立性测试。默认对象是带有默认参数的皮尔逊条件独立卡方检验，请参阅第 7.7.1 节。可以使用外部条件独立性测试，更多详细信息请参见第 8.2 节。
- column_order: ndarray of shape(n_variables), default ="original"：迭代变量以应用条件独立性测试的顺序。根据不同的顺序可以生成不同的图(结构和方向)。如果值为"original"，则变量按原始顺序迭代。
- copy_data: bool, default=True：如果为 True，则将矩阵数据复制到新变量，否则，将操作应用于矩阵数据(矩阵数据的列根据 column_order 互换)。

创建结构后，你可访问以下属性：

- structure: ndarray of shape(n_variables, n_variables)：包含图矩阵。如果第 i 个变量是第 j 个变量的父级，则单元格(i, j)为 1，否则为 0。

类的方法：

- createStructure(data)：此方法创建结构。
  - data: ndarray of shape(n_samples, n_variables)：数据。

该方法返回:

> — ndarray of shape(n_variables, n_variables): 包含树的矩阵。如果第 i 个变量是第 j 个变量的父级,则单元格(i, j)为 1,否则为 0。

- orientationRules(): 创建结构后,可根据模式[2]调用该方法,为结构无向边分配方向。首先在图中搜索模式 3 和 4,然后是模式 1 和 2。
- orientationRules2(): 创建结构后,可根据模式[2]调用该方法,为结构的无向边分配方向。同时搜索模式 1~4。对模式 1 和模式 2 有一点偏好,因为它们只需要 3 个节点。

2. PC 示例

下面讲述如何使用 PC 算法。首先,图 5.1 的 DAG 用于生成实例(数据),即我们将尝试从数据中恢复该 DAG。条件独立性测试 chi2_ci_test 用于学习最多考虑 3 个条件变量的结构,显著性为 0.05,另一个 chi2_ci_test 用于有向边,显著性为 0.3。然后根据模式确定无向边。最后打印得到的图。

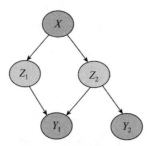

图 5.1　生成实例 DAG

代码清单 5.3　examplePC.py:PC 示例

```
 1 import numpy as np
 2 from PGM_PyLib . structures . DAG import PC
 3 from PGM_PyLib . stat_tests . ci_test import chi2_ci_test
 4 from scipy . stats import bernoulli as ber
 5
 6 nv = 5000
 7 np. random . seed (999999) # it is not necessary
 8
 9 #the generation of variables x, z1 , z2 , y1 , y2 is removed to reduce
10 # space , each one can take the values {0 ,1}.
11 # The full example can be found in the library .
12 data = np. column_stack ([x,z1 ,z2 ,y1 ,y2 ])
13
14 # conditional independence tests :
15 # tt: for learning the structure with a significance of 0.05:
16 # td: orient edges of the graph with a significance of 0.3:
17 tt = chi2_ci_test ( significance =0.05 , correction =False , lambda_
```

```
       =None ,
18 smooth =0.0)
19 td = chi2 ci test ( significance =0.3 , correction =False , lambda
       =None ,
20 smooth =0.0)
21
22 # Create an instance of PC
23 # for ci tests , maximum 3 conditional variables are considered
24 pct = PC (3, itest =tt , itestDir =td , column order =" original ")
25 # generate structure with data
26 pct. createStructure ( data )
27 # apply orientation rules for patterns
28 pct. orientationRules2 ()
29
30 # show the obtained graph
31 print (pct. structure )
```

第 6 章 马尔可夫决策过程

6.1 马尔可夫决策过程

马尔可夫决策过程(MDP)对顺序决策问题进行建模，其中，系统由智能体控制并随时间演变。解决一个 MDP 后，我们得到一个策略，指示智能体在每个时间步，根据当前状态选择哪个动作。

6.1.1 MDP 类

该类是用 Python 实现的，因此，带有默认参数的类如下：

class PGM PyLib.MDP.MDP(reward，stateTransition，discountFactor=0.9)

参数：

- reward: ndarray or list of shape(n_states,)：列表的每个元素都必须是一个 Python 字典，其中每项的键是当前状态下可以采取的动作，值是奖励。也就是说，如果智能体处于第 i 个状态并采取第 j 个动作，则单元格(i, j)包含获得的奖励。

- stateTransition: python list of shape(n_state)：列表的每个元素都必须是一个 Python 字典，其中每项的键是"邻居"状态，值是另一个 Python 字典；在另一个 Python 字典，每个项的键是一个动作，值是关联概率。也就是说，单元格(i, j, k)包含采取动作 k 后从状态 i 前进到状态 j 的概率。因此，$\sum_j (i,j,k)=1$，$\forall i \in$ 状态，$k \in$ 动作。

- discountFactor: float, default = 0.9：值和策略迭代算法的折扣因子。$0 < $ discountFactor $ < 1$ 。

可将前面参数作为属性访问，也可访问以下参数(在执行值或策略迭代算法之后)：

- policy: ndarray of shape(n_states,)：智能体的策略，即每个单元格指示智能体必须采取的动作。

类的方法：

- valueIteration(threshold, maxIter=-1)是值迭代算法的实现，返回获取的策略。
  - threshold: float：如果当前迭代值和上一次迭代值之差小于阈值，则过程终止。

— maxIter: int, default =-1：允许的最大迭代次数，如果 maxIter 小于 0，则没有限制。

该方法返回：

— policy: ndarray of shape(n_states,)：智能体的策略。

- policyIteration(maxIter=-1)：是策略迭代算法的实现，返回获取的策略。
  — maxIter: int, default =-1：允许的最大迭代次数；如果 maxIter 小于 0，则没有限制。

该方法返回：

— policy: ndarray of shape(n_states,)：智能体的策略。

6.1.2　马尔可夫决策过程示例

下面示例演示如何使用 MDP。使用图 6.1 中描绘的网格对 MDP 进行建模，actions {0:up, 1:down, 2:right, 3:left}，states 编号为 0~10，奖励推进到：

- 邻域的奖励为-1。
- 禁止状态的奖励为-100。
- 目标状态的奖励为+100。

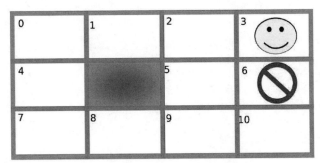

图 6.1　MDP 示例的网格世界。对相关状态进行编号

并且，对于状态转移函数，如果期望从状态 i 采取动作 k 将我们带到 j 状态，则单元格(i, j, k)具有高概率，否则为较低状态。

用相应的参数初始化 MDP，应用两种值策略迭代算法并显示获得的策略。

代码清单 6.1　exampleMDP.py：MDP 示例

```
1 import numpy as np
2 from PGM PyLib .MDP import MDP
3
4 # Rewards :
```

```
 5 # For state 0, we can take the actions down and right (1 ,2)
 6 # For state 1, we can take the actions right and left (2 ,3)
 7 # and so on.
 8 R = np. array ([
 9 {1: -1 , 2: -1} , #0
10 {2: -1 , 3: -1} ,
11 {1: -1 , 2:100 , 3: -1} , #2
12 {1: -100 , 3: -1} ,
13 {0: -1 , 1: -1} , #4
14 {0: -1 , 1:-1, 2: -100} ,
15 {0:100 , 1:-1 , 3: -1} , #6
16 {0: -1 , 2: -1} ,
17 {2: -1 , 3: -1} , #8
18 {0: -1 , 2:-1, 3: -1} ,
19 {0: -100 , 3: -1} , #10
20 ])
21
22 # state transition function (stf)
23 # stf has to be consistent with reward function , that is ,
24 # the actions in rewards has to be present in the stf for each state
25 # for example , for state 0, only the two actions are present (1 ,2)
26 # the same for state 1 (2 ,3) and so on.
27 FI = [
28 { # 0-u, 1-d, 2-r, 3-1
29 0: {1:0.1 , 2:0.1} ,
30 1: {1:0.1 , 2:0.8} ,
31 4: {1:0.8 , 2:0.1}
32 },
33 {
34 0: {2:0.1 , 3:0.8} ,
35 1: {2:0.1 , 3:0.1} ,
36 2: {2:0.8 , 3:0.1}
37 },
38 # ........
39 # the state transition function is partially shown ,
40 # the full example can be found in the library
41 ]
42
43 # initialize the MDP
44 mdp = MDP ( reward =R, stateTransition =FI , discountFactor =0.9 )
45
46 print (" value iteration :")
47 policy = mdp. valueItetration (0.1)
48 print (" policy :\n",policy )
49
50 print ("\n policy iteration :")
51 policy = mdp. policyItetration ()
52 print (" policy :\n",policy )
```

第 7 章　附加内容

7.1　互信息

公式 7.1 用于估计两个变量之间的互信息(MI)。

$$MI(X;Y) = \sum_{y \in Y} \sum_{x \in X} P_{X,Y}(x,y) \log \left(\frac{P_{X,Y}(x,y)}{P_X(x)P_Y(y)} \right) \tag{7.1}$$

其中 $P_{X,Y}$ 是 X 和 Y 联合概率，P_X 和 P_Y 分别是 X 和 Y 边际概率。

7.1.1　MI 函数

估计两个变量之间互信息的函数是用 Python 实现的。带有默认参数的函数如下：
function PGM PyLib.utils.MI (X, Y, smooth=0.1)
参数：

- X: ndarray of shape(n_samples,)：第一个变量的数据。
- Y: ndarray of shape(n_samples,)：第二个变量的数据。
- smooth: float, default = 0.1：该值用于平滑处理所有概率的估计值以避免概率为 0。

该函数返回：

- float：返回两个变量之间的 MI。

7.1.2　互信息示例

下面演示如何获取一对变量之间的互信息。

代码清单 7.1　示例互信息

```
1 import numpy as np
2 import PGM PyLib . utils as utils
3
4 np. random . seed (0) # it is not necessary
5
6 # 200 instances
7 X = np. random . randint (0,4, size =(200) )
8 Y = np. random . randint (3,6, size =(200) )
```

```
 9
10 # estimate the MI between two varaibles
11 mi = utils .MI(X, Y, smooth =0.1)
12
13 # show the value obtained
14 print (mi)
```

7.2 条件互信息

式7.2用于估计两个变量之间的条件互信息(CMI)。

$$CMI(X;Y|\,Z) = \sum_{z \in Z}\sum_{y \in Y}\sum_{x \in X} P_{X,Y,Z}(x,y,z) \log\left(\frac{P_Z(z)P_{X,Y,Z}(x,y,z)}{P_{X,Z}(x,z)P_{Y,Z}(y,z)}\right) \tag{7.2}$$

其中 $P_{X,Z}$、$P_{Y,Z}$ 和 $P_{X,Y,Z}$ 是联合概率，P_Z 是 Z 边际概率。

7.2.1 CMI 函数

在给定第三个变量情况下，在 Python 中实现估计两个变量之间的条件互信息的函数。带有默认参数的函数如下：

function PGM PyLib.utils.CMI (X, Y, Z, smooth=0.1)

参数：

- X: ndarray of shape(n_samples,)：第一个变量的数据。
- Y: ndarray of shape(n_samples,)：第二个变量的数据。
- Z: ndarray of shape(n_samples,)：条件数据。
- smooth: float, default = 0.1：该值用于平滑处理所有概率的估计值以避免概率为 0。

该函数返回：

- float：在给定第三个变量的情况下，返回两个变量之间的 CMI。

7.2.2 条件互信息示例

下面演示如何在给定第三个变量时获得一对变量之间的条件互信息。

代码清单 7.2 示例条件互信息

```
1 import numpy as np
2 import PGM PyLib . utils as utils
3
4 np. random . seed (0) # it is not necessary
```

```
 5
 6 # 200 instances
 7 X = np. random . randint (0,4, size =(200) )
 8 Y = np. random . randint (3,6, size =(200) )
 9 # conditional data
10 Z = np. random . randint (10 ,16 , size =(200) )
11
12 # estimate the CMI
13 cmi = utils .CMI(X, Y, Z, smooth =0.1)
14
15 # show the value obtained
16 print (cmi)
```

7.3 给定条件集的条件互信息

这个函数类似于 CMI，不过在这种情况下，条件部分是一组变量。

用式 7.3 来估计给定一组变量中两个变量之间的条件互信息(CMI)。

$$CMI(X;Y\,|\,Z) = \sum_{z\in Z}\sum_{y\in Y}\sum_{x\in X} P_{X,Y,Z}(x,y,z)\log\left(\frac{P_Z(z)P_{X,Y,Z}(x,y,z)}{P_{X,Z}(x,z)P_{Y,Z}(y,z)}\right) \qquad (7.3)$$

其中 $P_{X,Z}$、$P_{Y,Z}$ 和 $P_{X,Y,Z}$ 是联合概率，P_Z 也是 Z 集的联合概率。

7.3.1 CMI_setZ 函数

在给定一组变量的情况下，估计两个变量之间条件互信息的函数是在 Python 中实现的。带有默认参数的函数如下：

function PGM PyLib.utils.CMI_ setZ (X, Y, Z, smooth=0.1)

参数：

● X: ndarray of shape(n_samples,)：第一个变量的数据。

● Y: ndarray of shape(n_samples,)：第二个变量的数据。

● Z: ndarray of shape(n_samples, m_variables)：条件数据。

● smooth: float, default = 0.1：该值用于平滑处理所有概率的估计值以避免概率为 0。

该函数返回：

● float：给定一组变量，返回两个变量之间的 CMI。

7.3.2 CMI_setZ 示例

下面演示如何在给定一组变量的情况下，获取一对变量之间的条件互信息。

代码清单 7.3　示例 CMI_setZ

```
 1 import numpy as np
 2 import PGM PyLib . utils as utils
 3                          .
 4 np. random . seed (0) # it is not necessary
 5
 6 # 200 instances
 7 X = np. random . randint (0,4, size =(200) ) # 4 values
 8 Y = np. random . randint (3,6, size =(200) ) # 3 values
 9 # conditional data , 3 variables
10 Z = np. random . randint (10 ,16 , size =(200 ,3) ) #6 values each one
11
12 # estimate the CMI
13 cmi = utils . CMI_setZ (X, Y, Z, smooth =0.1)
14
15 # show the score obtained
16 print (cmi)
```

7.4　$P(A \mid C_1, C_2, ..., C_n)$的概率估计

给定 n 个变量，为了估计变量 A 的条件概率，我们创建了一个特殊类来估计相应的概率 $P(A \mid C_1, C_2, ..., C_n)$。

7.4.1　probsND 类

该类是用 Python 实现的，因此，带有默认参数的类如下：

class PGM_PyLib.augmented.probsND (variables, positions, smooth = 0.1)

参数：

- variables: python dictionary：包含每个变量可用值的字典。

- positions: ndarray of shape(x,)：positions 中的每个值对应于矩阵数据(在方法 estimateProbs 中作为输入接收)的列/变量，这样，第一个值对应于 A，其余值对应于 $C_1, C_2, ...,$ C_n。例如，数组[0, 1, 2, 3, 4]表示将被估计为 P(V 0|V 1, V 2, V 3, V 4)，诸如[2, 0, 1, 3, 4] [P(V 2|V 0, V 1, V 3, V 4)]和[3, 4] [P(V 3|V 4)]是有效的。

- smooth: float, default = 0.1：该值用于平滑处理所有概率估计值以避免概率为 0。

估计概率后，你可以访问以下属性：

- probabilities: ndarray：包含 positions 条件概率。它是一个 N 维 ndarray，其中 N 等于 positions 长度。维度顺序由 positions 给出。

类的方法：

- estimateProbs(data)：估计条件概率，并将结果保存在属性 probabilities 中。

— data：ndarray of shape(n_samples，n_variables)：用于估计条件概率的数据。

7.4.2　条件概率估计示例

下面是一个代码示例。在代码中，示例 1 和示例 2 显示了如何估计两种不同配置的条件概率。

代码清单 7.4　exampleCPT.py：估计条件概率的示例

```
 1 import numpy as np
 2 import PGM PyLib . augmented as pnd
 3
 4 np. random . seed (0) # it is not necessary
 5
 6 # 5 variables
 7 # variables 0 and 1 can take the values [7 ,8]
 8 # variables 2,3,4 can take the values [10 ,11 ,12]
 9 # 100 instances
10 data = np. random . randint (7,9, size =(100 ,3) )
11 data = np. concatenate ([ data , np. random . randint (10 ,13 , size
   =(100 ,2) )], axis=1 )
12
13 # variables contains the values that each variable can take
14 variables = {0:[7 ,8] , 1:[7 ,8] , 2:[10 ,11 ,12] , 3:[10 ,11 ,12] ,
    4:[10 ,11 ,12]}
15
16 # Example 1: we want to estimate P(0|1 ,2 ,3 ,4)
17 positions = [0 ,1 ,2 ,3 ,4]
18 cpt = pnd. probsND ( variables , positions , smooth =0.1)
19 cpt. estimateProbs ( data )
20 # show the conditional probabilities
21 print (cpt. probabilities )
22
23 # Example 2: we want to estimate P (3|1 ,4)
24 positions = [3 ,1 ,4]
25 cpt2 = pnd . probsND ( variables , positions , smooth =0.1)
26 cpt2 . estimateProbs ( data )
27 # show the conditional probabilities
28 print ( cpt2 . probabilities )
29
30 # The sum of aeA P(a|b,c ,...) = 1, forall beB , forall ceC ...
31 # Example 3: below has to sum 1
32 print ( cpt2 . probabilities [0 ,0 ,0] + cpt2 . probabilities [1 ,0 ,0]
    + cpt2 .
probabilities [2 ,0 ,0])
33
34 # Example 4: below has to sum 1
35 print ( cpt2 . probabilities [0 ,1 ,1] + cpt2 . probabilities [1 ,1 ,1]
    + cpt2 .
probabilities [2 ,1 ,1])
```

表 7.1 是 7.2.2 节的示例中估计 $P(V3|V1, V4)$的条件概率表(CPT)。可看到 $P(V0|V1 = 7, V4 = 10)$之和等于 1(示例 3)，且 $P(V0|V1 = 8, V4 = 11)$等于 1(例 4)，这是因为 CPT 的一个特性满足式 7.4。

$$\sum_{a \in A} P(a|c_1, c_2, \ldots, c_n) = 1, \forall c_1 \in C_1, \forall c_2 \in C_2, \ldots, \forall c_n \in C_n \tag{7.4}$$

表 7.1　CPT 示例，$P(V3|V1, V4)$

			7			8	
$V1$:							
$V4$:		10	11	12	10	11	12
	10	0.4426	0.2867	0.3987	0.3005	0.2287	0.1858
$V3$:	11	0.224	0.4965	0.4641	0.3498	0.3184	0.5398
	12	0.3333	0.2168	0.1373	0.3498	0.4529	0.2743

7.4.3　增强 BC 类注意事项

之前展示了如何估计条件概率。因此，对于对应于属性 A_i 的对象，你可以使用遵循位置中的给定顺序的属性概率访问其条件概率。请注意，位置中值的顺序如下：首先是属性 A_i，然后是它的父级 $Pa(A_i)$，最后是类 C。还要注意，在字典变量中，具有最大键的项目包含该类可以使用的值。

7.5　加载数据

本节介绍如何从 ARFF 和 CSV 文件加载数据。但是，我们假设数据已经进行过预处理且没有缺失值。此外，大多数算法都需要数字或分类特征。因此，加载数据集中在"仅数字"和"仅分类"特征上。如果有一个同时具有分类特征和数字特征的数据集，你首先必须对其进行预处理，使其只有数字特征或分类特征。

7.5.1　加载 ARFF 文件

SciPy1[1]包可用于加载 ARFF 文件。图 7.1 中描述了 exampleARFF.arff 文件的内容，从该文件进行数据加载和朴素贝叶斯分类器的训练。下面就是示例。

---

1 https://www.scipy.org/

```
@RELATION exampleARFF

@ATTRIBUTE att1 {0,1}
@ATTRIBUTE att2 {0,1,2}
@ATTRIBUTE att3 {0,1}
@ATTRIBUTE class {true,false}

@DATA
0,1,0,true
1,1,1,false
0,2,0,true
1,0,0,false
0,2,1,false
1,0,1,true
```

图 7.1　ARFF 文件示例(exampleARFF.arff)

代码清单 7.5　从 ARFF 文件加载数据的示例

```
 1 from scipy .io import arff
 2 import numpy as np
 3 from PGM PyLib . naiveBayes import naiveBayes as nbc
 4
 5 data , meta = arff . loadarff (" exampleARFF . arff ") # load data
 6 data = np. array ( data . tolist () , dtype = str ) # transform to
     numpy array
 7 # variable class
 8 cl = data [: , -1]. copy ()
 9 # features
10 trainSet = data [: ,: -1]. copy (). astype (int) # argument of astype
     could be changed by str or float , depending on the type of features
11 del data # delete data to save memory
12
13 # now , train for example a NBC
14 nb = nbc () # default parameters
15 nb. fit( trainSet ,cl)
16 # eval NBC in the training set
17 p = nb. predict ( trainSet )
18 print (nb. exactMatch (cl ,p))
```

7.5.2　加载 CSV 文件

包 pandas2[1] 可用于加载 CSV 文件。在图 7.2 中描绘了 exampleCSV.arff 文件的内容，从该文件中可进行数据加载和朴素贝叶斯分类器的训练。下面就是示例。

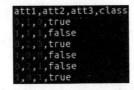

图 7.2　CSV 文件示例 (exampleCSV.csv)

---

1 https://pandas.pydata.org

下面列举一个示例。

代码清单 7.6　从 CSV 文件加载数据示例

```
1  import pandas as pd
2  from PGM PyLib . naiveBayes import naiveBayes as nbc
3
4  data = pd. read csv (" exampleCSV . csv") # load data
5  data = data . to numpy () # transform to numpy array
6  # variable class
7  cl = data [: , -1]. copy ()
8  # features
9  trainSet = data [: ,: -1]. copy ()
10 del data # delete data to save memory
11
12 # now , train for example a NBC
13 nb = nbc () # default parameters
14 nb.fit ( trainSet ,cl)
15 # eval NBC in the training set
16 p = nb. predict ( trainSet )
17 print (nb. exactMatch (cl ,p))
```

7.6　用于层次分类的文件

层次分类实现需要两种不同类型的文件，第一种是遵循 arff 文件的头文件，即首先是关系名称，然后是属性和一个特殊属性(称为包含层次关系的类，A/D 表示 A 是 D 的父级)，最后是包含类顺序的@ORDEN。一个示例如图 7.3 所示。

```
@RELATION my_relation

@ATTRIBUTE att1 numeric
@ATTRIBUTE att2 numeric
@ATTRIBUTE att3 numeric
@ATTRIBUTE att4 numeric
@ATTRIBUTE att5 numeric
@ATTRIBUTE att6 numeric
@ATTRIBUTE att7 numeric
@ATTRIBUTE att8 numeric
@ATTRIBUTE att9 numeric
@ATTRIBUTE class A/D,B/D,B/E
@ORDEN A,C,B,E,D

@DATA
```

图 7.3　用于层次分类的头文件示例

第二个文件包含头文件所描述的数据，注意类与属性之间用分号分隔。图 7.4 显示了一个示例。

```
0.3439,-3.6759,0.6856,0.1017,5.636,-0.657,1.0255,-1.1497,-0.4089;1,0,1,0,1
-0.4244,0.8794,-3.7009,-0.6478,1.8336,0.3729,0.7754,1.1846,-0.1223;1,0,1,0,1
```

图 7.4　用于层次分类的数据文件示例

7.7 统计检验

本节中描述了一些统计检验的实现。

皮尔逊条件独立卡方检验

首先，设 X 和 Y 是两个随机变量，Z 是一组随机变量。因此，I(X, Y | Z)是一个测试，如果在给定 Z 的情况下 X 和 Y 独立，则该测试为真，否则为假。此外，列联表是一个二维矩阵，其中包含 X 和 Y 值每个组合中的观察频率，建议每个单元格中的值大于或等于 5。

这个测试包装了来自 scipy.stats 的测试 chi2_contingency[1]，也就是说，每个由 Z 值的不同组合生成的列联表(X, Y)都应用到 chi2_contingency。因此，产生了与 Z 组合一样多的单独测试。但是，如果任何单个测试结果为 False，则条件测试的结果为 False，否则，将单个测试统计量相加并应用整体 χ^2 检验。

1. chi2_ci_test 类

该类是在 Python 中实现的，因此，具有默认参数的类如下(correction 和 lambda 是 chi2_contingency 参数，查看其文档以获取更多详细信息或将它们的值设为默认值)：

class PGM PyLib.stat_test.ci_test.chi2_ci_test(significance = 0.05, correction =False, lambda =None, smooth=0.0)

参数：

- significance: float, default = 0.05：不同测试的意义。$0 <$ significance < 1。
- correction: bool, default = False：用于 chi2_contingency。如果为 True，并且自由度为 1，则应用 Yates 校正以获得连续性。
- lambda: float or str, default = None：用于 chi2_contingency。默认情况下，此测试中计算的统计量是皮尔逊独立卡方统计量。lambda 允许使用来自 Cressie-Read 功率发散系列的统计数据。
- smooth: float, default = 0.0：该值用于平滑列联表的值。

你可以访问前面的参数作为属性。类的方法如下。

- test(X, Y, Z)应用条件测试 I(X, Y | Z)，其中：
  — X: ndarray of shape (n_samples,)：变量 X 的数据。
  — Y: ndarray of shape(n_samples,)：变量 Y 的数据。

---

1 https://docs.scipy.org/doc/scipy/reference/generated/scipy.stats.chi2contingency.html

— Z: ndarray of shape(n_samples, m_variables)：Z 中变量的数据。

该方法返回：

— bool：如果给定 Z 时 X 和 Y 是独立的，则为真，否则为假。

2. 示例

下面是一个示例，说明如何对给定一组变量的其中两个变量的条件独立性应用皮尔逊独立卡方检验。

代码清单 7.7　条件独立性测试示例

```
1 import numpy as np
2 from PGM PyLib . stat tests . ci test import chi2 ci test as cit
3
4 np. random . seed (0) # it is not necessary
5
6 # 2000 samples
7 X = np. random . randint (0,2, size =(2000) ) # 2 values
8 Y = np. random . randint (0,3, size =(2000) ) # 3 values
9 # conditional data , 3 variables
10 Z = np. random . randint (0,2, size =(2000 ,3) ) # 2 values each one
11
12 # initialize the ci test
13 t = cit( significance =0.05 , correction =False , lambda =None ,
    smooth =0.0)
14
15 print ("Are X and Y independent given the set Z?")
16 print ( t. test (X,Y,Z) )
```

第 8 章 外部对象

库的一些算法非常灵活，也就是说，你可获取外部对象或开发自己的对象，以便在适当的算法中直接使用它们。当然，这些对象必须符合算法要求。

对象模板位于文件夹 templates 内。

下面描述对某些对象的要求。此外，如果你想提交 PGM 算法，你可以在最后一节中找到信息。

8.1 多类分类器对象

多类分类器需要两种强制方法，fit 和 predict。fit 将训练分类器，predict 将预测新实例类。此外，所有分类器的参数都需要在类中提供构造函数。

因此，分类器的示例类及其默认参数如下：

class my_classifier(my_parameter, my_other_parameter = 0)

此示例需要两个参数，但你可添加分类器用于训练和预测所需的尽可能多的参数。

训练分类器后，以下属性必须可用：

- classes_: ndarray of shape(n_classifier,)：它包含不同的类。
- valuesAtts: python dicionary：包含每个属性可用值的字典。每项的键是属性位置。

类的 fit 方法和 predict 方法是强制性的，其余的都是可选的。

- fit(trainSet, cl)方法训练分类器。
    - trainSet: ndarray of shape(n_samples, n_features)：训练数据。
    - cl: ndarray of shape(n_samples)：实例关联的类。
- predict(testSet)返回每个实例的预测。
    - testSet: ndarray of Shape(n_samples, n_features)：要预测的数据。

该方法返回：

    - ndarray of shape(n_samples)：预测的类。
- (optional) predict_log_proba(testSet)返回每个类获得的分数。
    - testSet: ndarray of shape(n_samples, n_features)：要预测的数据。

该方法返回：

    - ndarray of shape(n_samples, n_classes)：每个类实例的对数概率。类的顺序

与 classes 中的一样。

- (optional) predict_proba(testSet)返回每个类的概率。
  - testSet：ndarray of shape(n_samples, n_features)：要预测的数据。

该方法返回：

  - ndarray of shape(n_samples, n_classes)：每个类的实例概率。类的顺序与 classes 中的一样。

当然，可根据需要添加任意多的方法，可将 my_classifier.py 模板用作指导。

8.2 条件独立测试对象

条件独立性测试只需要一种强制方法 test，它将执行测试 I(X, Y | Z)。测试的所有参数都必须在类的构造函数中提供。

带有默认参数的 my_ci_test 示例类如下：

class my_ci_test(significance = 0.05)

此示例需要一个参数，但是，你可以根据条件独立性测试的需要添加任意多的参数。此对象不需要特殊属性。

test 是强制性的。

- test(X, Y, Z)应用条件测试 I(X, Y | Z)。
  - X: ndarray of shape(n_samples,)：变量 X 的数据。
  - Y: ndarray of shape(n_samples,)：变量 Y 的数据。
  - Z: ndarray of shape(n_samples, m_variables)：Z 中变量的数据。

该方法返回：

  - bool：如果给定 Z 时 X 和 Y 是独立的，则为真，否则为假。

当然，你可根据需要添加任意多的方法。可用作指导的模板是 my_ci_test.py。

8.3 算法提交

非常欢迎提出新 PGM 算法。但是，它们必须符合特定外部对象的要求。此外，要想发表你的算法，请务必向我们提供以下信息。

(1) 代码：算法代码，强烈建议你给出注释。

(2) 示例：如何使用算法代码(至少一个示例)。

(3) 描述：非常简短的算法描述、类的描述(参数、属性、方法)和示例描述。

(4) 要求：算法所需的软件包和/或软件列表。

(5) 参考：报告算法的参考文献。采用 Bibtex 格式。

(6) 同意发布：PGM_PyLib 在 GNU 公共许可证 v3.0 下分发，因此，必须同意你的算法也将在相同的许可证下进行分发。

遵守上述要求并不能保证你的算法被接受和发表，但我们会将最终决定告知你。

在提交之前，请随时与我们联系。我们会尽快回复。